# Öko-Inseln

**Wert und Bedeutung**
**für Natur und Mensch**

österreichische
naturschutz
jugend
haslach

# Impressum

**Eigentümerin und Herausgeberin**
Österreichische Naturschutzjugend Haslach

Marktplatz 45
4170 Haslach an der Mühl

info@oenj-haslach.at
www.oenj-haslach.at

**Verfasser Öko-Inseln**
Prof. Karl Zimmerhackl
DI Veronika També
Überarbeitung: DI Alexander Zimmerhackl

**Verfasser Traditionelle Wiesenbewässerung**
DI Dr. Stefan Reifeltshammer
Prof. Karl Zimmerhackl
DI Karl Eder

**Besonderer Dank für die Arbeit an dieser Dokumentation gebührt**
DI Karl Eder, DI Veronika Katzlinger, Mag. Dr. Gisela Pröll, Mag. Lydia Schlosser, Christa Zimmerhackl, Johann Schramm, DI Sophie Stelzer, Mag. David Paternoster, DI Alexander Zimmerhackl, Severin Zimmerhackl BA MA, DI Dr. Stefan Reifeltshammer, Mag. Rainer Vierlinger, Mag. David Moser und Mag. Nikolaus Thaller für die organisatorischen Tätigkeiten

Für den Inhalt verantwortlich: die Verfasser
Layout und Cover: Andares GmbH
Herausgeber: önj Haslach
ISBN: 978-3-902773-52-4
Gesamtherstellung: Easy-Media Druck & Verlag GmbH., A-4020 Linz
www.easy-media.at


Aus Gründen der besseren Lesbarkeit wird auf die gleichzeitige Verwendung der Sprachformen männlich, weiblich und divers (m/w/d) verzichtet. Die in diesem Buch verwendeten Personenbezeichnungen beziehen sich – sofern nicht anders kenntlich gemacht – auf alle Geschlechter.

Erscheinungsjahr 2025

# Inhaltsverzeichnis

# Vorwort und Nachruf

## Begonnen hat alles mit Nistkästen, Folientümpeln und bewusstem Natur-Erleben.

Ein engagierter Lehrer der Hauptschule Haslach begeistert junge Menschen im und nach dem Unterricht im Grünen Klassenzimmer für die Natur: Zusammenhänge verstehen, emotionale Bezüge herstellen und wo nötig schützend tätig werden. Die önj Haslach hat sich diese Leitlinien – heute gängige Grundprinzipien moderner Ökopädagogik – von Anfang an quasi intuitiv zu eigen gemacht. Das Ansprechen von Herz, Hirn und Hand, intern wie auch im Kontakt nach außen, hat sich als tragfähig und wirkmächtig erwiesen – seit 50 Jahren.

1974 kommuniziert man via Viertelanschluss-Telefon (die Mondlandung ist gerade mal 5 Jahre her), die Gründung des ersten österreichischen Nationalparks braucht noch 7 Jahre und in der Landwirtschaft sind Intensivierung und Flurbereinigung das Gebot der Stunde. In 50 Jahren hat sich vieles verändert, manches auch in unserer Arbeitsweise. Die Prinzipien aber bleiben ebenso wie die Nachhaltigkeit des Engagements. Praktischer Naturschutz braucht einen langen Atem.

Mit den Schülern von damals wachsen auch die Dimensionen und seit dem Fall des Eisernen Vorhangs der Aktionsradius der önj Projekte. Mehrfach wird die Stafette an nachkommende naturinteres-sierte Jugendliche weitergereicht (einige aus der Anfangsgeneration sind immer noch beratend im erweiterten Team tätig) und die Professionalität der Arbeit steigt Schritt für Schritt. Heute arbeitet ein Dutzend Teammitglieder auf wissenschaftlichem Niveau, aber eben auch mit Leidenschaft für die Sache – gesuchte Experten für die Ökologie der Region.

Sie halten die Bilanz eines halben Jahrhunderts in Händen: Die beachtlichen Ergebnisse kontinuierlichen Wirkens auf der Seite des Lebens, für eine nachhaltige, ökologisch verträgliche und biodiversitätsbewahrende Entwicklung der Dreiländerregion Böhmerwald. „Es sind gar nicht so sehr die absoluten Dimensionen, es ist der zurückgelegte Weg, der staunen macht“, schrieb ich zum 25-jährigen Bestehen der önj Haslach. Mittlerweile erstaunen auch die Dimensionen.

Sie durchmessen, wenn Sie in diesem Buch lesen, aber auch das Lebenswerk von Karl Zimmerhackl. Das Team hatte in all den Jahren einen Motor, ein Zentrum – Impulsgeber, nicht Chef, Förderer, nicht Forderer. Karl hatte ihn, den langen Atem, der in einer tiefen Naturverbundenheit wurzelte und Themen erspürte, lange bevor sie „in Mode kamen“. Bis zum Schluss widmete er sich mit aller verbliebenen Kraft den Projekten der önj und der Fertigstellung dieses Buches. Es ist seine Lebensbilanz.

Karl Zimmerhackl hat unauslöschliche Spuren hinterlassen, in der Landschaft und in den Menschen der Region. Wir werden sein Vermächtnis weitertragen.

Rainer Vierlinger
April 2023,
im Namen des Teams der önj Haslach.

# Einführung

## Wie kam es zur Gründung und wer ist die Österreichische Naturschutzjugend Haslach?

Eine erste Naturschutzjugend-Gruppe wurde bereits 1952 von Dr. Eberhard Stüber in Salzburg gegründet. Mittlerweile gibt es in den Bundesländern Wien, Burgenland, Tirol, Salzburg, Oberösterreich, Niederösterreich und der Steiermark regionale Organisationen mit Vereinsstatuten unter dem Namen „Österreichische Naturschutzjugend" (= önj).

Die „Österreichische Naturschutzjugend Haslach/önj Haslach" besteht seit der Gründung im Herbst 1974. Da sehr viele Initiativen von SchülerInnen ausgingen, trug diese Altersgruppe auch zum Gründernamen bei. Als erste Aktion wurden Nistkästen gebaut und über einen längeren Zeitraum betreut. Bald stellte sich die Arbeit an Projekten als wichtiges Arbeitsfeld heraus. So ist die önj Haslach zu einer professionell arbeitenden Naturschutzorganisation mit einem Team engagierter junger MitarbeiterInnen herangewachsen.

Die Vielfalt der Teammitglieder ist ein weiterer Grund für den Erfolg der Österreichischen Naturschutzjugend Haslach. Ob SchülerInnen, StudentInnen, LehrerInnen, BiologInnen, WirtschaftsmanagerInnen, LandschaftsplanerInnen, ... jede/r bringt je nach Ausbildung ihren/seinen wertvollen Beitrag in die Projekte mit ein.

Unsere Arbeit wird durch einen jährlichen Förderbeitrag von ca. 300 Mitgliedern unterstützt.

### Was macht die Naturschutzjugend Haslach?

Artenvielfalt ist Lebensqualität, daher verfolgt die Naturschutzjugend Haslach seit 1974 konsequent den Weg nachhaltiger Entwicklung und Sicherung von Naturschutzwerten in der Heimatregion Mühlviertel/Böhmerwald. Neben den Jugendtätigkeiten und dem Angebot von Naturerlebnis-Veranstaltungen setzt sich die Naturschutzjugend seit mehr als 50 Jahren mit einer Vielzahl an Projekten beharrlich für ökologische und kulturhistorische Werte im Oberen Mühlviertel ein. Viele internationale und nationale Auszeichnungen unserer Projekte gelten als Gütesiegel unserer langjährigen Arbeit. Das Land Oberösterreich hat die Projekte der Österreichischen Naturschutzjugend Haslach bisher 15-mal mit dem Titel „Träger des OÖ. Landespreises für Umwelt und Natur" ausgezeichnet.

Die grenzüberschreitende Zusammenarbeit mit Bayern und Südböhmen im gemeinsamen Naturraum Böhmerwald verleiht unseren Projekten einen besonderen Stellenwert als Brückenbauer.

Mit dem Projekt „Gemeinsame Vielfalt" möchten wir das ökologische Potenzial des Böhmerwaldes den BewohnerInnen bewusst machen und dazu beitragen, diesen Lebensraum für Menschen, Tiere und Pflanzen zu sichern und für die Zukunft zu bewahren.

Das wichtigste Thema der Naturschutzjugend Haslach ist das Öko-Insel-Projekt, worüber in dieser Dokumentation ausführlich informiert wird.

önj-Treffen, 1975 – Hintere Reihe v. r. n. l.: Michaela Hüttl – önj Wels, Hubert Bruckner – önj Oberndorf an der Melk, Gerhard Pfitzner – önj Wels, Bundesleiter, Karl Zimmerhackl – önj Haslach an der Mühl, Robert Cupak – önj Haslach an der Mühl, Ernst Reischl – önj Haslach an der Mühl, Maria Hofer – önj Haslach an der Mühl.

Lager der önj Haslach im Waldviertel, 1976 – 1. Reihe v.l.n.r.: Hansl Konrad, Reischl Ernst, Hansl Manfred; 2. Reihe: Wolfgang Hansl, Friedrich Andexlinger, Frau Baldrian, Markus Hanner, Sepp Baldrian, Christa Zimmerhackl, Judith Schlögl, Barbara Koblmiller, Andreas Vierlinger.

# Gemeinsame Vielfalt ist Lebensqualität – ein internationales Thema

Der Artenreichtum in der Dreiländerregion Böhmerwald/Sumava/Bayerischer Wald beruht auf der Vielfalt unterschiedlicher Standorte und unterschiedlicher Nutzungsweisen durch uns Menschen.

In den vergangenen Jahrzehnten hat sich die bäuerliche Kulturlandschaft des Oberen Mühlviertels jedoch tiefgreifend gewandelt. Traditionelle Wirtschaftsweisen verschwanden, sie mussten einer technisierten Landwirtschaft weichen. Der heutige Wissensstand verlangt es, mit den wenigen noch ungestörten Lebensräumen viel sorgfältiger und respektvoller als bisher umzugehen.

Seit 1974, dem Gründungsjahr der Österreichischen Naturschutzjugend (önj Haslach), verfolgen wir daher einen konsequenten Weg in der nachhaltigen Sicherung und Entwicklung von Schlüssel-Lebensräumen in unserer Böhmerwald-Dreiländer-Nationalparkregion. Mit dem Kauf der ersten Öko-Insel in Haslach im Jahre 1984 begann ein zukunftsweisender Entwicklungsprozess, der bis heute anhält. Schmetterlingswiesen, Otter-Insel, Orchideen-Waldwiese, Torf Au mit Uferrandstreifen und Wässerwiese, Stadl Au, Enzian- und Arnikawiesen, Wegscheider-Waldwiese, Heimkehrer-Wiese und Schwarz Au zählen heute zu den heimischen Paradiesen, wo wir die regionale Artenvielfalt nachhaltig sichern und sie, gleich einem funkelnden Mosaik, nach außen strahlen. Die charakteristischen Pflanzen und Tiere unseres Landes sind Natur- und Kulturerbe zugleich. Sie tragen zu Eigenart und Unverwechselbarkeit unserer Region bei, ihnen gilt besondere Beachtung.

Unsere heimischen Paradiese erfüllen überaus reichhaltige ökologische Funktionen. Besonders hervorheben möchten wir die unschätzbar wertvolle Funktion unserer Feuchtgebiete als ökologisch sinnvoller und wirksamer Hochwasserschutz.

Außerdem liegt uns die Kooperation mit Bayern und Südböhmen über beide Grenzen hinweg am Herzen. Mit unseren bayerischen und südböhmischen Nachbarn verband uns schon vor dem Fall des „Eisernen Vorhanges" eine intensive Zusammenarbeit im gemeinsamen Europa.

Mit Kindern und Jugendlichen der regionalen Schulen gestalten wir aktiv unsere gemeinsame Zukunft.

Mit LandwirtInnen und der interessierten Bevölkerung aus der Region verbinden uns gute Zusammenarbeit und viele gemeinsame Ziele.

Mit den Öko-Inseln und den vielen anderen regionalen und internationalen Projekten in den Bereichen Naturschutz, Ökologie und Nachhaltigkeit trägt das Team der Österreichischen Naturschutzjugend Haslach maßgeblich zu einer lebenswerten Zukunft im nördlichen Oberösterreich bei. Alle unsere Projekte werden von der Leitidee eines integrativen Naturschutzes getragen.

Ein langer Weg, viele Herausforderungen, aber auch Erfolge und viel Freude.

Begleiten Sie uns weiterhin!

**Prof. Karl Zimmerhackl**
Teamleiter der Naturschutzjugend Haslach
Haslach, Sommer 2022

Naturschutzjugend Haslach & Hauptschule Haslach, Schüler der HS Haslach, Schüler mit Urkunden: Kristina Keplinger, Linda Zach; Direktor Dirk Andreas; Karl Zimmerhackl, Leiter der önj-Haslach.

## Großschutzgebiete bei unseren böhmischen und bayerischen Nachbarn

Mit vier großflächigen Schutzgebieten von ca. 500.000 ha sichern unsere Nachbarn in Südböhmen und im Bayerischen Wald die einzigartige Kultur- und Naturlandschaft der Böhmerwaldregion. Es sind dies in Tschechien der Nationalpark und das Landschaftsschutzgebiet Sumava, in Bayern der Nationalpark und der Naturpark Bayerischer Wald. In Summe bilden diese Großschutzgebiete die größte zusammenhängende Waldlandschaft Mitteleuropas.

Grenzüberschreitend finden wir hier eine bunte Vielfalt von ausgedehnten Mooren, Bergfichtenwäldern, Bergmischwäldern, Bergwiesen und Weiden, frei fließende Bäche und Flüsse und Gletscherseen. Mit diesem bunten Mosaik soll für eine Vielzahl von gefährdeten Tier- und Pflanzenarten das Überleben in dieser europaweit einmaligen Nationalparkregion Böhmerwald gesichert werden. So finden wir hier z. B. die einzige überlebensfähige Population von Auerhühnern außerhalb des Alpenbogens.

### Landschaftsschutzgebiet Sumava

Bereits 1963, viele Jahre vor der „Samtenen Revolution" und noch im Schatten des Eisernen Vorhanges, wurde als erster großer Schritt auf der tschechischen Seite des Böhmerwaldes entlang der bayerisch-österreichischen Grenze das Landschaftsschutzgebiet Sumava eingerichtet. Damit wurde auch das wichtigste Fundament für die Gründung des Nationalparks Sumava gelegt. Heute spielt dieses Schutzgebiet als vorgelagerte Schutzzone am Rande des Nationalparks eine wichtige Rolle. Alle Flächen werden extensiv bewirtschaftet und garantieren damit den Weiterbestand dieser ökologisch wie auch ästhetisch wertvollen Böhmerwaldlandschaft mit einer Fläche von 99.624 ha.

### Nationalpark Sumava

Dieser 1991 auf einer Fläche von 68.064 ha gegründete Nationalpark ist der erste und größte Nationalpark in der tschechischen Republik. Hier gilt es, die einzigartige von uns Menschen nur gering beeinflusste Natur und ihre Prozesse zu schützen. Die Natur hat hier die Freiheit, sich nach ihren eigenen, seit Jahrtausenden bewährten und eingespielten Gesetzen und Kreisläufen zu entwickeln. Erholungssuchenden Parkbesucher bietet sich die Möglichkeit, von der Natur zu lernen und die Landschaft in ihrer Ursprünglichkeit und Vielfalt zu erleben.

### Nationalpark Bayerischer Wald

Beispielgebend für ganz Europa wurde auf der bayerischen Seite des Böhmerwaldes 1970 der erste deutsche Nationalpark gegründet. Mit einer Fläche von 24.212 ha grenzt er an den größeren südböhmischen Nationalpark. Er schützt eine überwiegend bewaldete Mittelgebirgslandschaft. Die Waldlandschaft des bayerischen Parks kann sich ebenfalls nach den in der freien Natur langfristig wirkenden Kräften entwickeln. Natürliche Ereignisse, wie Stürme oder Schneebrüche, zählen zusammen mit Insektenbefall zu den wiederkehrenden Faktoren einer natürlichen Waldentwicklung. In diesem natürlichen Ökosystem spielen auch das Totholz und die Vielfalt der Pilze als Abbauer eine entscheidende Rolle. Beide Nationalparks sind mit Informationsstellen, Naturerlebniswegen und Umweltbildungseinrichtungen für Erwachsene und junge Menschen ausgestattet und vermitteln damit den zahlreichen Touristen wissenswerte Zusammenhänge über die Kreisläufe in der Natur. Zum 50. Gründungsfest des Parks 2020 wurde die Fläche um ganze 600 ha in Richtung Osten erweitert.

### Naturpark Bayerischer Wald

Der Naturpark Bayerischer Wald kann so wie das Landschaftsschutzgebiet in Südböhmen als Vorfeld für den gleichnamigen Nationalpark gesehen werden. Er wurde bereits 1976 gegründet und erstreckt sich über eine Fläche von 278.000 ha. Seine Naturschönheiten reichen vom Donaustrom bis zum Großen Arber. Mit dem Infozentrum „Sonnenhaus" am Rande der Stadt Zwiesel und dem bayerisch-böhmischen Infozentrum im Grenzbahnhof Bayerisch Eisenstein verfügt der Naturpark über zwei sehr gut gestaltete Umweltbildungs- und Informationseinrichtungen.

## Die Dreiländerregion Sumava – Bayerischer Wald – Böhmerwald

Der Begriff „Böhmerwald" stammt, urkundlich erwähnt, aus den Jahren 1147 („Behaimer Walt") und 1204 („Boemerwalt"). Der Böhmerwald war also eine geografische und keine politische Bezeichnung und ersetzte den Namen „Nordschwarzwald", den die Römer dem ausgedehnten Berg- und Waldland nördlich des Limes gaben. Im 18. Jahrhundert wurde jener Bereich, der über die pfälzisch-böhmisch-österreichische Grenze nach Bayern übergreift, „Bayerischer Wald" genannt. Nachdem in der tschechischen Sprache die Übersetzung für das Wort Böhmerwald fehlte, fanden die Tschechen im 16. Jahrhundert einen eigenen Namen - sehr gefühlvoll und passend nannten sie das Land „Sumave" („die Rauschende"), wodurch das beständige Rauschen des Windes in den Bäumen und des Wassers über die zahllosen Felsblöcke im Flussbett ausgedrückt wird.

Der Böhmerwald zieht sich 120 km weit und bis zu 50 km breit in zwei Höhenzügen südlich der Further Senke die bayerisch-böhmisch-österreichische Grenze entlang hinunter bis Hohenfurth/Vyssi Brod. Die höchste Erhebung ist der Große Arber mit 1.456 m Höhe. Charakteristisch für das gesamte Mittelgebirge sind die gerundeten Bergrücken, die sanften Grate und die ausgedehnten Hochlagenflächen. Als einer der ältesten Gebirgszüge Europas wird der Böhmerwald von uralten Gesteinsarten, vorwiegend Graniten, Gneisen und Glimmerschiefern gebildet. Die Senkungszonen des Moldautales im Norden und des Donautales im Süden ließen den Böhmerwald zur europäischen Wasserscheide zwischen der Nordsee und dem Schwarzen Meer werden, also zum Rückgrat Europas. Das heutige Aussehen prägte vor allem die Entwicklung während der Eiszeiten. Lokale Gletscher überzogen die Hochlagen des Böhmerwaldes. Nach dem Rückzug der Eismassen bildeten sich am Beginn der Warmzeit vor 10.000 Jahren an den Nordhängen acht typische Karseen. Diese Gletscherseen stellen eine bedeutsame Bereicherung des Landschaftsbildes dar.

Ein weiteres Relikt aus der letzten Eiszeit sind die Moore oder „Filze", von denen manche internationale Bedeutung haben. Viele seltene Pflanzenarten finden sich in den Böhmerwaldmooren. So hat eine Charakterpflanze der nordosteuropäischen Hochmoore, der Sumpfporst (Ledum palustre), hier ihre südlichste Verbreitungsgrenze. Bis vor wenigen Jahren hat der menschliche Betätigungsdrang auch vor diesen Mooren und Feuchtwiesen nicht Halt gemacht. Inzwischen wurde aber ihre Bedeutung erkannt, und sie wurden vielerorts unter Schutz gestellt.

Der Böhmerwald-Hauptkamm bildet eine Wetterscheide zwischen der atlantischen und der kontinentalen Klimazone. Früher war das Klima durch lange, schneereiche Winter und kurze, kühle Sommer gekennzeichnet, in denen bei Wetterstürzen die Temperatur bis an die 0°C sinken konnte. Tiefliegende Wolken und Nebelbänke halten sich noch lange in den Bergen, wenn in den Niederungen schon wieder die Sonne scheint. Wie ein Schwamm saugt der Böhmerwald die hohen Niederschlagsmengen auf und bildet ein riesiges Wasserreservoir. Der Klimawandel ist auch im Böhmerwald bereits voll im Gange. Schon in den 80er-Jahren des 20. Jahrhunderts waren die Veränderungen zu erkennen. Die Temperatur steigt seit 30 Jahren kontinuierlich an. Die daraus folgenden klimatischen Faktoren werden immer mehr zur Herausforderung. Niederschlagsarme, heiße Sommer, mehrmalige Schneeschmelze während des Winters, heftige Stürme, kleinräumige und massive Starkregen werden Jahr für Jahr registriert. Der Klimawandel zeigt auch im Wald sehr deutliche Spuren.

Das eigentlich Dominierende des Böhmerwaldes sind die Wälder. Naturnahe Waldgesellschaften sind aufgrund der jahrhundertelangen menschlichen Eingriffe nicht mehr überall vorhanden.

Die häufigste Waldgesellschaft der montanen Stufe sind Fichten-Rotbuchen-Tannenwälder. Die Hochlagenwälder sind meist subalpine Fichtenbestände. Diese ausgedehnten Wälder, unterbrochen von Moorgebieten, bieten gute Bedingungen für eine Vielzahl an Tieren wie Hirsch, Reh- und Schwarzwild, Elch, Wildkatze, Luchs, Fischotter, Auerhahn, Uhu, Habichtskauz und Schwarzstorch. Bär, Wolf und Luchs wurden gnadenlos verfolgt und schon im 19. Jahrhundert ausgerottet. Heute sind wieder fallweise Spuren dieser Tiere nachweisbar. Bei den Wölfen handelt es sich auch um Tiere, die aus dem Nationalpark Bayerischer Wald entwichen sind. Die Luchspopulationen haben sich seit den Wiedereinbürgerungen im Nationalpark Bayerischer Wald am Beginn der 70er-Jahre des 20. Jahrhunderts und in Stozec/Tusset Südböhmen sowie durch Zuwanderungen im Laufe der vielen Jahre kaum stabilisiert.

Elchbulle, Obermarkschlag/Südböhmen, 2014.

Die Besiedelung des Gebietes begann um die Jahrtausendwende durch bayerische und böhmische Herrscher. König Ottokar II. unterstellte 1273 die bis dahin herrenlosen Waldberge der böhmischen Krone. Die ersten Siedler waren freie Bauern, es folgten Bergleute und Glasmeister; Glashütten wurden errichtet, und mit diesen entstanden Handel, Landwirtschaft und Gewerbe. Wichtig für die Erschließung des Böhmerwaldes waren die Verbindungswege zwischen Bayern, Österreich und Böhmen. Die Bezeichnung „Goldener Steig" mit seinen zahlreichen Verzweigungen ist ein Indiz dafür. Große Bedeutung für die Holzbringung hatte die Errichtung des Schwarzenbergischen Schwemmkanals durch Josef Rosenauer, die als technische Meisterleistung gilt. Rosenauer ist es gelungen, die europäische Wasserscheide zwischen Moldau und Großer Mühl zu überwinden. Der Erste Weltkrieg mit dem Zerfall der Donaumonarchie und noch mehr die folgenden 30er-Jahre brachten aber die tragische Wende – zwei Völker, die jahrhundertelang friedlich miteinander lebten, wurden nun zu „Feinden".

Die deutschstämmigen Einwohner des Böhmerwaldes wurden nach dem Zweiten Weltkrieg gezwungen, Südböhmen zu verlassen. Auf tschechischer Seite wurden fast alle Grenzübergänge geschlossen, der „Eiserne Vorhang" und weiträumige Sperrzonen eingerichtet. Die Vertreibung der deutschsprachigen Bevölkerung bedeutete eine einschneidende Veränderung der Siedlungsstrukturen. Viele kleine Dörfer und Ortschaften entlang der Grenze wurden entvölkert und anschließend zerstört.

Die Natur profitierte davon, dass der Grenzstreifen vor und hinter dem „Eisernen Vorhang" von intensiver menschlicher Nutzung weitgehend verschont geblieben ist. In dem unerschlossenen Gebiet haben sich unterschiedlichste Landschaften und Lebensräume erhalten.

Seit den 70er-Jahren gibt es bereits Aktivitäten durch Naturschutzorganisationen in Bayern und Österreich. Als Beispiel sei hier die 1974 gegründete Österreichische Naturschutzjugend (önj) Haslach an der Mühl genannt. Neben vielen regionalen Projekten bildet seit 1984 die Schaffung von Öko-Inseln den Schwerpunkt, verbunden mit zahlreichen auch grenzüberschreitenden Projekten in der önj-Arbeit. Durch ihre umfangreichen Kontakte zu vielen Naturschutzorganisationen in den beiden Nachbarländern wurde die önj Haslach zu einer österreichischen Drehscheibe für zahlreiche Naturschutz-Ideen.

Wo einst mehr als 40 Jahre der „Eiserne Vorhang" West- und Osteuropa trennte, finden sich heute in der Böhmerwaldregion der südböhmische Nationalpark Sumava und der Nationalpark Bayerischer Wald (93.276 ha) zusammen mit Naturparks, Landschaftsschutzgebieten, Europaschutzgebieten, zahlreichen Naturschutzgebieten und unseren Öko-Inseln.

NÁRODNÍ NATIONAL PARK BAYERISCHER WALD SUMAVA

Das gemeinsame Logo der Nationalparks Sumava und Bayerischer Wald weist darauf hin, dass die Natur keine Grenzen kennt.

Die Arche ist in der Nationalparkregion gelandet. Glöcklberg, 2014.

Die Arche in Glöcklberg im Jahr 2022.

## Gemeinsame Vielfalt mit bewegter Geschichte

Landschaften sprechen nicht, und dennoch erzählen sie uns Geschichten über ihre Entwicklung in der Vergangenheit, aber auch über sich selbst und vor allem über uns Menschen, die sie verändert und umgestaltet haben.

### Uraltes Gestein – 4.000 Meter hoch und 300 Millionen Jahre alt

Geologisch betrachtet leben und bewegen wir uns heute auf den Rumpfschollen eines ehemaligen Hochgebirges. Auf diesem 300 Millionen Jahre alten Rest der Böhmischen Masse liegt heute und für die Zukunft unsere Verantwortung für eine ökologisch verträgliche Entwicklung.

### Auf Eis folgt Wald

Mit dem Beginn der Klimaerwärmung nach der letzten Eiszeit vor 10.000 Jahren schmolzen die kleinen Böhmerwaldgletscher langsam ab. Seen und Moore blieben als lebendige Zeitzeugen zurück.

Die langsam ansteigende Durchschnitttemperatur ließ den Wald in die schnee- und eisfreie Steppe zurückkehren.

### Aus Urwäldern werden Wiesen und Felder

Große Teile unserer Böhmerwaldlandschaft sind heute Kulturlandschaft. Ihr gegenwärtiges Erscheinungsbild erhielt sie erst durch die menschliche Nutzung.

Mit den Klostergründungen von Hohenfurth/Vyssi Brod und Schlägl Mitte des 13. Jahrhunderts setzt eine erste Urbarmachung im Mühl- und Moldautal ein. Von da an entstand im Laufe von Generationen in einem Wechselwirkungsprozess von natürlichen Faktoren und bäuerlicher Bewirtschaftung aus der Naturlandschaft jenes strukturreiche Mosaik aus Wäldern, Feldgehölzen, Hecken, Wasserflächen, Wiesen, Feldern und Siedlungsräumen, das wir als Kulturlandschaft bezeichnen. Bis vor wenigen Jahrzehnten zeichnete diese Kulturlandschaft eine weitaus größere Biotop- und Artenvielfalt aus als die ursprünglich nahezu geschlossenen Laubmischwälder der menschenleeren „Silva Boemiae".

In unserem Öko-Insel-Buch möchten wir daher nicht nur unsere einzelnen Öko-Inseln vorstellen, sondern auch prägende geschichtliche Ereignisse für unsere Kulturlandschaft wiedergeben. Sei es die ehemalige Langholzschwemme in der Mühl oder das im Mittelalter florierende Handwerk der Glaserzeugung, die in unserer Böhmerwaldregion Spuren in der Landschaft hinterließen.

Torf Au mit der Großen Mühl, 2013.

Scheitereinwerfen am Ursprung des Schwarzenberg-Schwemmkanals beim Lichtwasser am Fuße des Dreisesselberges im Jahr 1911.

# Gemeinsame Vielfalt mit Zukunft – ein Gewinn für Mensch und Natur

Der schleichende Verlust der biologischen Vielfalt stellt auch in der Böhmerwaldregion eine bedrohliche Gefahr dar.

Mit der Verordnung der Europaschutzgebiete in Südböhmen, Bayern und Oberösterreich ist ein entscheidender erster Schritt getan, eine gemeinsame Naturschutzgrundlage zu schaffen. Die einzigartigen Böhmerwaldlandschaften diesseits und jenseits der Grenzen sind nun per Gesetz in ein europaweites Schutzgebietsnetzwerk eingebunden. Jetzt muss der grenzüberschreitende Naturschutz in den drei Ländern mit Leben erfüllt und angewendet werden. Der Erfolg wird weitgehend durch die Qualität des Managements in den Gebieten bestimmt.

## 7-Punkte-Plan für die Zukunft der gemeinsamen Vielfalt

**1.**

Die Ökosystemleistungen der Europaschutzgebiete, wie saubere Luft, reines Wasser, gesunde Nahrung, die Erholungsnutzung u.a.m., stellen auch einen konkreten ökonomischen Wert dar. Es ist notwendig, diese Leistungen künftig in Zahlen zu gießen und zu kommunizieren.

**2.**

Die Forschung im Bereich biologischer Vielfalt muss intensiviert und zwischen den drei Ländern abgestimmt werden, um eine umfassende Bestandsaufnahme als wissenschaftliche Entscheidungsgrundlage zu bekommen.

**3.**

Die daraus abzuleitenden Maßnahmen werden in die Raumordnungskonzepte einfließen und dort dauerhaft verankert.

**4.**

Tourismus- und Straßenprojekte nehmen schon bei der Planung auf die biologische Vielfalt Rücksicht.

**5.**

Dem Zustand der biologischen Vielfalt ist auch außerhalb der Europaschutzgebiete unsere Aufmerksamkeit zu schenken.

**6.**

Bewohner und Besucher der Region werden über die hohe Qualität und die besondere Vielfalt dieses ausgezeichneten Europaschutzgebietes informiert.

**7.**

Sicherung der zukünftigen Finanzierung: Für die nächsten Finanz- und Programmperioden der EU von 2021 bis 2027 müssen die entsprechenden Fördertöpfe ausreichend ausgestattet und verfügbar gemacht werden.

# Öko-Inseln

## Öko-Inseln: Zauberformel oder Strategie für den Erhalt der Biodiversität in der Böhmerwaldregion

Die Landschaft der Böhmerwaldregion, ihre Lebensräume und deren Artenzusammensetzung sind ein Ergebnis erdgeschichtlicher Abläufe sowie eines Wechselspieles zwischen den hier lebenden Menschen und deren Beziehung zur Natur.

Mit dem Vorrücken der Menschen in die Urwälder des „Silva Gabreta" ab dem Mittelalter (12. bis 14. Jahrhundert) entstanden in der Folge über viele Jahrhunderte hinweg neue Lebensräume, wobei die Artenvielfalt an Tieren und Pflanzen weiter zunahm.

Aktuell sind wir jedoch auch in der Böhmerwaldregion mit einem immer schnelleren Landschaftswandel konfrontiert, der zu einer Verarmung der Lebensraum- und Artenvielfalt führt. Damit wird deutlich, dass dem Erhalt traditioneller Kulturlandschaften, ihrer Lebensräume und der Artenvielfalt eine besondere Bedeutung zukommt. Der Verlust der Biodiversität ist mindestens so bedrohlich wie der Klimawandel.

Wollen wir unsere Landschaft in ihrer Vielfältigkeit erhalten, so muss naturnahen, struktur- und artenreichen Landschaftselementen auch in Zukunft Platz und Bestand gesichert werden.

Dieser Erkenntnis folgend haben wir zum 10. Gründungsfest der Österreichischen Naturschutzjugend Haslach 1984 beschlossen, als Meilenstein- und Leuchtturm-Projekt ein 1,3 ha großes Grundstück in Haslach zu kaufen, das zur Sensibilisierung der Jugend und der Bevölkerung für das Thema Naturschutz in der Region beitragen soll und mit dem Namen „Öko-Insel für Mensch und Natur" getauft.

Klaus Thaller (er studierte damals Betriebswirtschaft an der JKU in Linz) und Karl Zimmerhackl führten die Verkaufsverhandlungen mit dem Besitzer des 1,3 ha großen Grundstückes. Um den Ankauf der ersten Öko-Insel in Haslach finanzieren zu können, mussten wir beide einen Kredit bei der Sparkasse in Haslach aufnehmen. Mit der österreichweit angelegten Spendenaktion „Schüler retten Öko-Inseln" waren wir bald in der Lage, den Kredit zu tilgen und damit der Schuldenfalle zu entkommen.

Mit dieser ersten Öko-Insel-Vision konnten wir bei den beginnenden Grundzusammenlegungen in den Gemeinden Aigen, Ulrichsberg und Klaffer sowohl bei den Verantwortlichen der Agrarbezirksbehörde des Landes Oberösterreich als auch bei den betroffenen Landwirten konstruktive Partner für eine ökologisch tragbare Lösung finden. Daraus entwickelte sich eine sensible Dreierbeziehung, die für alle Beteiligten eine Win-win-Situation möglich machte und bis heute den ökologisch nachhaltigen Erfolg der Grundzusammenlegung sicherstellt.

Die langjährige Erfahrung hat uns gezeigt, dass ein dauerhafter und wirksamer Schutz solcher ökologisch wertvoller Grundstücke nur durch einen eigenen Besitzstatus zu garantieren ist. Aus einem Hektar Öko-Insel in Haslach wurden damit ganze 74 ha, auf deren Boden in weiterer Folge eine Reihe von wirkungsvollen Projekten ihren Anfang nahmen. Damals ahnten wir noch nicht, dass die erste Öko-Insel in Haslach zur Keimzelle für viele weitere Hektare werden würde.

Die kulturhistorische Entwicklung in der Tallandschaft der Großen Mühl wurde und wird in der Biodiversitätsforschung auf unseren Öko-Inseln immer mit einbezogen. Biodiversität – ein Fachbegriff, der, als wir im Herbst 1974 die Österreichische Naturschutzjugend Haslach gründeten, noch nicht geboren und für uns nur Vorausahnung war.

Heute, nach 50 Jahren, ist uns dieses Zauberwort als „Terminus technicus" und dessen Erklärung als „Vielfalt des Lebens" sehr viel näher gerückt und damit verständlicher geworden. Uns war schon bewusst, dass wir alle ein Teil der Natur sind und wir von dieser Vielfalt des Lebens profitieren und auf Gedeih und Verderb auf sie angewiesen sind. Doch die Wahrnehmung hinkt dieser Erkenntnis leider noch immer weit hinterher.

Alle unsere Öko-Inseln zusammen bilden die wichtigsten Schlüssellebensräume im „Europaschutzgebiet Böhmerwald und Mühltäler".

Nach der reinen Konservierung seltener Lebensräume geht es hin zur Betrachtung des gesamten Landschaftsraumes. Daraus entsteht das Modell der ökologischen Netzwerke, und damit kommen wir vom statischen zum dynamischen Naturschutz.

Schüler auf Wässerwiese, Torf Au.

Dies bedeutet, dass Naturschutz auch außerhalb unserer Öko-Inseln stattfinden muss. Dort, wo die Hauptursachen des Artensterbens liegen, finden wir auch die Lösungen, wie z. B. im Projekt „Nachzucht der Flussperlmuscheln in der Großen Mühl".

Die ökologische Bedeutung der Böhmerwaldregion liegt nicht nur in der Summe ihrer Schutzgebiete – diese sind jedoch eine gute und solide Ausgangsbasis. Entscheidend wird sein, wie weit es uns gelingt, Mensch und Natur wieder in eine funktionierende Symbiose (Zusammenleben zweier Organismen zu beiderseitigem Vorteil) zusammenzubringen.

Das Mitwirken und die Akzeptanz der einheimischen Bevölkerung liegen uns dabei sehr am Herzen. Wir sehen unsere Biotopkäufe immer in Zusammenarbeit mit den Landwirten. Natur- und Kulturlandschaftsschutz ist nicht im Konflikt Landwirtschaft gegen Naturschutz zu gewinnen – es geht um eine nachhaltige Synthese der unterschiedlichen Interessen.

Das bedeutet: Wir Bewohner der Böhmerwaldregion müssen im Einklang mit der Natur leben und handeln. Davon profitiert nicht nur die Natur – auch wir ziehen letztlich direkten Nutzen aus den funktionierenden, lebendigen Ökosystemen.

## Der Böhmwind – eine klimatische Besonderheit

Die Öko-Inseln liegen im hügeligen Granit- und Gneishochland des oberen Mühltales. Geografische und klimatische Bedingungen beeinflussen die Vielfalt auf unseren ökologisch wertvollen Grundstücken. Der Böhmwind kann hier zu allen Jahreszeiten die Wettersituation sehr intensiv beeinflussen.

Den kalten, böigen und trockenen Wind bezeichnen die Bewohner des oberen Mühltales als „Behmwind". Es handelt sich dabei um einen stürmischen Fallwind, der entsteht, wenn im tiefer gelegenen Mühltal ein Unterdruck die Luft aus dem um gut 200 Meter höher liegenden Moldautal ansaugt.

Wenn die Luft aus Böhmen dazu noch genügend Feuchtigkeit enthält und kondensiert, dann werden solche Strömungen entlang des Böhmerwaldhauptkammes als Nebelwalze (Windhaube oder Windschleier) sichtbar.

Im Winterhalbjahr sind Windstärken bis zehn (nach Beaufort) und mehr möglich und führen so bei entsprechender Schneelage zu massiven Schneeverwehungen. So macht sich der „Behmwind" durch den Windchill-Effekt als beißender und stechender Schmerz auf der menschlichen Haut bemerkbar. Auf Grund der Trockenheit des Windes leiden im Sommer die landwirtschaftlichen Kulturen. Diese Wetterlage kann sehr beständig sein und über mehrere Tage anhalten.

Mäharbeiten, 2013 (Felix Hofer, Severin Zimmerhackl, Magdalena Moser, Alexander Zimmerhackl).

Windhaube am Böhmerwald.

Alexander Zimmerhackl mit Motormäher.

## Öko-Inseln und ihre Öko-Systemdienstleistungen

Jede einzelne Pflanzen- und Tierart auf unseren Öko-Inseln bringt eine direkte oder indirekte Leistung und damit Nutzen für uns Menschen; dies bezeichnen wir mit dem Begriff Öko-Systemdienstleistung. Nur dann, wenn unsere Kulturlandschaft eine ausreichende Artenvielfalt aufweist, sind diese Serviceleistungen der Natur auch in Zukunft gewährleistet.

Öko-Systemdienstleistungen sind nicht nur für unser Wohlbefinden und unsere Gesundheit wichtig, sie bilden unsere Lebensbasis! Die Natur bietet uns Lebensmittel, sauberes Trinkwasser sowie Rohstoffe aller Art. Sie sorgt unter anderem für stetige Bodenbildung und die Produktion von Biomasse, die wiederum die Grundlage für die Land- und Forstwirtschaft liefert. Intakte Öko-Systeme regulieren klimatische Prozesse und schützen vor Bodenerosion, Hochwasser und Muren. Nicht zuletzt vermittelt uns die Natur regionale und kulturelle Identität und trägt maßgeblich zu unserer Erholung bei.

> **„Die Natur ist unser Lebensraum, dessen Artenvielfalt es zu bewahren gilt!"**

Damit wir Menschen auch in Zukunft von den Öko-Systemleistungen in unserer Dreiländer-Nationalpark-Region profitieren können, ist es wichtig, die biologische Vielfalt sowohl innerhalb als auch außerhalb unserer Schutzgebiete zu erhalten.

Wir können von den Öko-Systemleistungen nur so lange profitieren, solange alle Ökosysteme noch intakt sind.

Neues Wasserrad und neuer Wellenbaum, 2013.

## 74 ha voller Leben – Die Naturschutzjugend Haslach handelt!

Mittlerweile nennt die Österreichische Naturschutzjugend Haslach mehr als 74 ha ökologisch außerordentlich wertvoller Flächen, die zum großen Teil im „Natura 2000-Europaschutzgebiet Böhmerwald-Mühltäler" liegen, ihr Eigentum. Es sind dies meist die letzten Reste der einst so artenreichen Kulturlandschaften im Oberen Mühlviertel. Mit dem Kauf ökologisch wertvoller Grundstücke kämpfen wir gegen den weiteren Naturverlust an und schaffen so ein Netzwerk von „Überlebensinseln" in unserer Heimat.

Bagger zieht neue Gräben auf Wässerwiese in der Torf Au, 2013.

In Partnerschaft mit ausgewählten LandwirtInnen und auf Grundlage speziell ausgearbeiteter Managementpläne bewirtschaften wir diese Flächen nachhaltig. Damit sind gute Beispiele der regionalen Natur und Kultur gesichert, die als Anschauung zum Nachahmen dienen sollen.

Einbringen der 54 neuen Struktursteine in die Große Mühl, 2013.

Entbuschung in der Stadl Au, 2014.

## Erste Öko-Inseln entstehen
### Feuchtgebiet Unterriedl

**Lage**
Gemeinde St. Stefan am Walde

**Biotoptyp**
Kleines Niedermoor mit Schwarzerlen-Sumpfwald und Moorwiese

| **Größe** | **Eigentum (Privatbesitz)** |
| --- | --- |
| 1,5 ha | seit 1984 |

Ende der 70er- und Anfang der 80er-Jahre des 20. Jahrhunderts waren Flurbereinigungen in Form von Entwässerungen, Rodungen von Hecken, Feldgehölzen und Uferstreifen sowie das Zuschütten von Tümpeln und Teichen auch im Oberen Mühlviertel zu einem unübersehbaren Übel angewachsen. Ziel war es, eine maschinengerechte Produktionslandschaft für die neuen und immer PS-stärker werdenden Traktoren und Geräte zu gestalten.

Ausgehend von Helfenberg wurden ab 1980 entlang der Steinernen Mühl alle Feuchtwiesen entwässert. Betroffen davon war auch die Flusslandschaft zwischen der Atzmühle und der Kastenschmiede. Hier bildet die Steinerne Mühl einen ökologisch besonders wertvollen mäandrierenden Flussabschnitt.

Das Team der önj Haslach wollte nicht tatenlos zuschauen, wie die Natur immer mehr an Boden verliert. Ein erstes informelles und klärendes Gespräch mit dem bäuerlichen Grundeigentümer, um dieses Feuchtgebiet vor einer drohenden Vernichtung zu verschonen, löste großes Unverständnis, einigen Ärger und Unruhe aus. Auch das Angebot, das Grundstück durch die Österreichische Naturschutzjugend Haslach käuflich zu erwerben, wurde vom Bauern strikt abgelehnt.

Für uns junge und aktive Naturschützer war dies ein erstes und für die weitere Entwicklung sehr wichtiges Lernprojekt. Wir mussten verstehen lernen, dass es für einen bäuerlichen Betrieb aus unterschiedlichen Gründen nicht so leicht möglich ist, ein Grundstück zu verkaufen. Bisher galt die Regel, dass es für den Bauern eine Ehre ist, den Betrieb im gleichen Flächenausmaß an den nächsten Hoferben weiterzureichen. Besonders erfolgreich seien jedoch jene Bauern und Bäuerinnen, denen es gelingt, ihren Grundbesitz zu erweitern, um so eine größere Grundstücksfläche an die nächste Generation weiterzugeben. Für die beobachtenden Nachbarn gilt es als ein negatives Signal und oft auch als Schande, wenn ein Bauer oder eine Bäuerin in Dorfnähe ein Grundstück verkauft. Dabei wird immer rasch auf eine sehr prekäre finanzielle Lage des Grundverkäufers bzw. der Grundverkäuferin geschlossen. Kurz gesagt: Grundbesitz wird erst dann veräußert, wenn sonst keine andere Finanzquelle mehr erschlossen werden kann.

So blieb bei unserem ersten Projekt nichts anderes übrig, als für diese ökologisch wertvolle Fläche, mit botanischen und ornithologischen Gutachten ausgestattet, an die Naturschutzbehörden des Bezirkes Rohrbach und des Landes Oberösterreich den Antrag zur Ausweisung eines „Geschützten Landschaftsteiles" zu stellen. Hier kam uns das neu verordnete Naturschutzrecht des Landes Oberösterreich im richtigen Augenblick zu Hilfe. Das Feuchtgebiet Unterriedl wurde mit einem Flächenausmaß von 1,5 Hektar am 7. Mai 1984 zum ersten „Geschützten Landschaftsteil" in Oberösterreich erklärt.

„Geschützter Landschaftsteil" ist – im Gegensatz zu den in der Regel meist großflächigen Natur- und Landschaftsschutzgebieten – ein kleinräumiger, geschützter Ausschnitt der Landschaft. „Der Schutz von Landschaftsteilen erfolgt aus ökologischen und wissenschaftlichen Gründen oder zur Erhaltung der Seltenheit, Eigenart oder Schönheit dieser Gebiete", so die Definition des Umweltbundesamtes in Wien.

Steinerne Mühl, 2014.

Feuchtgebiet Unterriedl, 2014.

Öko-Inseln

## Das Waldgrundstück Welset Pühret

**Lage**
Gemeinde Haslach an der Mühl

**Biotoptyp**
Größter natürlicher Stieleichen-Hangwald im Mühlviertel

**Größe**
4,5 ha

**Eigentum der Gemeinde Haslach an der Mühl**
seit 1987

Der „Geschützte Landschaftsteil" Welset Pühret, ebenfalls an der Steinernen Mühl gelegen, gilt mit seinen 4,5 ha als der größte weitgehend natürliche Stieleichen-Hangwald im Mühlviertel. Die Gemeinde Haslach hat, als Besitzerin mit Beschluss des Gemeinderates, nach einer Begehung zugestimmt, einen „Geschützten Landschaftsteil" einzurichten.

Mit der Einrichtung eines 4,5 km langen „Natur-Erlebnis-Weges", der Herausgabe eines Buches und den seit vielen Jahren jeweils mit den Schülern der 2. Klassen der Mittelschulen des Bezirkes Rohrbach durchgeführten „Natur-Erlebnis-Spielen" wird hier gleichzeitig Umweltbildung in der Natur vermittelt. Damit trägt der „Geschützte Landschaftsteil" Welset Pühret bereits seit 16. März 1987 zu einem harmonischen Miteinander von Mensch und Natur bei. Vielen Haslacher Bewohnern und zahlreichen Gästen ist das Welset Pühret zum gern besuchten Natur-Erholungsgebiet geworden. Manche Besucher bezeichnen den hier im Sommer eingerichteten Naturbadeplatz mit dem weichen Wasser der Steinernen Mühl als den „schönsten Badeplatz Mitteleuropas". Damit ist bei der Bevölkerung die hohe Wertschätzung und Akzeptanz unserer heimatlichen „Natur vor der Haustür" in diesem Fall besonders gut gelungen.

Der „Geschützte Landschaftsteil" Welset Pühret transportiert auch eine wichtige Botschaft nach außen: Naturschutz schließt immer uns Menschen mit ein.

Das Feuchtgebiet Unterriedl und das Welset Pühret sind heute nach dem OÖ. Naturschutzrecht als „Geschützte Landschaftsteile" eingetragene Gebiete. Beide wurden auf Anregung der Österreichischen Naturschutzjugend Haslach vom Amt der OÖ. Landesregierung in den 80er-Jahren des vorigen Jahrhunderts unter Schutz gestellt.

Steinerne Mühl bei Haslach.

Schautafel „Spechte" am Natur-Erlebnis-Weg.

## Schüler retten Öko-Inseln: Kauf der ersten Grundstücke

Mit dem Kauf des ersten Grundstückes, am 8. Juni 1984 in Haslach, wurde auch der Name „Öko-Insel" von Karl Zimmerhackl aus der Taufe gehoben. Die schwierige Finanzierung konnte über einen Spendenaufruf in der regionalen Presse und den Umweg einer privaten Kreditaufnahme überwunden werden und brachte die Naturschutzjugend in den Besitz des ersten ein Hektar großen Grundstückes an der Großen Mühl in der Nähe von Lichtenau.

Vorerst sollten keine weiteren Grundstücke mehr gekauft werden, um nicht weiter in die Schuldenfalle zu geraten. Durch die rasche Schuldentilgung wurden wir jedoch ermutigt, den Begriff „Öko-Insel" in den Plural zu verwandeln.

Als wichtiger Grundstein dieser Schuldentilgung und zur weiteren finanziellen Unterstützung trug im Wesentlichen die Aktion „Schüler retten Naturlandschaften" bei. 1986 wurde diese in Haslach mit gelben Schmetterlingsaufklebern gestartet. Die Aktion wurde schon 1978 von unserer Partnerorganisation, der Österreichischen Naturschutzjugend Steiermark, ins Leben gerufen und wird von Graz ausgehend österreichweit abgewickelt. Alle Lehrer und Schüler können dabei mitmachen und helfen damit, ein Netzwerk zum Erhalt natürlicher Lebensräume in ganz Österreich einzurichten.

Die so geschaffenen Öko-Inseln dienen auch als Natur-Lernorte und können unter Rücksichtnahme auf die jeweilige ökologische Verträglichkeit genutzt werden.

Die Schüler nehmen Geld durch den Verkauf von Aufklebern mit Tiermotiven ein. Somit konnten mehrere Öko-Inseln im Bezirk Rohrbach erworben werden. Später wurde die Aktion in die treffendere Bezeichnung „Schüler retten Öko-Inseln" umbenannt.

Auch die Naturschutzabteilung der OÖ. Landesregierung hatte uns finanzielle Unterstützung zugesichert. Der damalige Naturschutz-Landesrat Leo Habringer konnte sich nach einem Lokalaugenschein in der Stadl Au und auf der Schmetterlingswiese in Schindlau davon überzeugen lassen, den Ankauf ökologisch wertvoller Grundstücke zu fördern, um diese später als Naturschutzgebiete auszuweisen. In der Folge kam es zu vielen Grundstücksverhandlungen, lehrreichen Erfahrungen und freundschaftlichen Kontakten. Zwei Grundstücke wurden der Naturschutzjugend Haslach sogar durch eine Schenkung übertragen.

Das Projekt der „Öko-Inseln" konnte dadurch in den vergangenen drei Jahrzehnten so anwachsen, dass es heute als wichtigstes Thema der Naturschutzjugend Haslach gilt. Es umfasst bereits zwölf verschiedene ökologisch wertvolle Grundstücke, wovon bisher drei als „Naturschutzgebiete" deklariert sind.

Aufkleber mit Wiedehopf und Wildkatze.

# Entscheidungshilfen beim Ankauf von Öko-Inseln

**1.**

Welchen ökologischen Wert hat das angebotene Grundstück heute und in den kommenden Jahren?

**2.**

Ist das Grundstück für eine Erweiterung des bestehenden Grundstücksbesitzes als Arrondierung von Bedeutung?

**3.**

Wird mit dem Grundstückskauf eine Grundzusammenlegung möglich oder eingeleitet?

**4.**

Welche Dringlichkeit haben der Verkauf für den Besitzer und der Ankauf für die Naturschutzjugend Haslach?

**5.**

Wie hoch ist der tatsächliche Pflegekostenaufwand?

**6.**

Welche weiteren Arbeitsbelastungen bringt der Ankauf für uns?

**7.**

Wie hoch ist das Konfliktpotenzial des derzeitigen Besitzers mit seinen Grundstücksnachbarn?

**8.**

Wer übernimmt die Kosten des Ankaufs? Fördert die Naturschutzabteilung des Landes Oberösterreich den Grundstücksantrag? Finanziert sich der Ankauf durch die Aktion „Schüler retten Öko-Inseln“ oder erwirbt die Naturschutzjugend Haslach das Grundstück mit Eigenmitteln?

**9.**

Bewertung des Ankaufs in Prozentzahlen von 0 bis 100 Prozent; Entwicklung einer verbalen Bewertung nach:

- sehr dringend
- dringend
- empfehlenswert
- wenig empfehlenswert
- nicht empfehlenswert

# Lage der einzelnen Öko-Inseln

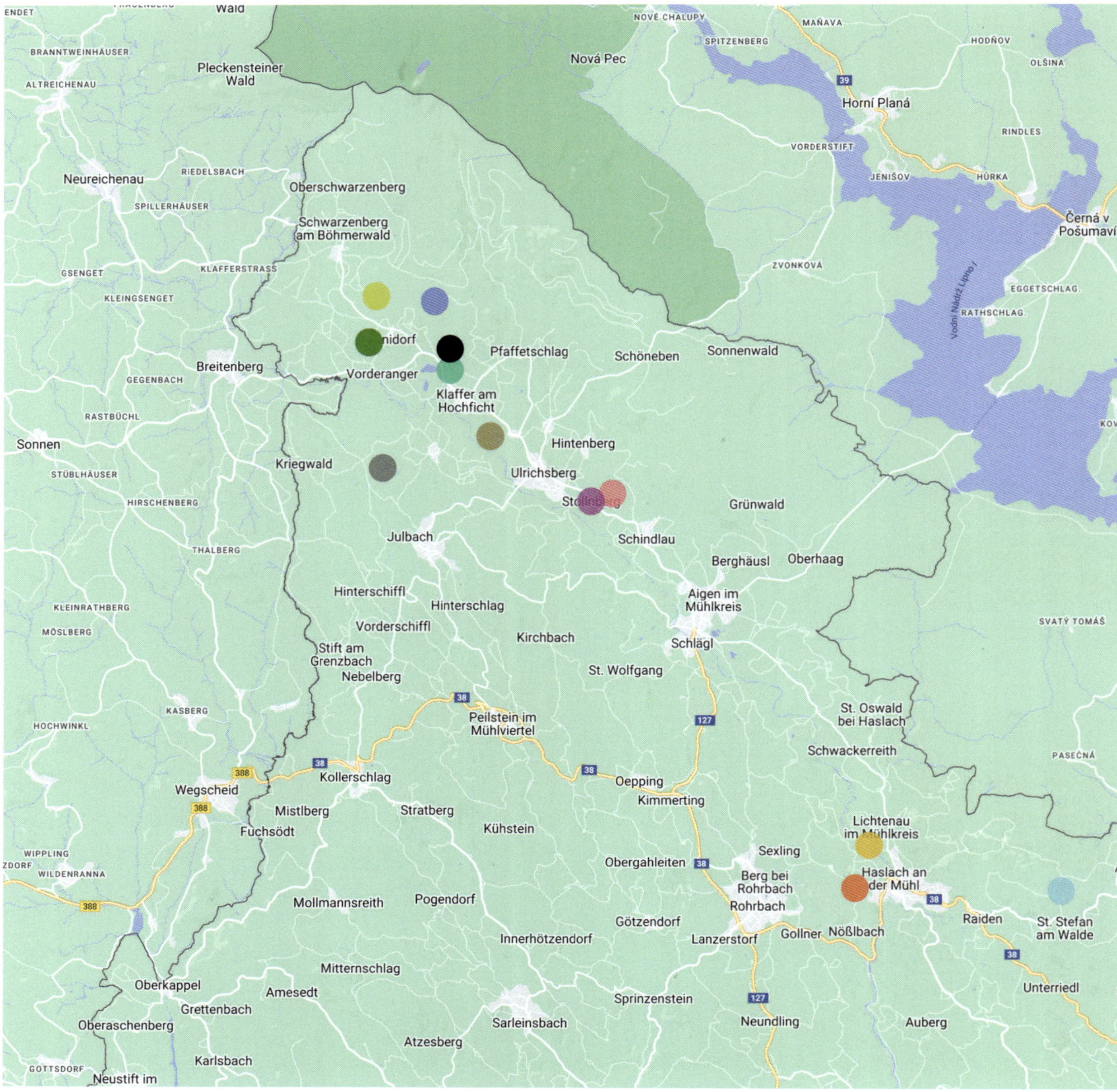


- Wegscheider-Wiese
- Orchideenwiese
- Torf Au
- Stadl Au
- Kleine Wildnis
- Enzian- und Arnika-Wiese
- Schmetterlingswiese
- Öko-Insel
- Grabner Au
- Otter-Insel
- Heimkehrer-Wiese
- Schwarz Au

# Öko-Inseln im Überblick

## 1. Öko-Insel

**Lage**
Lichtenau, Gemeinde Haslach an der Mühl

**Biotoptyp**
Alte Teichanlage, Feucht- und Obstwiese

**Größe**
1,3 ha

**Eigentum der önj**
seit 1984

**Schutzkategorie**
Europaschutzgebiet

## 2. Stadl Au

**Lage**
Panidorf, Gemeinde Klaffer am Hochficht

**Biotoptyp**
Moorwiesenkomplex

**Größe**
21,4 ha

**Eigentum der önj**
seit 1986

**Schutzkategorie**
Naturschutzgebiet, Europaschutzgebiet

## 3. Torf Au

**Lage**
Seitelschlag, Berdetschlag, Salnau, Gemeinde Ulrichsberg

**Biotoptyp**
Feuchtgebietskomplex mit Streuwiesen, div. Moortypen, Auwaldresten; Wässerwiese, reaktivierter Mühlbach, renovierte Bauernmühle, erbaut 1870, 54 Struktursteine im Flussbett der Großen Mühl seit 2013

**Pachtvertrag**
ab 1983 (Mühle)

**Größe**
22,8 ha

**Eigentum der önj**
seit 1989

**Schutzkategorie**
Naturschutzgebiet, Europaschutzgebiet

## 4. Schmetterlingswiesen

**Lage**
Schindlau, Gemeinde Ulrichsberg

**Biotoptyp**
Trockenwiesen mit Lesesteinhecken, Teiche, Ufersaum entlang des Hammerbaches

| Größe | Eigentum der önj | Schutzkategorie |
|---|---|---|
| 5,2 ha | seit 1986 | Europaschutzgebiet |

## 5. Otter-Insel

**Lage**
Schindlau, Gemeinde Ulrichsberg

**Biotoptyp**
Insel in der Großen Mühl mit Auwaldrest, Auwiese und Altarm, Magerwiese, Lesesteinhecke und Hangwald

| Größe | Eigentum der önj | Schutzkategorie |
|---|---|---|
| 3,4 ha | seit 1986 | Europaschutzgebiet |

## 6. Orchideen-Waldwiese

**Lage**
Freundorf, Gemeinde Klaffer am Hochficht

**Biotoptyp**
Waldwiese, Halbtrockenrasen, ehemalige Wässerwiese mit Teichen

| Größe | Eigentum der önj | Schutzkategorie |
|---|---|---|
| 1,6 ha | seit 1991 | Naturschutzgebiet, Europaschutzgebiet |

## 7. Kleine Wildnis

**Lage**
Gemeinde Klaffer am Hochficht

**Biotoptyp**
verwilderte Teichanlage

| Größe | Eigentum der önj | Schutzkategorie |
|---|---|---|
| 1,1 ha | seit 2003 | keine |

## 8. Enzian- und Arnika-Wiesen

**Lage**
Seitelschlag, Gemeinde Ulrichsberg

**Biotoptyp**
Feuchtwiesen, Trockenwiesen

| Größe | Eigentum der önj | Schutzkategorie |
|---|---|---|
| 7,5 ha | seit 1993 | keine |

## 9. Wegscheider-Waldwiese

**Lage**
Schönberg, Gemeinde Klaffer am Hochficht

**Biotoptyp**
Waldwiese im Böhmerwald

| Größe | Eigentum der önj | Schutzkategorie |
|---|---|---|
| 2,2 ha | seit 2006 | Europaschutzgebiet |

## 10. Schwarz Au

**Lage**
Gemeinde Klaffer am Hochficht

**Biotoptyp**
Feuchtwiesenkomplex

| Größe | Eigentum der önj | Schutzkategorie |
|---|---|---|
| 5,9 ha | seit 2020 | keine |

## 11. Heimkehrer-Wiese

**Lage**
Felberau, Gemeinde Haslach an der Mühl

**Biotoptyp**
Mähwiese, Hangmischwald mit Felsen durchsetzt

| Größe | Eigentum der önj | Schutzkategorie |
|---|---|---|
| 1,8 ha | seit 2007 | keine |

## 12. Grabner Au

**Lage**
Gemeinde St. Stefan am Walde

**Biotoptyp**
Feuchtbrache mit Heidecharakter

| Größe | Eigentum | Schutzkategorie |
|---|---|---|
| 2,4 ha | Privatbesitz | keine |

# Öko-Insel

## Natur-Lernort, Grünes Klassenzimmer

**Lage**
Lichtenau
Gemeinde Haslach an der Mühl

**Biotoptyp**
Alte Teichanlage,
Feucht- und Obstwiese

**Größe**
1,3 ha

**Eigentum der önj**
seit 1984

**Schutzkategorie**
Europaschutzgebiet

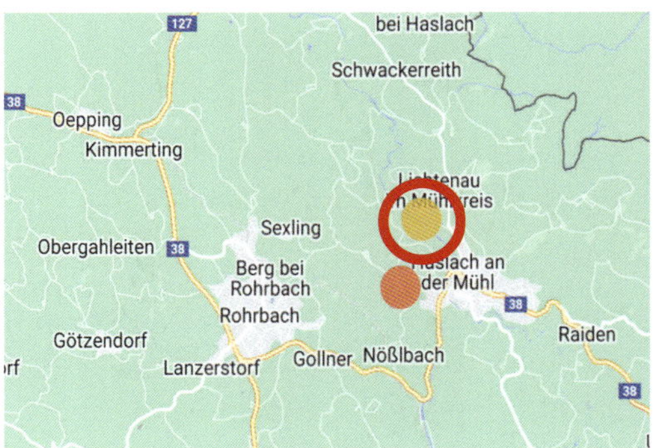


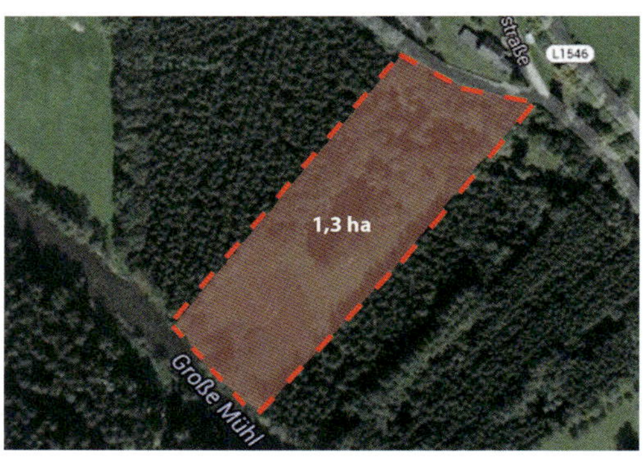


### Besonderheiten

Fischotter, Biber, Eisvogel, Prachtlibellen, Buntspecht, Grünspecht, Kleinspecht, Graureiher, Waldkauz, Grasfrosch, Erdkröte.

Die Öko-Insel bietet sich als idealer Ort für praktische Umweltbildung an und wird regelmäßig von Schulklassen besucht. Auf Anregung des Bildungsministeriums in Wien besteht mit der ÖKOLOG Hauptschule Haslach ein Nutzungsvertrag für praktischen Unterricht.

### Geschichte der Öko-Insel

Zum 10. Gründungsjubiläum der Österreichischen Naturschutzjugend Haslach wurde 1984 beschlossen, als Meilenstein und Keimzelle ein Grundstück zu kaufen, das zur Sensibilisierung der Jugend und der Bevölkerung in der Region für das Thema Naturschutz dienen soll.

In der regionalen Presse wurden damals einige Artikel zum Projekt Öko-Insel veröffentlicht, die die Leser dazu aufriefen, bei der Suche eines geeigneten Grundstückes für die Naturschutzjugend Mithilfe zu leisten. Es gab eine beachtlich hohe Anzahl von Lesern, die sich daraufhin meldeten und geeignete Grundstücke zum Ankauf vorschlugen. Darunter waren auch einige Kaufangebote von Grundstücksbesitzern. Doch die Naturschutzjugend Haslach hatte schon zu Projektbeginn ein ganz bestimmtes Grundstück ins Auge gefasst, das wegen des guten ökologischen Zustandes und der günstigen Lage an der Großen Mühl, im Gemeindegebiet Haslach, als besonders geeignet erschien. Auch die Nähe der örtlichen Hauptschule war eines der Entscheidungskriterien für den Ankauf.

Der Betriebswirtschaftsstudent Klaus Thaller und der Teamleiter der önj Haslach, Karl Zimmerhackl, nahmen die Verhandlung mit dem Verkäufer des 1,3 Hektar großen Grundstücks aus Linz am Areal der heutigen Öko-Insel auf. Der vormalige Besitzer schätzte das Grundstück wegen des naturnahen Zustandes als Erholungsgebiet und Ausgleich zum Leben im Lärm und Staub der Stadt Linz für sich und seine Familie ganz besonders. Da er allerdings geschäftlich in Geldschwierigkeiten war, hatte er den Verkauf dieser Liegenschaft in einem Zeitungsinserat Anfang des Jahres 1984 angeboten. Er wollte bei der Verkaufsverhandlung auch sicherstellen,

Pflanzenbestimmung mit Schülern auf der Öko-Insel.

Mittlerer und kleiner Teich, 2014.

dass das Grundstück in seinem natürlichen Zustand weiter erhalten wird. Als Naturschutzjugend konnten wir ihm diese Garantie mit voller Überzeugung zusichern.

Um den Ankauf der Liegenschaft finanzieren zu können, mussten VertreterInnen der Naturschutzjugend Haslach einen Kredit in der Höhe des Kaufpreises aufnehmen. Glücklicherweise konnte die Schuldenlast durch die erfolgreich laufende Aktion „Schüler retten Naturlandschaften" sehr rasch getilgt werden.

Einige Jahre später wurde der Österreichischen Naturschutzjugend auch eine an die Öko-Insel angrenzende Grundstücksparzelle an der Großen Mühl von der Haslacher Familie Carl Gustav Andreas Bruzelius, die am Ende des Zweiten Weltkrieges 1945 von Haslach an der Mühl nach Vänersburg/Schweden übersiedelt war, geschenkt. Damit hat die Öko-Insel in ganzer Uferbreite Anschluss an den Hauptfluss, die Große Mühl, bekommen.

## Alles fertig für die Überfahrt: Öko-Inseln als Umwelt-Lern-Orte

Die 1,3 Hektar große Öko-Insel in Haslach war nicht nur Geburtsort einer zündenden und nachhaltigen Idee, die nach und nach auf über 70 Hektar angewachsen ist, sondern stellt einen Dauerbrenner in der Umweltbildungsarbeit dar. Dafür gibt es auch einen Nutzungsvertrag mit der ÖKOLOG-Hauptschule Haslach ohne Ablaufdatum.

Im Jahr 2002 haben sich die Schüler eine besondere Aufgabe gestellt. Was brauchen wir für den Bau eines wassertauglichen Floßes?

Daniel Holnsteiner brachte eine Menge an Schnüren mit, um Längs- und Querhölzer sicher miteinander zu verbinden und eine scharfe Hacke zum Spalten und Entrinden der Zitterpappeläste. Martin Kaiser, er wohnte der Öko-Insel am nächsten, brachte die zwei LKW-Radschläuche mit, die die Holzkonstruktion der Floßplattform über Wasser halten sollten. Benjamin Weidinger entwarf zusammen mit Ewald Pöstinger, Thomas Leitner und Philipp Kaiser einen Bauplan und schon ging es an die Arbeit. *„Wo lassen wir das Boot zu Wasser? Wer führt mit wem den ersten Belastungstest durch?"* Der spannende Moment rückte näher. Daniel und Benjamin wagten den ersten Test auf dem großen Teich mit ungewissem Ausgang. Gewicht gut verteilen, Stockeinsatz überlegen und schon schwimmt das Floß, Marke Eigenbau, mit den Konstrukteuren. Die Gruppe freute sich, das gesteckte Ziel erreicht zu haben.

Nun blieb noch ausreichend Zeit, um alle Möglichkeiten der Fortbewegung mit dem Floß durchzuspielen.

Blut-Weiderich (Lythrum salicaria)

Testfahrt mit selbstgebautem Floß, 2002.

## Der Straußenfarn – eine Pflanze in Formvollendung

Wenn wir in der Böhmerwaldregion Farne entdecken, dann blicken wir auf die letzten lebenden Vertreter einer längst vergangenen geologischen Epoche. Die Anfänge der Farnpflanzen-Entwicklung reichen über mehr als 400 Millionen Jahre weit in die Geschichte unserer Erde zurück.

Mit seinen 50 bis 170 cm hohen Wedeln erinnert uns dieser beeindruckende Trichterfarn an die Federn eines Straußes und zeigt eine formvollendete Pflanze mit edlem Aussehen. Die Straußenfarne sind zwar nur an wenigen Stellen zu finden, besiedeln dann jedoch eine Fläche von mehreren Quadratmetern, in der sie auffallend regelmäßig verteilt sind. Von einer einzigen Mutterpflanze ausgehend bilden sich unterirdische Ausläufer, die nach einigen Dezimetern eine neue Farnpflanze nach oben sprießen lassen. In Folge seiner vegetativen Vermehrung ist er an feuchten und nährstoffreichen Standorten entlang von Bächen und Flüssen gut konkurrenzfähig. Der Straußenfarn ist in seinem Bestand gefährdet.

In größeren Gärten wird er wegen seines schönen Aussehens und kräftigen Wuchses gern als einheimische Gartenzierpflanze verwendet. Gartenfreunde können diesen dekorativen, vollkommen geschützten Farn im Gartenpflanzenhandel erwerben. Er ist relativ leicht zu kultivieren und wird das Herz aller GärtnerInnen erfreuen, braucht jedoch einen ausreichend feuchten Boden.

Botanische Darstellung eines Straußenfarns.

Straußenfarn
(Matteuccia struthiopteris)

# Stadl Au

**Lage**
Panidorf
Gemeinde Klaffer am Hochficht

**Biotoptyp**
Moorwiesenkomplex

**Größe**
21,4 ha

**Eigentum der önj**
seit 1986

**Schutzkategorie**
Naturschutzgebiet

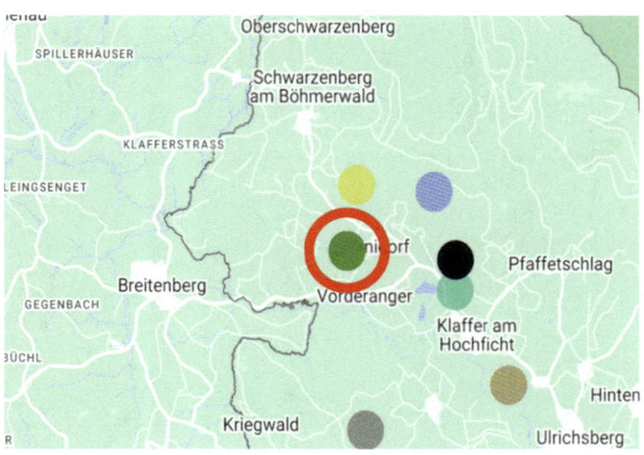

## Besonderheiten

Brutgebiet bedrohter Vogelarten: Braunkehlchen, Schwarzkehlchen, Rohrammer, Bekassine etc.

Die Stadl Au stellt auch für durchziehende Vogelarten im Frühjahr und im Herbst ein wichtiges Trittstein-Biotop dar. Sowohl in der Stadl Au als auch in der Torf Au wurden im Frühjahr des Jahres 1981 die letzten Balzplätze der früher im Mühlviertel so zahlreich vorkommenden Birkhühner verzeichnet. Erfreulicherweise konnten im Frühjahr 2008 und 2009 auf beiden Flächen wieder balzende Birkhähne beobachtet werden.

Aufgrund des Lebensraum-Mosaiks ist die Stadl Au reich an verschiedensten Pflanzenarten, die an die jeweils vorherrschenden Boden- und Nässeverhältnisse angepasst sind, wie z. B. verschiedene Orchideen, Europäischer Siebenstern, Kriechweide, Lorbeerweide, Moosbeere u.v.m. Eine ausführliche Vegetationsaufnahme aus 1996 listet 96 unterschiedliche Arten auf, wovon 23 Arten der „Roten Liste" gefährdeter Farn- und Blütenpflanzen Oberösterreichs angehören.

Lydia Schlosser hat 2011 im Rahmen ihrer Diplomarbeit die Zikadenfauna in den Mooren des Böhmerwaldes untersucht. Dabei erforschte sie diese auch in der Stadl Au. Zikaden gelten u. a. aufgrund ihrer Abhängigkeit von den Eigenschaften ihres Lebensraumes als gute Bioindikatoren und geben damit Auskunft über den ökologischen Zustand eines Biotops. Stadl Au und Torf Au zeigen dabei eine besonders artenreiche Zikadenfauna auf.

## Geschichte der Öko-Insel

Bereits 1552 wurde das Gebiet um die Stadl Au im Zuge von Rodungsarbeiten im Wiesenurbar des Stiftes Schlägl erwähnt. Die Stadl Au wurde hier als erste Fläche westlich des Klafferbaches für die landwirtschaftliche Nutzung gerodet. Einige kleine hölzerne Stadel, die die weiter entfernt wohnenden Grundbesitzer für die Aufbewahrung ihrer Arbeitsgeräte errichteten, gaben der Stadl Au schon sehr früh ihren Namen. Die Ausmaße eines Musterstadels konnten die Mitarbeiter der Naturschutzjugend Haslach knapp vor dem Abriss des letzten hölzernen Zeitzeugen auf einem Plan festhalten. In der Verordnung zum Naturschutzgebiet ist die Errichtung eines neuen „Stadels" ohne Bauverhandlung ausdrücklich gestattet.

Hochmoor-Riedzirpe (Sorhoanus xanthoneurus)

1986 stand der Stadl Au durch die geplanten Entwässerungsmaßnahmen ein weiteres Mal eine radikale Veränderung bevor. Es dauerte bis in die 80er-Jahre des 20. Jahrhunderts, ehe die Entwässerungspläne in der Landschaft rund um Klaffer umgesetzt wurden.

Durch kostenaufwändige Entwässerungsarbeiten sind bis heute nur noch ca. zehn Prozent der Moorgebiete in Österreich erhalten geblieben. Die Ökosystemleistungen der Moore und Feuchtgebiete sind jedoch als sehr hochwertig zu sehen. Beispielsweise sind diese Biotope wichtige Grundwasserspeicher, die das Überschwemmungsrisiko beträchtlich verringern können.

> **„Die Stadl Au beherbergt ca. 1/4 aller Pflanzenarten des gesamten Böhmerwaldes!“**
>
> Frantisek Prochazka, Botaniker aus Vimperk

1986 befand sich ein Grundbesitzer in finanziellen Schwierigkeiten, sodass er die Eigenkosten für die Entwässerung seiner zehn Hektar großen Feuchtwiese in der Stadl Au nicht mehr aufbringen konnte. Als er beim damaligen Landeshauptmann Dr. Josef Ratzenböck um Rat und Hilfe anfragte, legte ihm dieser nahe, sich mit den Vertretern der Österreichischen Naturschutzjugend Haslach in Verbindung zu setzen. Da der Naturschutzjugend der ökologische Wert der Fläche schon länger bekannt war, zögerte diese nicht lange und entschloss sich, das Grundstück mit Hilfe des Landes Oberösterreich und der Aktion „Schüler retten Öko-Inseln“ zu kaufen. Mit dem Verkaufserlös konnte der damalige Besitzer seine schwierige Finanzsituation ausgleichen. Gleichzeitig wurde die drohende Drainagierung der Stadl Au auf diese Weise durch die neue Besitzerin unmöglich gemacht. Das bereits angelieferte Material für die Entwässerung und der schon im Gebiet abgestellte Arbeitswagen für die Arbeiter wurden für immer abgezogen.

Die weiteren elf Hektar waren im Besitz mehrerer Personen, die nicht mehr in der Gemeinde wohnten oder kein großes Interesse mehr an einem weiteren Grundbesitz in der Stadl Au hatten. Nach Abschluss aller Kaufverträge, mit Hilfe der Agrarbezirksbehörde Linz, wurde die Stadl Au auf Antrag der Österreichischen Naturschutzjugend Haslach von der OÖ. Landesregierung als „Naturschutzgebiet“ ausgewiesen.

Um den Bewohnern von Panidorf und der Gemeinde Klaffer am Hochficht den Wert und die Bedeutung des Naturschutzgebietes Stadl Au verständlich zu machen, wurden einige Führungen durch das Feuchtgebiet angeboten. Bei der „Schwarzenberger Kulturwoche“ und einige Jahre später bei einer ähnlichen Veranstaltung in Klaffer wurden die verschiedensten ökologisch wertvollen Pflanzen- und Tierarten der Stadl Au präsentiert.

Seit 2011 weist zusätzlich eine Informationstafel am Rande des Gebietes auf die Besonderheiten dieser Fläche hin.

Plan eines neuen „Stadeis“.

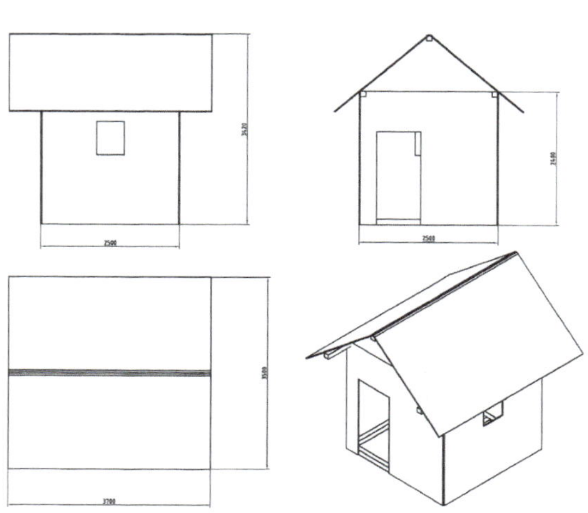

Letztes „Stadei“, 1986 abgerissen.

## Zikaden –
## Vampire der Pflanzenwelt

Zikaden – gedanklich meist nur mit dem Gesang im Mittelmeerraum assoziiert – sind auch in unseren Breiten praktisch allgegenwärtig und dennoch vielen Menschen unbekannt. Vermutlich liegt dies an ihrer eher geringen Größe von meist 2 bis 10 mm (mit Ausnahme der wenigen größeren Singzikaden). Zwar können diese kleinen Zikadenarten Schall produzieren, jedoch handelt es sich dabei um Substratschall (Vibrationen über Pflanzen übertragen), welcher für uns Menschen nicht hörbar ist.

Mit derzeit etwa 645 Arten sind sie in Österreich in oft sehr hoher Dichte vertreten. Systematisch betrachtet gehören sie in die Gruppe der Schnabelkerfe, in welcher auch die etwas bekanntere Gruppe der Wanzen beheimatet ist. Zikaden verfügen über einen Stechsaugrüssel, mit welchem sie fast ausschließlich an Pflanzen (wenige Ausnahmen ernähren sich von Pilzen) saugen.

Nicht zuletzt aufgrund ihrer oftmals hohen Individuenanzahl und ihrer Verbreitung in allen terrestrischen Lebensräumen Mitteleuropas nehmen sie eine sehr wichtige Rolle im Ökosystem ein. Durch ihre Saugaktivität beeinflussen sie die Vegetation und sind für Fressfeinde und Parasiten im Nahrungsnetz ein wichtiger Faktor.

Fast zwei Drittel der heimischen Arten sind Ernährungsspezialisten und von wenigen Pflanzenarten bzw. -gattungen abhängig. So reagieren sie auch relativ kurzfristig und kleinräumig auf Veränderungen in ihrem Lebensraum und eigenen sich somit auch sehr gut als Bioindikatoren.

Im Laufe der Zeit hat der Mensch die Landschaft stark verändert und eine Kulturlandschaft ist entstanden. Mit der Intensivierung der Landwirtschaft gingen leider viele naturschutzfachlich wertvolle Lebensräume verloren und so ist die Arbeit der önj, welche u. a. den Ankauf solcher Flächen forciert, eine sehr wichtige. So wie viele andere seltene Tier- und Pflanzenarten können auch hochgradig gefährdete bzw. seltene Zikadenarten auf diesen Grundstücken überleben. Weiters dienen sie als Trittsteinbiotope, um von einem wertvollen Ökosystem in das nächste noch existierende zu gelangen.

Farblich spannend und mit gutem Auge auch in Wiesen an Halmen auffindbar ist die Gemeine Blutzikade (Cercopis vulnerata).

Die Schwarzlippen-Spornzikade (Kelisia ribauti) zählt zu den stark gefährdeten Arten auf den Öko-Inseln.

Die Dornzikade (Centrotus cornutus) ist mit ihrem spektakulären Aussehen die größte heimische Buckelzikade und liebt Saumstrukturen und Staudenfluren.

Die Schöne Elfenzikade (Eurhadina pulchella) gehört zu den sehr kleinen Arten (Blattzikaden) und ist auf Eichen zu finden.

## Lorbeeren für eine seltene Weidenart

Aus den rund 450 verschiedenen Weidenarten die eine herauszufinden, die sich als Lorbeer-Weide (Salix pentandra) auszeichnet, ist wie die Suche nach der Stecknadel im Heuhaufen. Gemäß der Roten Liste der Gefäßpflanzen Österreichs gilt diese Art als „stark gefährdet", in Oberösterreich ist sie sogar als „ausgestorben" eingestuft.

Bei dieser Einstufung wurde das Vorkommen in einem unserer Natur- und Europaschutzgebiete wohl nicht berücksichtigt. Ein einziges, baumförmiges Exemplar wächst hier als absolute Besonderheit in Oberösterreich. Mittels Steckhölzern arbeiten unsere Botaniker an der Vermehrung dieser seltenen Weide. Die ersten fünf Lorbeersträucher konnten bereits im Frühjahr 2020 auf den Öko-Insel-Grundstücken angepflanzt werden, um sie an mehreren Stellen sicher und dauerhaft zu etablieren.

Die sommergrüne Lorbeerweide wächst strauch- bis baumförmig und erreicht eine maximale Höhe von 12 bis 15 Metern. Ihr Stamm ist dunkelgrau gefärbt und weist eine längsrissige Rinde auf. Die jungen Zweige glänzen lackartig und sind gelb bis rötlichbraun gefärbt. Die Laubblätter glänzen auf der Oberseite dunkelgrün; auf der Unterseite sind sie heller gefärbt und kahl. Der Blattrand ist auffallend dicht gezähnt. Die abstehenden Drüsen verströmen bei Sonneneinstrahlung einen wunderbaren balsamischen Duft. Die Lorbeerweide, eine der schönsten Weidenarten, blüht – im Vergleich zu ihren Artverwandten – im späten Frühling.

Mit der Kriechweide (Salix repens) beherbergen wir eine weitere seltene kleinwüchsige Weidenart, die auf einigen unserer Öko-Inseln als Eiszeitrelikt an feuchten Stellen überdauert hat.

Blüten der Lorbeerweide.

Samenkapsel mit weißen Haarbüscheln.

## Feuerlilien im Mühlviertel

Die Feuerlilien blühten früher so zahlreich auf den Feldern im Nahbereich des Böhmerwaldes, dass sie bei der Feldarbeit einen beachtlichen Arbeitsaufwand verursacht haben. Nach dem Ackern und Streifen mit der Egge wurden die silbrig erscheinenden Zwiebeln in großen Mengen im „Vierfleck", einer früher üblichen Arbeitskleidung gesammelt, und auf die Feldraine links und rechts der Äcker geworfen. Feuerlilien wurden früher so wie Unkraut behandelt und mussten daher aus den Feldern entfernt werden, um ein Überhandnehmen zwischen den Feldfrüchten zu verhindern. So ist es, wie in einem besonderen Fall in Langzwettl an der Rodl, zu den beachtlich großen Feuerlilienbeständen auch entlang der Feldraine gekommen.

Die Fruchtfolge in der traditionellen Landwirtschaft des Mühlviertels dürfte ebenfalls für die Verbreitung der Feuerlilien auf den Äckern sehr förderlich gewesen sein. Diese begann mit Roggen, darauf folgten Hafer, Erdäpfel und Klee. Anschließend lag der Acker zur Erholung des Bodens ein Jahr lang brach und wurde nur als Viehweide genutzt, bevor dieser Zyklus wieder von Neuem begann.

Die Feuerlilie weist im Vergleich mit anderen Böhmerwaldpflanzen die größten Blüten auf. Die rotorangen Blüten sind in den Monaten Juni und Juli nicht zu übersehen. Die Feuerlilie hat im Laufe der Evolution so viel Aufwand in die Entwicklung ihrer bis zu zehn Zentimeter langen und damit auffallend großen Blüte investiert, dass im Laufe der Zeit kein Platz mehr für Samenanlagen vorhanden war. Daher ist sie nicht in der Lage, keimfähige Samen zu entwickeln. Die Vermehrung dieser Pflanzenart erfolgt nur ungeschlechtlich.

Diese Art der Fortpflanzung wird auch vegetative Vermehrung genannt. In den Achseln ihrer zahlreichen Blätter im mittleren und oberen Teil des kräftigen Stängels entwickeln sich im Laufe des Sommers braune Brutknöllchen. Wenn diese ausgereift sind, fallen sie zu Boden. Im folgenden Frühjahr keimen daraus neue Pflanzen mit einem länglichen Keimblatt. Auffallend an dieser Pflanze ist auch, dass sich diese Brutknöllchen schon an der zweijährigen Pflanze bilden. Die ersten Blüten treten jedoch erst bei der dreijährigen Pflanze auf. Der wissenschaftliche Artname Lilium bulbiferum (bulbi = Kügelchen) trägt diesem besonderen Kennzeichen Rechnung. Die Blüten der Feuerlilien werden von Tagfaltern besucht.

Die sonnenbedürftige Blütenpflanze mit ihren oft einzelnen, flammendroten, großen Blüten zählen wir nun schon seit vielen Jahren ebenfalls zu den Seltenheiten in der Pflanzenwelt des Mühlviertels. Die Feuerlilien sind uns vor allem in ihren Gartenformen besser vertraut als in der Wildform.

Feuerlilie (Lilium bulbiferum)

Teller mit Brutknöllchen.

## Türkenbund-Lilie

Die Gattung der Liliengewächse ist im Böhmerwald mit dieser weiteren Art vertreten. Es handelt sich beim Türkenbund um einen typischen alpinen Zuwanderer. Sein runder rotgefleckter Blütenstängel kann über einen Meter hoch werden. In der Blütentraube sind 3 bis 20 purpurrote Blüten mit dunklen Flecken zu entdecken. Die Blüten duften intensiv und werden wegen ihres Nektarangebots gern von Insekten besucht. Die mit goldgelben Blättern umhüllte Zwiebel ließ die Alchemisten hoffen, darin ein geeignetes Mittel zum Goldmachen zu finden.

Türkenbund-Lilie (Lithographie)

Türkenbund-Lilie (Lilium martagon)

## Joseph Pany (1790–1850) – sein Leben, seine Immobilien

Im oberen Abschnitt des Großen Mühltales lebte und agierte in der ersten Hälfte des 19. Jahrhunderts eine schillernde Persönlichkeit, die in der Landschaft solitäre bauliche Spuren hinterlassen hat. Die Spekulationen, Manipulationen und Aktionen, die der Mann mit südböhmischen Wurzeln auf dem Immobiliensektor gesetzt hat, dürften ihn damals weitum bekannt gemacht haben. Bis heute lebt sein Name im Panidorf, Gemeinde Klaffer am Hochficht, und im Panyhaus/Grünwald, Gemeinde Aigen/Schlägl, weiter.

Joseph Pany wurde am 15. November 1790 als zweites von acht Kindern des Ulrichsberger Schulmeisters Joseph Pany (gest. 1816) und seiner Frau Anna Maria, geb. Hoffleischhacker (gest. 1832), geboren. Dem Junglehrer Joseph wurde nach dem Tod seines gleichnamigen Vaters ein Jahr lang die Leitung der einklassigen Volksschule Ulrichsberg als Schulprovisor übertragen. Der viel Idealismus fordernde und schmächtiges Einkommen bringende Lehrberuf bewog Pany, mit Mutter und Geschwistern nach Aigen zu übersiedeln (Mietwohnung in der Hauptstraße 5). Am 1. September 1817 trat er als Beamter in die Dienste des Stiftes Schlägl.

Rasch gewann der zeitlebens ehelos und kinderlos gebliebene Mann in den zwei Funktionen als Kanzleischreiber der Herrschaftsverwaltung Schlägl und als Gerichtsschreiber des Hofgerichtes Schlägl große Sachkenntnis über die Situation der Schlägler Herrschaftsuntertanen. In seinen Mußestunden nutzte Joseph Pany sein Insiderwissen dazu, käufliche Gründe auszukundschaften, sie in seinen persönlichen Besitz zu bringen und aus eigener Tasche darauf Häuser errichten zu lassen, um diese Gebäude dann an heimische, böhmische oder bayerische Interessenten weiterverkaufen zu können. Ein Leben voller Spannung und Abwechslung! Pany scheint dieser Nebenbeschäftigung mit großer Ernsthaftigkeit und Leidenschaft nachgegangen zu sein und sie zu seinem Lebensinhalt gemacht zu haben. Zu den markanten Meilensteinen seiner Biographie zählen:

- Gründung und Erbauung der Arbeitersiedlung Panidorf inmitten einer gänzlich agrarisch strukturierten Bevölkerung (1827);
- Ankauf des Bauerngutes Seitelschlag 26 (1828) als Panys Stützpunkt im Dorf und Anregung zur Entstehung der Häuser Seitelschlag Nr. 31, 32, 34 und 38 ;
- Anregung für den Bau mehrerer Doppelhäuser, später genannt „Julbacher Häuseln“ (1835)
- kurzzeitige Übernahme der Geschäftsführung der Sonnenwalder Glasfabrik (1836);
- Ankäufe von 41 Joch entlegener Waldwiesen der Rudolfinger Bauern unterm Bärenstein (1837–1842).

Dort hegte Pany die spekulative Hoffnung, dass sich sein seit 1841 bestehendes erstes Haus der späteren Ortschaft Grünwald an der neu zu errichtenden Reichsstraße nach Böhmen zu einem ertragreichen Ausflugsgasthof entwickeln werde. Indes wurde die Reichsstraße von Aigen nach Böhmen über Oberhaag gebaut. Das Panyhaus blieb ein Gasthaus mit wechselhaftem Glück.

Am 17. November 1850, zwei Tage nach Vollendung des 60. Lebensjahres, verstarb Joseph Pany nach einem sichtlich nervenaufreibenden Leben an den Folgen eines „Nervenfiebers“. Den Nachlass seines beträchtlichen Vermögens in der Höhe von 3.617 Gulden übernahmen seine vier noch lebenden Geschwister Candidus, Franziska, Theresia und Anna Maria.

## Panidorf – ein junges Dorf nach Plan

Mit einem visionären Projekt vor Augen schlüpfte der 36-jährige Schlägler Kanzleischreiber Joseph Pany in seine neue Rolle als Grundstücksmakler. Am 1. Mai 1827 erwarb er von den Eheleuten Jakob und Theresia Löfler vom Bauerngut in Kandlschlag 8/9 (Gemeinde Ulrichsberg) eine Grundfläche im Ausmaß von etwa 9 ⅓ Joch, genannt „die zwei Reiter am Rüstbachberge“. Es waren dies gereutete Überlandgrundstücke, wie sie von den Bauern und Bäuerinnen der Dörfer des Mühltales schon seit dem 16. Jahrhundert genutzt wurden. „Rüstbach“ war der damals gebräuchliche Name für den heutigen „Maurerbach“. Mit Panys Ankauf der für den Kandlschläger Bauern weit entfernten Waldwiese schlug die Geburtsstunde von Panidorf. Noch im Sommer desselben Jahres startete Pany, obwohl er die Grundparzellen noch gar nicht bezahlt hatte, sein Bauprogramm und ließ flugs drei Doppelhäuser darauf errichten, die heute die Hausnummern 17/18, 19/20 und 21/22 tragen.

Der mündlichen Überlieferung nach war Panys Konzept für sein Erstlingswerk großspurig, vielleicht sogar von herrschaftlichen Vorbildern angeregt. Er wollte ein Dorf in Gestalt einer vierseitigen Anlage entstehen lassen, in dessen Zentrum sich eine Wasserfläche befinden sollte. Mit Wasser gespeist werden sollte dieser Dorfteich entweder durch eine Ausleitung des „Peternbaches" oder durch eine Verlängerung des seit dem 18. Jahrhundert bestehenden sogenannten „Stillbaches", einem künstlich angelegten Waldwiesenbewässerungskanal. Dieser beginnt nahe dem Anwesen Schwarzenberg 21 als Ausländung des Hartmannsbaches und erstreckt sich entlang des West- und Südhanges des Dachsberges herunter bis kurz vor Panidorf.

Pany kümmerte sich um eine funktionstüchtige Wasserleitung für alle Häuser des Dorfes, indem er eine Quelle oberhalb der Schwarzenberger Straße vom Berdetschläger Bauern Peter Fischer (daher der Name „Peternbach" für das an der Ostseite Panidorfs vorbeiführende Gewässer) ankaufte. Bis 1965, bis zum Bau der öffentlichen Wasserversorgung, funktionierte diese alte Quellwasserzufuhr in Holz- bzw. Eternitrohren zu den drei Dorfgrandern, wo die Dorfbewohner ihr Trink- und Brauchwasser heimholen konnten.

Fortschrittlich wie er war, sicherte Pany den Käufern seiner Häuser vertraglich auch eine Baufehlerhaftung für volle zehn Jahre zu, sollten Mauern einstürzen, Sturmschäden anfallen oder Schneedruck das Dach beschädigen. In mehreren Kaufverträgen ließ er sich allerdings auch zusichern, dass der in diesen Anwesen erzeugte Menschendünger, welchen er in Schläuchen neben den Häusern auf die Wiesen leiten könne, in seinem Eigentum bleiben solle.

Im Frühjahr 1828 wurde mit dem Bau des Ostflügels des Dorfes beim südlichen Eckhaus (heute Nr. 16) begonnen. So wuchs Haus um Haus der 16 Nummern zählenden Ostseite der Reihenhausanlage bis 1831 aus dem Boden, unterbrochen durch eine „Reiha", wo der Wassergrander steht. Wie schon bei den größeren Doppelhäusern auf der Südseite verband Pany auch bei den kleiner dimensionierten Grundrissen der Ostseite je zwei Häuser durch einen gemeinsamen Rauchfang in der Feuermauer.

Im täglichen Leben bot diese offene Verbindung zweier Haushalte durch den Kamin manchem Gelegenheit, Gespräche des Hausnachbarn lauschend mitverfolgen zu können. Zwischen 1832 und 1836 erfolgte dann in der dritten Bauetappe die Errichtung der weiteren Häuser an der Südseite bis zur Hausnummer 26, danach stockten die Bauaufträge. Von den ersten Bauwerbern kamen etwa ein Drittel aus Böhmen, etliche aus Bayern, die meisten aus der Umgebung. Je nach Größe des Hauses und des dazugehörigen Grundstückes (½ bis ⅓ Joch) hatten die neuen Siedler 120 bis 364 Gulden zu berappen. Da Panidorf als Arbeitersiedlung konzipiert war, fanden sich dort im Laufe der Jahrzehnte auch die unterschiedlichen Handwerker – Bergarbeiter, Fassbinder, Fleischhauer, Gärtner, Glasmacher, Hilfsarbeiter, Holzhauer, Leinenweber, Maurer, Messerschmied, Nagelschmied, Schneider, Sägefeiler, Schlosser, Schuhmacher, Steinmetz, Taglöhner, Torfarbeiter oder Zimmermann – ein. Joseph Pany war bewusst, für welche Bevölkerungsschicht er diese Ortschaft anlegte. Er drohte daher in manch einem Kaufvertrag mit der Klausel, dass er „das Häusel wieder zurückkaufen werde", wenn es missliebige Leute anziehen oder beherbergen sollte. Niemals machte er jedoch diese Androhung wahr.

Luftbildaufnahme von Panidorf, 2013.

Ende des Jahres 1835 wurde das Dorf mit jenen Hausnummern versehen, welche sie auch noch heute tragen. Die Erscheinung des Dorfes, mit seinem abgewinkelten Grundriss und der Gestalt einer kleinteiligen Reihenhausanlage hatte – inmitten einer weitläufigen Streusiedlung, wie sie seit dem 17. Jahrhundert aus bäuerlichen Einzelgehöften gewachsen war – etwas Exotisches an sich. Der Pfarrer Johann Winkler aus Kleinzell taxierte Panidorf zu Beginn des 20. Jahrhunderts folgendermaßen: „Ganz eigenartig, fremdartig sind die kleinen ärmlichen Häuser erbaut und gruppiert, genau wie ein zusammengerollter Strudelteig, der darauf wartet, in die Backreine gelegt zu werden. Diese Häusergruppierung ist förmlich ein Faustschlag auf das Bild der sonst ganz nach bayerischer Art angelegten Ortschaften unserer Gegend."

Zwei folgenschwere Brände äscherten je einen Flügel des Dorfes ein. Am 23. April 1882 brach beim „Mårtl", dem letzten Haus der Südseite (Nr. 26), Feuer aus. Der mündlichen Überlieferung nach soll der Pfarrer von Schwarzenberg bei der Sonntagsmesse von der Kanzel herab verkündet haben, die Leute von Panidorf sollen rasch heimgehen, da ihr Dorf brenne. Noch Jahrzehnte später wurde die Tatsache dieses Brandunglücks bei Umbauarbeiten durch freigelegte versengte oder angekohlte Holztrame oder Türstöcke bestätigt.

Am 27. Mai 1932 äscherte dann ein wesentlich katastrophalerer Brand den gesamten Ostflügel Panidorfs ein. Angeblich war das Feuer durch unvorsichtige Aschenablage in einem Stadel ausgebrochen. Mit der Glocke der Dorfkapelle wurde Sturm geläutet, um die meist schon schlafenden Bewohner zu wecken, doch die Flammen griffen rasend schnell um sich. Ein heftiger Ostwind wirkte wie ein Blasbalg einer Esse, die Schindel- und Strohdächer der Wirtschaftsgebäude brannten im Nu lichterloh.

Panidorf kurz nach dem Brand, 1932.



Auch für den Südflügel der Siedlung bestand höchste Gefahr, doch aufkommender Regen und der auf West sich drehende Wind retteten diese Dorfseite. Allerdings griff das Feuer dann vollends auf die Wohngebäude über. Die angerückten Feuerwehren von Schwarzenberg, Klaffer, Ulrichsberg und Rohrbach versuchten zu retten, was nicht mehr zu retten war. Aufgrund der Bauweise der engen Ställe, die keine westseitige Türe, sondern nur ein Fenster zum Ausmisten hatten, musste viel Vieh zugrunde gehen: zehn Rinder, sechs Schweine, fünf Ziegen, 32 Hühner und zwei Hunde.

71 Personen wurden durch das Inferno obdachlos. Ein Aufruf in den „Mühlviertler Nachrichten" löste trotz der damals prekären Zeit der hohen Arbeitslosigkeit eine große Welle der Hilfsbereitschaft aus. Pakete und Kisten voll Kleidung, Wäsche und Decken trafen in Panidorf ein. Die Aufbewahrung und Verteilung der Hilfsgüter übernahm die Familie des Zimmermannes Alois Obermüller in der oberen Stube seines aufgestockten Hauses (Nr. 18). Für die BesitzerInnen dreier Häuser war der Brand Anlass, von hier wegzuziehen, was den Nachbarn Gelegenheit bot, die schmalen Bauparzellen dazu zu erwerben.

Heutzutage hat sich Panidorf im Kern durch die Aufstockung und Modernisierung aller Gebäude optisch stark verwandelt. Auch außerhalb, auf der Südseite und westlich des Dorfes, sind zahlreiche Einfamilienhäuser „wie Schwammerl" aus dem Boden gewachsen, sodass der Volksmund seit einiger Zeit bereits scherzhaft von der „Panistadt" spricht. Nur noch 13 Jahre, und die BewohnerInnen von Panidorf – der von Joseph Pany nur halbherzig verwirklichten Vision seiner Traumsiedlung – werden das 200-jährige Gründungsjubiläum feiern können.

Bewohner vom Panidorf, 1933.

Dorfstraße in Panidorf. 2015.

Blumenwiese im Naturschutzgebiet Stadl Au mit Blick auf Panidorf, 2020.

# Torf Au

## Lage
Seitelschlag, Berdetschlag, Salnau, Gemeinde Ulrichsberg

## Biotoptyp
Feuchtgebietskomplex mit Streuwiesen, div. Moortypen, Auwaldreste, Wässerwiese, reaktivierter Mühlbach, Struktursteine im Flussbett der Großen Mühl

## Größe
22,8 ha

## Pachtvertrag
ab 1983 (Mühle)

## Eigentum der önj
seit 1989

## Schutzkategorie
Naturschutzgebiet, Europaschutzgebiet

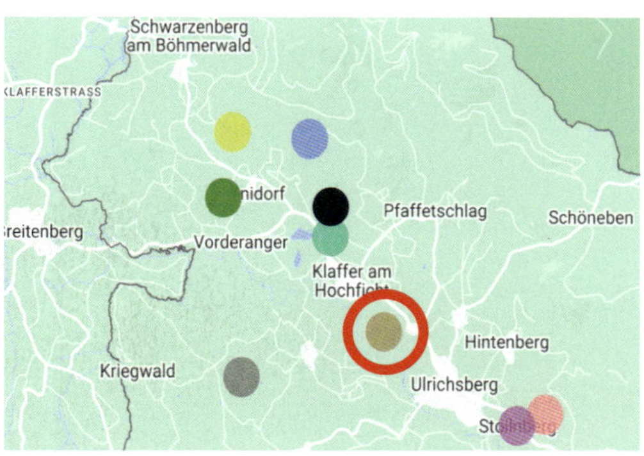

## Besonderheiten
400 Schmetterlingsarten, Eisvogel; renovierte Bauernmühle, Wässerwiese, alter Torfstich; Mosaik aus Moorwiesen, Feldgehölzen und Brachen entlang der Großen Mühl; Rekonstruktion des ehemaligen Mühlbaches, 54 Felsblöcke als Struktursteine im Flussbett der Großen Mühl und des Mühlbaches.

## Geschichte der Öko-Insel
Die Torf Au ist eine an beiden Ufern der Großen Mühl gelegene Kulturlandschaft mit einer typischen Mühlviertler Silikat-Flora. Sie wird insgesamt geprägt von Quellaustritten, stauenden Vernässungsbereichen, Schwarzerlenbrüchen, Bürstlingsrasen-Gesellschaften u.v.m.

Die Bürstlingsrasen-Gesellschaften beherbergen niedrigwüchsige Pflanzenarten. Neben dem namensgebenden Bürstling wachsen hier viele selten gewordene Blütenpflanzen wie Arnika, Waldläusekraut, niedrige Schwarzwurzel, Kreuzblümchen und andere.

In Abhängigkeit von unterschiedlichen Feuchtegraden, von Nährstoffangebot und Nutzungsregime hat sich – oft kleinräumig verzahnt – ein Mosaik aus Auwiesen, Bürstlingsrasen, Niedermooren, Braunseggen-Sümpfen, Feldgehölzen, Bruchwäldern und Auresten erhalten.

In Österreich leben mehr als 200 Brutvogelarten. Fast 60 Prozent von diesen gelten als gefährdet und stehen auf der „Roten Liste" der bedrohten Arten. Bisher konnten in der Torf Au 65 **Vogelarten** nachgewiesen werden. Die Torf Au dient elf der gefährdeten Arten als Brutgebiet, Jagdrevier oder Raststation während des Frühlings- bzw. Herbstzuges. Das bedeutet, dass etwa jede zehnte bedrohte Vogelart dieses Feuchtgebiet als „ökologischen Stützpunkt" nutzt und zum Überleben benötigt.

Der Lebensraumvielfalt und dem Strukturreichtum der Torf Au ist auch die beeindruckend hohe Anzahl von **Schmetterlingsarten** zuzuschreiben. Es konnten bisher exakt 400 Großschmetterlingsarten (Macrolepidoptera) nachgewiesen werden. Viele der seltenen und gefährdeten Arten leben im Umfeld von Laubgehölzen, verschiedenen Sumpfgräsern und krautigen Pflanzen der Nasswiesen. Der überwiegende Teil davon umfasst Nachtfalter, die als sehr selten einzustufen sind. 18 Arten sind laut „Roter Liste" in ihrem Bestand akut gefährdet.

Die **Flussperlmuschel** zählt zu den am stärksten gefährdeten Tierarten Österreichs und ist nur mehr im Mühlviertel, Waldviertel, in Südböhmen und im Bayerischen Wald in einer geringen Stückzahl zu finden.

Flussperlmuscheln
(Margaritifera margaritifera)

Obwohl diese Lebewesen ein beträchtliches Alter von über hundert Jahren erreichen können, sind nur mehr wenige Exemplare vorhanden.

Dies ist wahrscheinlich auch damit verbunden, dass die Flussperlmuschel hohe Ansprüche an ihren Lebensraum, die Wasserqualität und die umgebende Landschaft stellt. Weiters sind die Muscheln erst ab dem fünfzehnten Lebensjahr fruchtbar und somit in ihrer Fortpflanzung durch Störungen besonders gefährdet. Zu einem der wenigen übrig gebliebenen Habitate zählt auch die Große Mühl in der Torf Au. Hier wird die Flussperlmuschel von der Naturschutzjugend Haslach wissenschaftlich erforscht und geschützt (s. „Zukunft Flussperlmuschel").

Struktursteine in der Großen Mühl, 2013.

Im Spätsommer 2013 wurden in die Große Mühl 54 Struktursteine mit einem Gewicht von jeweils ungefähr zwei bis fünf Tonnen zur Verbesserung des Lebensraumes der Flussperlmuschel sowie der örtlichen Fischfauna eingebaut. Gebirgsstelzen und Wasseramseln haben die Steine bereits während der Baggereinsätze gerne als Sitzwarten angenommen.

In der Landschaft des Oberen Mühlviertels hatten Wässerwiesen eine jahrhundertelange Tradition. Vor wenigen Jahrzehnten in unserer Region noch praktiziert, ist die Wiesenbewässerung heute jedoch schon fast vergessen. Sie war in Zeiten der Eigenversorgung und ohne Kunstdünger ein wichtiger Faktor zur Ertragssteigerung. In einer Zeit, als der Stalldünger ausschließlich zur Düngung der Äcker zum Einsatz kam, waren es die bewässerten Wiesen, die im Mühlviertel erstmals die Ernährungslage der Bevölkerung entscheidend verbesserten. Das erste Grünfutter nach den langen und schneereichen Wintern wurde auf den Wässerwiesen gemäht.

In einem recht arbeitsintensiven Verfahren wurde dabei im Frühjahr und Herbst jeweils drei bis vier Wochen lang das Wasser der Waldbäche mit möglichst viel Schlammfracht und organischer Substanz mittels eines Grabensystems, in zeitlich abgestimmten Etappen, flächig über die Wiesen geleitet. Zum einen verhalf man damit der Vegetation im Vorfrühling zu einem Startvorteil, zum anderen erzielte man mit dem auf der Wiese zurückbleibenden feinen Schlamm – auch „Muacht" genannt – gerade

Wässerwiese in der Torf Au.

soviel an natürlicher Mineralstoffdüngung, um den Nährstoffentzug durch die Mahd langfristig auszugleichen.

Im linksufrigen Teil der Torf Au wird eine etwa 2,5 ha große Wiese noch jeden Frühling und Herbst mit Wasser des Klafferbaches bewässert – wohl die letzte intakte großflächige Wässerwiese des Mühlviertels!

Die **Berdetschläger Bauernmühle** wurde um 1870 am Rande der heutigen Torf Au erbaut. Das Wasser für die Mühle musste von der Großen Mühl in einem langen Bach quer durch die Torf Au geleitet werden. Zwölf Bauern des Dorfes bildeten dafür eine Errichtungsgenossenschaft. Bis gegen Ende der 50er-Jahre des 20. Jahrhunderts wurde noch der gesamte Mehlbedarf des Dorfes in der Mühle hergestellt: Brotmehl zum Brotbacken, Kernmehl für Mehlknö-

Grabenräumen – Franz Grinninger mit Sohn Josef, 1983.

Räumen der Wassergräben, 2013.

del, z. B. als Beilage zum geselchten Schweinsbraten, „Saumehl" zum Füttern der Schweine. In den letzten Jahren wurde vor der Stilllegung der Bauernmühle 1973 Getreide schließlich nur noch zu Futterschrot verarbeitet.

Der undichte Mühlbach, verursacht durch den Torfabbau, die reparaturbedürftige Mühleneinrichtung sowie die überfällige Gebäudesanierung hatten zum Ende des Mahlbetriebes in der Torf Au geführt. Die zwölf Eigentümer überließen die Mühle ihrem Schicksal und nahmen alles, was brauchbar war, mit nach Hause. Ende der 70er-Jahre war sie bereits zur Ruine verkommen, Teile des Daches fehlten. Der Einsturz des Restdachstuhls schien unmittelbar bevorzustehen. Bis 1988 gab es keinerlei Initiativen zur Rettung der Mühle, vielmehr wurde in der Dorfgemeinschaft schon vom Einplanieren des Mühlengebäudes gesprochen. Damit wäre eine der letzten Bauernmühlen als Kulturgut aus der Mühlviertler Landschaft verschwunden - und mit ihr der wertvolle Erfahrungsschatz unserer Vorfahren.

Das Nest eines Zaunkönigs im Mauerwerk lenkte die Aufmerksamkeit der Naturschutzjugend Haslach auf die Mühle. Nach dem Kauf des Grundstücks wurde die Mühle von der önj gepachtet und zur Gänze durch verschiedenste Helfer und Helferinnen und mit Hilfe finanzieller Unterstützung renoviert. Die Mühle dient heutzutage als Zeuge einer längst vergangenen bäuerlichen Welt und als Basislager für besondere Naturbeobachtungen. Als letzte Etappe wurde 1999 ein neu errichtetes Mühlenrad für Schaubetriebe errichtet. 2013 musste es aufgrund der Verwitterung wieder erneuert werden. (Weitere Infos siehe im Buch *„Die Torf Au mit der Berdetschläger Bauernmühle, Kulturlandschaft der besonderen Art"*.)

Das gesamte Gebiet der Torf Au wurde 2006 von der OÖ. Landesregierung zum „Naturschutzgebiet" erklärt. Seit 2010 gilt die Fläche als Schlüssellebensraum im „Europaschutzgebiet Böhmerwald und Mühltäler". Die Wiesenflächen werden weiterhin von den Landwirten als ehemalige Besitzer aus den Dörfern Seitelschlag und Berdetschlag gemäht.

Das neue Wasserrad aus Lärchenholz, Juli 2013.

Torf Au mit Wässerwiese am linken Ufer der Großen Mühl, 2011.

Berdetschläger Bauernmühle am Rande der Torf Au, 2012.

# 150 Jahre Berdetschläger Bauernmühle – Ein Stück Kulturgeschichte 1870–2020

## Ein Blick zurück

Im fließenden Wasser steckt Energie. Wasserräder sind die ältesten Maschinen zur Umwandlung dieser Energie in eine technisch nutzbare Kreisbewegung. Die häufigste Anwendung der Kraft der Wasserräder ist das Mahlen von Getreide.

Der Begriff Mühle stammt von dem lateinischen Wort „Mola" bzw. „Moline" ab. Die Römer waren wie in so vielen Bereichen des Bauwesens und der Kultur auch im Müllerwesen Pioniere. Die große Zeit der Wasserräder ist jedoch das Mittelalter. Damals waren die Mühlen geschützt und die Müller vom Gesetzgeber mit eigenen Privilegien ausgestattet. Die Zerstörung der Mühlen galt als besonders verwerflich und der Diebstahl des „Mühleisens", jene Kurbel, die in den Mühlstein eingesetzt, als eine Art „Schlüssel zur Eröffnung des Mahlvorgangs" diente, wurde hart bestraft. Denkt man an die Vielzahl der vom Wort „Mühle" abgeleiteten Personennamen, die einmal wie „Bauer" oder „Schmied" Berufsbezeichnungen gewesen sind, so bekommt man eine Vorstellung von der vormaligen Bedeutung dieses Gewerbes.

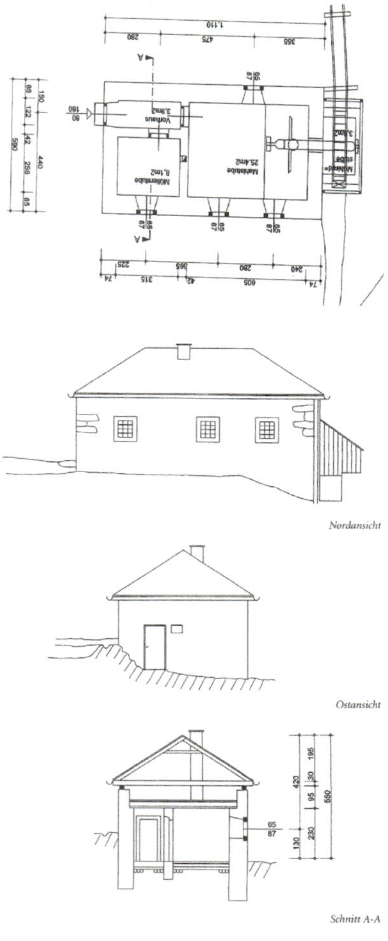


Pläne der Mühle.

Die Berdetschläger Bauernmühle wurde um 1870 auf einem Grundstück des Kajetan Gabriel vom Simandlhof und des Josef Fischer vom Lenznhof erbaut. Zwölf Bauern des Dorfes bildeten dafür eine Einrichtungsgenossenschaft. Als Antriebsquelle diente das Wasser der Großen Mühl, das in einem zirka 500 m langen Mühlbach von einem Wehr unterhalb der Seitelschläglermühle bis zum Wasserrad geführt wurde.

Nach dem Zweiten Weltkrieg war das Mühlrad so schadhaft geworden, dass es 1949/50 durch eine Turbine ersetzt werden musste. Von 1945 bis 1950 benutzten russische Besatzungssoldaten die Mühle als Schlachthaus bzw. die Müllerstube als Sauna. Durch das Aufgießen der erhitzten Mühlsteine barsten diese, deswegen mussten vor der Wiederinbetriebnahme der Mühle Kunstmühlsteine angekauft werden. Bis gegen Ende der 50er-Jahre wurde noch der ganze Mehlbedarf der Dorfbewohner in der Mühle hergestellt, bis zur Stilllegung 1973 schließlich nur noch Futterschrot. Gemahlen wurde hauptsächlich spät im Jahr, etwa von Oktober bis zum Beginn der Frostperiode, nachdem das Getreide getrocknet und die Feldarbeit beendet war, ebenso bei günstiger Witterung ab der Schneeschmelze im Frühjahr. Nach dem Winter war es dringend notwendig, die drei genannten Mehlsorten zur Verfügung zu haben. Der jährlich wechselnde Dorfhauptmann durfte die Mahlsaison eröffnen.

# Mühlenbetriebsanleitung für die Berdetschläger Bauernmühle

## Vorbereitende Tätigkeiten

- Stauhöhe mittels Schwallbrettern maximieren (darf den Teichfolienrand nicht übersteigen!);
- Mühlbach von Unrat oder grobem Pflanzenmaterial säubern;
- Mühlrad inspizieren auf Hindernisse oder mögliche Gefahren während des Betriebes;
- evtl. entstandene Fugen im Holzgerinne mit Moos oder dergleichen abdichten.

## Funktionskontrolle / Sauberkeitscheck

- Sitze der beweglichen Teile sind ausreichend geschmiert ( > siehe „Wartung“);
- Mahlspalt ist mit Hilfe der Stellschraube so eingestellt, dass sich der Läuferstein von Hand ausdrehen lässt;
- Zufuhrbehälter und Mühlengehäuse sind verschraubt und einsatzbereit;
- Rüttelstange in Position gebracht ( > anschrauben);
- Blick in den Mehlkasten:
  - Sauberkeit entspricht Lebensmittelstandard; der Mehlbeutel ist funktionsgemäß angebracht;
  - Rüttelvorrichtungen für Mehlbeutel und Rüttelsieb sind funktionsfähig;
  - Mühlschaffel und Kleiebehälter befinden sich am vorgesehenen Platz;
  - lebensmittelberührende Oberflächen sind sauber ( > gegebenenfalls vorreinigen).

## Inbetriebnahme

- Beleuchtungsspots im Mühlenraum einschalten;
- Schieberschacht aufschließen;
- Schieber zuerst halb und dann stufenweise weiter öffnen ( > siehe „Einstellungen“);
- Getreide oder Schrot in Zufuhrbehälter einfüllen;
- Produktmuster mittels Probenzieher entnehmen und Einstellungen durchführen.

## Mahlbetrieb – Einstellungen

### Einstellparameter:

1. Mahlspalt
wird mittels Stellschraube auf das richtige Maß gebracht – wichtig dabei: beim Reduzieren sehr vorsichtig vorgehen!

–› beeinflusst Mehlausbeute und die Durchgangsgeschwindigkeit des Getreides und damit die Mahltemperatur (darf nicht zu hoch werden, da es sonst zum Verkleben der Mühlsteine kommt).

2. Geschwindigkeit des Wasserrades
ist durch die Schieberstellung vorgegeben (Wassermenge pro Zeit);

–› beeinflusst einerseits die Rüttelintensität der Zufuhrgosse und damit den Mengendurchsatz und andererseits die Verweildauer des Mahlgutes bzw. Mahltemperatur.

Die Qualität der Schrotung und damit die Mehlausbeute und der Ausmahlungsgrad hängen mit der Mahlgeschwindigkeit und der Durchsatzmenge eng zusammen.

3. Rüttelintensität des Mehlbeutels
wird mit Seilzug auf eine Holzfeder reguliert;

–› beeinflusst den Ausmahlungsgrad und somit die Type und Farbe des Mehles (höhere Rüttelintensität ergibt dunkleres Mehl).

Berdetschläger Mühle, Mahlstube, 2013.

Franz Grinniger, 1926–2015.

4. Vibration des Rüttelsiebes
wird mit einem Handrad eingestellt;
–› beeinflusst die Schärfe der Abtrennung der Kleiefraktion.

5. Anzahl der Mahlgänge
siehe Beschreibung in der Folge:
–› beeinflusst die Mehlausbeute bei gleichem Ausmahlungsgrad. (Vollkornmehl wird mit einem Mahlgang und ohne Siebvorgang hergestellt – Ausmahlungsgrad: 100 Prozent).

## Mahlgänge:

Getreide putzen: Mahlspalt so groß, dass fast keine Körner gebrochen.
Vorbrechen: Mahlspalt so groß, dass fast alle Körner gebrochen.

Mahlspalt weiter verringern für ersten Mahlgang (oder Vollkornmahlung – ohne Mehlbeutel);
Grieß und Restschrot für zweiten und dritten Mahlgang.

## Sicherheit

Im Bereich des Kammrades (Radgrube) und im Mühlengraben besteht großes Gefahrenpotenzial; vor und während der Inbetriebnahme unbedingt vergewissern, dass sich niemand in diesem Bereich befindet!

(Mit Hilfe der „Not-aus-Klappe" könnte das Mühlrad langsam gestoppt werden.)

## Beendigung des Mühlenbetriebes

- Schieber schließen
- Schieberschacht abdecken und absperren!
- (Schwallbretter ev. bis auf Normalstauhöhe abnehmen)

## Reinigung

- Rüttelstange abmontieren;
- Auslass vom Mühlengehäuse abschrauben; Moosgummi abnehmen;
- Zufuhrbehälter von Halterung abschrauben und wegschwenken;
- Holzgehäuse abheben;
- Läuferstein mit Hilfe der Hebevorrichtung wegheben (zugleich kann auch der Legerstein gesenkt werden);
- Vorsicht! Nicht mit den Händen unter die Hebevorrichtung gelangen;
- Mühlsteine und Innenbereich des Mühlenkastens reinigen;
- Mühlsteine und -kasten wieder analog zusammenbauen – Achtung! Markierungen auf Stange;
- (Ritzelwelle) und auf Mühleisen (Obereisen) müssen zusammenpassen;
- Mahlspalt so groß belassen, dass sich der Läuferstein von Hand aus bewegen lässt.

## Wartung

Schmierung bei Bedarf:
- Sitz der Wasserradachse auf beiden Seiten;
- Ritzel und Sitz der Ritzelwelle (Pfandl);
- Stange bei den Mühlsteinen (Holzlager);
- Schieberstange beim Mühlbach.

## Verlassen der Mühle

- Licht und Spotbeleuchtungen abdrehen!
- Mühlenraum sowie Vorraum und Müllerstüberl sauber verlassen!
- Fenster schließen!
- Mühle absperren!

Dipl-Ing. Andreas Vierlinger und Franz Grinninger als Mühlenrichter.

## Begrüßungsworte zur Mühleneröffnung

### 27. August 2000 in der Torf Au

*„Nur die Idee, die Fleisch wird, kann Menschen verändern. Die Idee, die Wort bleibt, kann nur Worte verändern." Mit diesen Worten von Erich Fromm möchten wir Sie im Namen des Teams der Naturschutzjugend Haslach sehr herzlich begrüßen.*

*Wer die Projektarbeit der Österr. Naturschutzjugend Haslach seit 1974 kennt, versteht diesen Leitgedanken, der bei allen unseren Projekten anwendbar ist.*

*Eine Kulturlandschaft und ein Kulturgut stehen heute im Mittelpunkt. Sie spüren hier an dieser Stelle die gemeinsame Klammer zwischen Natur und Kultur.*

*„Vom Wasserrad zur Sonnenenergie", so nennen wir dieses Projekt, dessen erfolgreichen Abschluss wir heute feiern können. Sehen, wie es war und erfahren, was daraus werden kann. Eine funktionstüchtige Mühle mit intelligenter Anwendung der Wasserkraft war ein Überlebensprojekt unserer Vorfahren. Heute steht die Mühle, von jungen Menschen renoviert, vor uns. Der Strom für die Beleuchtung der Mühle kommt von der Sonne. 22 ha Torf Au befinden sich jetzt im Besitz der Österr. Naturschutzjugend Haslach.*

*Bauern, Bäuerinnen und die Mitarbeiter der Naturschutzjugend Haslach haben durch Gespräche und gegenseitiges Vertrauen diese wertvolle Kulturlandschaft erhalten. In der Gemeinde Ulrichsberg musste keine Au besetzt werden, um sie zu retten. Mühle und Torf Au werden in Zukunft der Naturwerkstatt als Stützpunkt für Naturerfahrung dienen.*

**Prof. Karl Zimmerhackl**

## Informationstafel – Berdetschläger Mühle

Auf einer Tafel am Eingang der Mühle ist folgender Text zu finden:

*„Kulturlandschaft der besonderen Art - Ab 1873 wurde hier 100 Jahre hindurch mit der Wasserkraft der Großen Mühl Getreide für die Bewohner von Berdetschlag gemahlen. Die von der Österr. Naturschutzjugend (önj) Haslach renovierte Mühle ist Zeugin einer längst vergangenen bäuerlichen Welt und dient heute als Ausgangspunkt und Labor für Naturschutzprojekte.*

*Die wertvollen Landschaftselemente sind ein Beispiel für die einst so artenreichen Feuchtgebiete der Mühlviertler Tallandschaften - 400 Schmetterlingsarten, 65 Vogelarten, seltene Pflanzen und Tiere haben hier ihren Lebensraum. Als Europa- und Naturschutzgebiet genießt die Torf Au mit dem reaktivierten Mühlbach hohe ökologische und gesellschaftliche Wertschätzung.*

*Liebe Besucher und Besucherinnen, bitte helfen auch Sie mit, diese Kulturlandschaft in der Böhmerwaldregion zu erhalten."*

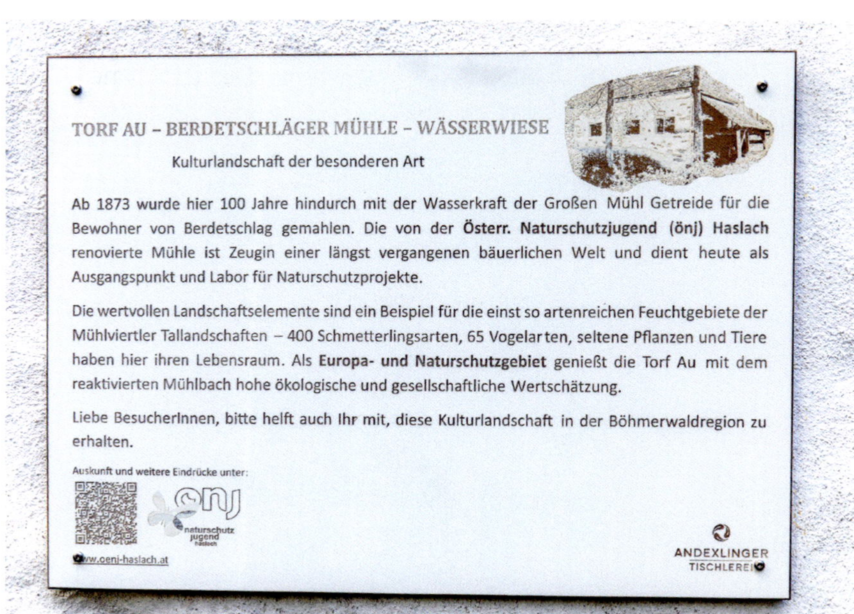


Informationstafel
Berdetschläger Bauernmühle.

Öko-Inseln

# Die Langholzschwemme auf der Großen Mühl

Für Holztransporte wurde im Böhmerwald und in dessen Umfeld fast ausschließlich der Wasserweg auf Bächen, Flüssen oder eigens gebauten Kanälen genutzt. Die Holzschwemme zählte damit ab der Mitte des 18. Jahrhunderts zu der ursprünglichsten und bis in die 50er-Jahre des 20. Jahrhunderts angewandten Form, Holzscheiter und auch Langholz zu den Verbrauchern zu bringen.

Willibald Wöss, vulgo Koller Willi, geboren am 5. Juli 1938, wohnhaft in Hinteranger 56, Gemeinde Schwarzenberg am Böhmerwald, schilderte in einem Interview den Ablauf der Langholzschwemme auf der Großen Mühl zwischen Hinteranger und Ulrichsberg.

Er besuchte ab 1945 die Volksschule in Hinteranger und war deshalb als Kind und Jugendlicher bei der Holzschwemme nicht direkt beschäftigt. Er kam aber mit der Holzschwemme damals deshalb in Berührung, weil sein Onkel, Rupert Autengruber, dabei mithalf. Dieser war beim Forstamt des Stiftes Schlägl als Holzhacker beschäftigt und hat, nach dem Tod des Bruders im Zweiten Weltkrieg, die Arbeit am Kollerhof organisiert. Willibald Wöss hat den elterlichen Hof, mit einem Flächenausmaß von 24 ha, davon drei Hektar Wald, 1962 von der Mutter übernommen. Heute ist der Kollerhof stillgelegt, die landwirtschaftlichen Flächen sind verpachtet.

Es ist nicht klar, wann genau die Langholzschwemme auf dem hier beschriebenen Flussabschnitt der Großen Mühl begonnen wurde. Doch es ist anzunehmen, dass diese Art des Holztransportes schon sehr lange durchgeführt worden war. Kaiserin Maria Theresia begünstigte jeden Vorschlag ihrer Regierung, der geeignet war, die Donauregion und besonders die Hauptstadt Wien mit Holz zu versorgen. So richtete sie ihren Blick auf den noch teilweise unberührten Urwald des Böhmerwaldes.

*„Am 9. August 1753 erteilte sie die Erlaubnis, aus den Wäldern rund um Jandelsbrunn, damals in Besitz der Herrschaft Rannariedl, die sich über die südlichen Vorberge des Dreisesselberges hinzogen, 400.000 Klafter *) auf der Mühel, die daselbst ihr Quellgebiet hat, zur Donau abzuschwemmen. Da das abgeschwemmte Holz reißend und gewinnreich Absatz fand, so gelang es dem weitblickenden Abte Siard Dengler, welcher dem finanziell bedrängten Stifte aufhelfen wollte, nach einigen Verhandlungen, dass Passau, welches inzwischen die Herrschaft Jandelsbrunn gekauft und Johann Georg Freiherr von Grechtler die Schwemmgerechtigkeit samt verschiedenen Gebäuden und Gerätschaften am 23. April 1766 um 50.000 fl. abgelöst hatte, am 2. Juni 1767 mit ihm einen Vertrag abschloss, nach welchem das Stift zu seiner Schwemme durch 20 Jahre hindurch jährlich 6000 Klafter Scheiter, darunter ein Drittel hartes Holz, zu liefern hatte."*

Beginn der Langholzschwemme in Hinteranger beim Forsthaus, 1957.

Der erste mit Langholz beladene LKW.

Mit diesem Vertrag begann eine intensivere Bewirtschaftung der Südseite des Böhmerwaldes. 1790 wurde nach den Plänen von Josef Rosenauer mit dem Bau des Schwarzenbergischen Schwemmkanals begonnen. Damit wurde auch die Nordseite des Böhmerwaldes neben den dort aktiven Glashütten bewirtschaftet.

Gesichert ist, dass in der Zwischenkriegszeit über einen längeren Zeitraum keine Holzschwemme stattfand. Durch die Weltwirtschaftskrise kam es zu Schwierigkeiten mit dem Absatz des Holzes. Es ist auch ziemlich sicher, dass in diesem Teil der Mühl nie Meterholz bzw. Brennholz geschwemmt wurde.

Dies war weiter flussabwärts ganz sicher der Fall. Ab der Einmündung des Schwarzenberg'schen Schwemmkanals bei Damreith in die Große Mühl wurde Brennholz bis Partenstein/Untermühl geschwemmt. Mit der Eröffnung der Mühlkreisbahn am 17. Oktober 1888 wurde das Scheiterholz in Haslach auf die Bahn verladen und zu den Abnehmern nach Wien und Budapest über das Bahnnetz transportiert.

Bei der Langholzschwemme waren an die zehn Leute beschäftigt. Gearbeitet wurde immer in zwei Gruppen mit jeweils vier bis fünf Mann. Die beiden Gruppen wurden von Fritz Schopper und von Leopold Steininger angeführt.

Die Arbeiter zogen ihr Werktags- bzw. ihr Arbeitsgewand an. Es standen ihnen damals noch keine Gummistiefel oder andere geeignete wasserabweisende Schuhe zur Verfügung. Man trug Schafwollsocken und darüber normale Bundschuhe oder Ganzholzschuhe. Bei Holzschuhen bestand immer die Gefahr, damit auszurutschen. Zur Jause nahmen sich die Holzhacker selber ihr Essen in einem „Reindl" (emailliertes Gefäß) mit. Ihr Tagesmahl bestand aus Sterz, geselchtem Schweinefleisch oder Speisen aus Erdäpfelteig, z. B. kleine Nudeln aus Erdäpfeln. Dazu gab es unter anderem schwarzen Feigenkaffee oder Tee. Die Getränke nahm man entweder in Thermoskannen oder in Blech- und Aluminiumflaschen mit, die meist noch aus der militärischen Kriegsausrüstung stammten. Diese wurden in einen Strumpf gesteckt, um das Getränk darin warm zu halten. Das Problem dabei war, dass dieses Essen an einem kleinen Lagerfeuer aufgewärmt werden musste. Die Arbeiter klagten oft über Sodbrennen.

Das Holz wurde im Winter bei entsprechender Schneelage mit sechs bis acht Pferde- und Ochsengespannen von den Landwirten aus der Umgebung auf Schlitten an den Schwemmplatz transportiert. Die Gespanne bestanden aus je zwei Zugtieren. Für die betreffenden Menschen ergab sich damit auch die Möglichkeit, im Winter eine bezahlte Arbeit verrichten zu können.

Die Holzbloche wurden unter anderem aus dem „Waidl", das mit 120 ha zum Forstbesitz des Stiftes Schlägl zählt, angeliefert. Andere Waldstücke, die als Herkunftsorte des Holzes genannt werden, sind die Grimbsn-Leitn und der Reh-Hübel. Holz aus dem Revier Schwarzenberg wurde nicht an diesen Holzlagerplatz gebracht. Auch aus dem sogenannten Frauenholz wurden keine Baumstämme nach Hinteranger zum Schwemmen transportiert.

Das Sägewerk Leitner hatte das Holz schon am Schwemmplatz nahe dem Ufer der Großen Mühl, beim ehemaligen Forsthaus Hinteranger, gekauft. Jeder Stamm wurde hier abgemessen und von den Käufern übernommen.

Vor der Schwemme mussten die Baumstämme noch auf eine einheitliche Länge von ungefähr vier bis sechs Metern geschnitten werden. Dafür wurde bereits eine der ersten Motorsägen, die wegen

Auf Langholzfloß begleiten zwei Männer die Schwemme, Torf Au, 1957.

Wehr bei der Steinmühle in Ulrichsberg, 1957.

ihres schweren Gewichtes noch von zwei Männern bedient werden musste, eingesetzt.

Ein weiteres Werkzeug war der Zappen, ein Universalwerkzeug (hochdeutsch: Sappie), das auch heute noch zur Holzarbeit im Wald verwendet wird. Die Baumstämme wurden oft auch mit der Hand in das Wasser der Mühl gerollt. Wenn die Stämme in der Mühl schwammen, verwendete man Schwemmhaken, lange „Schwemmhogn", an denen vorne ein Haken und ein Spieß angebracht waren. Mit diesem Werkzeug wurde dafür gesorgt, dass sich die Stämme während der Trift nicht verkeilten; wenn dies doch das eine oder andere Mal der Fall war, mussten die ineinander verklausten Stämme mit Hilfe der Schwemmhaken gelockert und wieder zum Schwimmen gebracht werden.

Damit die Arbeiter solche Verkeilungen rechtzeitig bemerkten, mussten sie die Trift an beiden Ufern bis zum Sägewerk Leitner in der Steinmühle nahe Ulrichsberg begleiten. Schwierig waren in diesem Zusammenhang Stellen in der Mühl, die als „Ausstand" bezeichnet wurden. Das sind Abschnitte, an denen das Wasser sehr langsam fließt und sich im Uferbereich Buchten gebildet hatten. Die Tatsache, dass bei der Holzarbeit früher vieles Handarbeit war, hatte zur Folge, dass die Arbeit um ein Vielfaches anstrengender war als heute. Es ist nicht bekannt, ob bei der Schwemmarbeit an der Großen Mühl Verletzungen oder andere dramatische Ereignisse vorgekommen sind.

Da die Fließgeschwindigkeit in diesem etwa acht Kilometer langen Abschnitt der Großen Mühl nicht besonders hoch ist, brauchte das Holz einige Stunden, bis es bei der Steinmühle des Sägewerkbetreibers Leitner angekommen war. Insgesamt dauerte die Holzschwemme einige Tage, bis alle Stämme

Angeschwemmte Baumstämme nahe der Steinmühle „Wihrland", Ulrichsberg, 1957.

Männer befördern Holzstämme Richtung Ufer der Großen Mühl, Hinteranger, 1957.

Männer befördern hängengebliebenes Langholz am Wehr, 1957.

über den Wasserweg abtransportiert und an ihrem Zielort eingetroffen waren. Es lässt sich nicht genau sagen, ob die Holzmenge jedes Jahr ungefähr gleich hoch war. Auf jeden Fall war es eine sehr große Menge. Das Sägewerk war mit dem zusätzlich auf Straßen angelieferten Holz ein ganzes Jahr über mit Arbeit ausgelastet. Ein Vorteil war, dass das Holz nach dem Schwemmen bis zum Schnitt im Wasser der Großen Mühl gelagert wurde. Dadurch blieben die Blöcher nass und das Holz weich. In diesem Zustand ließ es sich, nach Auskunft von Friedrich Leitner, dem Sohn des Sägewerkbesitzers Adolf Leitner, so „wie Butter schneiden". Die Schärfe der Sägeblätter blieb damit sehr lange erhalten.

Der Auftrag zur Holzschwemme wurde vom Sägewerkbetreiber erteilt und von dessen Beschäftigten durchgeführt. Sie erfolgte immer im Frühjahr, da die Große Mühl zu dieser Jahreszeit meist den geeigneten Wasserstand aufwies. Es durfte nicht zu viel Wasser sein, sonst wären die Baumstämme über die beiden Ufer in die angrenzenden Wiesen hinausgeschwemmt worden. Es durfte aber auch nicht zu wenig Wasser sein, damit die Baumstämme nicht im Flussbett liegen blieben. Das Flussbett der Mühl musste bis an beide Ufer randvoll sein. Man sagte, die Große Mühl musste „håårebn voi" sein. Das war dann der Fall, wenn die tiefer liegende Region des Mühltales bereits schneefrei bzw. aper war, und in den höheren Lagen des Böhmerwaldes die Schneeschmelze einsetzte. Damit war der geeignete Wasserstand für einige Tage gesichert.

Es ist fraglich, ob durch den Klimawandel heute noch solch ideale Bedingungen für eine Langholzschwemme auf der Großen Mühl gegeben wären, da die schneearmen Winter häufiger werden. Die Langholzschwemmen fanden noch bis in die 50er-Jahre des 20. Jahrhunderts statt.

Förster Jordan Hable erinnert sich an die letzte Langholzschwemme im Jahr 1957, als nach einem heftigen Sturm eine große Holzmenge aufgearbeitet und abtransportiert werden musste.

Die Beschäftigten des Sägewerkes mussten danach diese Schwemmarbeiten nicht mehr ausführen. Holzlastkraftwägen kamen in der Folge zum Einsatz. Das Verladen der Baumstämme auf die Lastkraftwägen musste mit einer Handseilwinde durchgeführt werden. Die Bedienung dieser Seilwinden wurde ebenfalls als anstrengend, beschwerlich und als sehr gefährlich empfunden.

## Struktursteine wieder im Flussbett der Großen Mühl

Für den möglichst reibungslosen Ablauf der Langholzschwemme wurden größere Steinblöcke als Hindernisse aus dem Flussbett entfernt oder im Uferbereich abgelagert. Eine beachtliche Anzahl an Fotos aus den 50er-Jahren liefert ausreichend Beweise für die Schwemme durch unsere Torf Au.

Mit dem Restrukturierungsprojekt wurden ab August 2013 die ursprünglichen Verhältnisse im Fluss wiederhergestellt. Dies führt neben Strömungsveränderungen zu einer Verbesserung und zur Neuschaffung von Lebensräumen für die stark gefährdete Flussperlmuschel und für alle hier vorkommenden Fischarten. Die neu eingebrachten Struktursteine bieten den Wasseramseln, den Eisvögeln und den Gebirgsstelzen neue Ansitzwarten bei der Jagd nach Kleintieren über und unter dem Wasserspiegel.

**) Ein Klafter ergibt jene Länge, die ein erwachsener Mann mit weit ausgestreckten Händen von Mittelfinger zu Mittelfinger (189 cm) aufweist. Ein Fuß ist neben der Fingerbreite, der Handbreite, der Handspanne, der Elle und dem Schritt eine der ältesten Längeneinheiten. Der heute übliche Englische Fuß beträgt 30,48 cm. Das entspricht etwa der Schuhgröße 48 ½.*

Treibendes Langholz in der Großen Mühl.

Struktursteine in der Großen Mühl , 2013.

**Linzer Tages-Post, 6.5.1915**

**Holztrift**

Aus Aigen wird uns berichtet: Am 30. April begann auf dem Klaffer- und Grenzbache sowie der Großen Mühl die Holztrift aus den Waldungen des Stiftes Schlägl. Geschwemmt werden aus dem Reviere Holzschlag 5814 Meter harte und 667 Meter weiche Scheiter; aus dem Revier Schwarzenberg 45 Meter harte und 625 Meter weiche Scheiter; zusammen 7151 Meter Scheiter. Die Holzschwemme erweckt alljährlich großes Interesse, da die Bevölkerung von den Gerichtsbezirken Aigen, Rohrbach, Haslach und Neufelden hiedurch ihren Holzbedarf zu besorgen pflegt. Das Revier Holzschlag liefert nicht allein Brennholzscheiter, sondern auch Holz für die Industrie und es wird Holz von prima Qualität schon während des Transportes aus dem Wasser herausgehoben, um in dem Sägewerk des Franz Berlinger in Ulrichsberg zu Fensterjalousien usw. verarbeitet zu werden. Die Trift dauert etwa acht Tage und es werden hiebei über 100 Arbeiter beschäftigt.

Scheitereinwerfen am Ursprung des Schwarzenberger Schwemmkanals beim Lichtwasser am Fuße des Dreisesselberges im Jahr 1911.



**Linzer Tages-Post, 30.1.1890**

**Holztransport**

Man schreibt uns aus Aigen am 28. dieses Monats: Die Großholzhandelsfirma „Fitzl und Artl" aus Sachsen, welche mehrere Dampfsägen besitzt, hat mit dem Stifte Schlägl einen Contract für Holzlieferungen für drei dreijährige Perioden abgeschlossen. Für die ersten drei Jahre wurde ein jährliches Quantum von 3500 Festmeter bestimmt. Das Holz, welches dem Stiftsreviere Schwarzenberg, der Waldstrecke „Mühleck" und „Klosterwald", einem der schönsten 70 bis 110jährigen, völlig geschlossenen, ungefähr 570 Joch umfassenden Bestände, entnommen wird, wird zumeist in Klotzform auf dem großen Mühlflusse bis Schlägl, ca. drei Stunden Entfernung, geschwemmt, von dort nach der Haltestelle Schlägl an der Mühlkreisbahn überführt und verladen, zu welchem Zweck ein totes Geleise angelegt wird. Von da ab geht es nach Linz und von dort in direkten Zügen nach Dresden. Da die genannte Firma auf Langholz reflectiert, soweit die Beförderung eines solchen auf der Mühlkreisbahn eben möglich ist, wird von Seiten der Bahnverwaltung mit einem 20 Klafter langen Stamm eine Probefahrt veranstaltet.

# Zukunft Flussperlmuscheln: Die Schönen unter dem Wasserspiegel – bezaubernd, aber akut gefährdet

Die Böhmerwaldregion zählt zusammen mit dem Bayerischen Wald zu den Gebieten mit den wichtigsten Flussperlmuschelvorkommen seit urdenklich langer Zeit in Europa. Mit Fug und Recht können wir die Flussperlmuscheln zu den Ureinwohnern unserer Region zählen. In den kalk- und nährstoffarmen Gewässern konnten sich individuenreiche Populationen entwickeln. Pro Tag filtert jede Muschel aus bis zu 200 Litern Wasser pflanzliche und tierische Schwebstoffe. Sie tragen damit auch aktiv zur Gewässerreinigung bei. Kaum ein anderes Lebewesen wird so alt wie die Flussperlmuschel. Im 19. Jahrhundert lebten noch mehrere 100.000 in unseren Bächen und Flüssen. Schon zu Beginn des 20. Jahrhunderts war zu erkennen, dass die einst so überaus zahlreich vorkommenden Muschelbestände des Böhmerwaldes stark rückläufig sind. In vielen Gewässern sind sie heute bereits ganz verschwunden.

## Der Nachwuchs fehlt!

Die Flussperlmuscheln haben im Laufe der Evolution einen eigenen Fortpflanzungszyklus im Zusammenspiel mit den Bachforellen als Wirtsfische entwickelt. Die Muschelweibchen tragen in ihren Kiemen bis zu zehn Millionen Eier, aus denen sich nach der Befruchtung mikroskopisch kleine Muschellarven, sogenannte Glochidien bilden. In den Sommermonaten werden die Larven von allen befruchteten Weibchen einer Population ins umgebende Wasser ausgestoßen. Ein „Durchschnittsweibchen" gibt so im Laufe seines Lebens etwa 200 Millionen Glochidien ab. Auch in Bezug auf die Fruchtbarkeit übertreffen die Flussperlmuscheln fast alle anderen tierischen Organismen. Im freien Wasser sind die Larven höchstens einige Tage lebensfähig. Sie gelangen in dieser Zeit in den Kiemenbereich der Forellen, wo sie ihre mit Haken versehenen beiden Schalenhälften zusammenklappen und sich verankern. Das gelingt immer nur einem kleinen Teil der Larven. Hier überwintern sie als Parasiten etwa acht bis zehn Monate, ohne den Wirtsfisch merklich zu beeinträchtigen.

Als Jungmuscheln fallen sie im Frühsommer von den Bachforellen ab und graben sich in das Lückenraumsystem des Flussbettes ein. In diesem Lebensabschnitt sind sie besonders gefährdet. Unter günstigen Bedingungen erscheinen die Jungmuscheln ab einem Alter von fünf Jahren wieder an der Oberfläche des Flussgrundes. In vielen Muschelgewässern überleben die Jungmuscheln die ersten Lebensmonate aufgrund negativer äußerer Einflüsse nicht. In der Folge überaltern die Muschelbestände und ihr Erlöschen ist nur noch eine Frage der Zeit.

## Für Nachwuchs sorgen!

Über Jahre hindurch haben wir im Team der Österr. Naturschutzjugend Haslach das Projekt „Nachzucht der Flussperlmuscheln in der Großen Mühl" besprochen, geplant und gestartet. Seit 2014 knüpfen wir nun mit kompetenten und verlässlichen Partnern aus den drei Ländern Oberösterreich, Bayern und Südböhmen sehr intensiv an einem Netzwerk für den Erhalt und die Nachzucht der Flussperlmuscheln im Oberlauf der Großen Mühl.

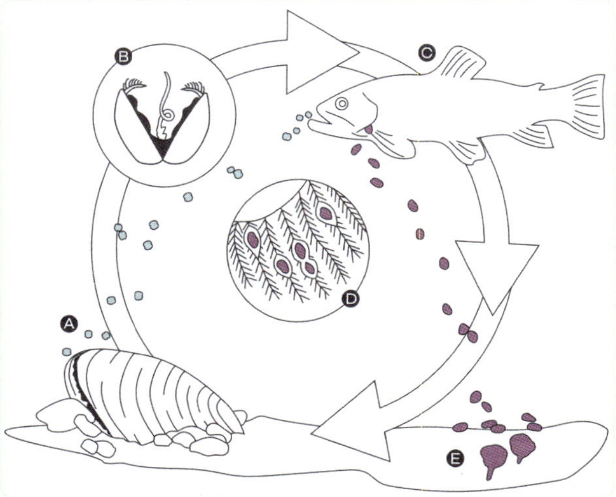


Fortpflanzungszyklus

Verwendung von Rundstrombecken für junge Bachforellen und Flussperlmuscheln im Sommer, bis zum Ausstoß der Larven, 2017.

## Naturgut & Kulturgut – sowohl als auch

Die Flussperlmuscheln tragen ihren Namen zu Recht. Perlen bilden sich meist bei Verletzungen oder durch Eindringen von Fremdkörpern zwischen die Muschelschale und den Weichkörper. Perlen wachsen äußerst langsam, ca. vier Millimeter in 20 bis 25 Jahren, und sind sehr selten.

Nach historischen Aufzeichnungen über die Perlengewinnung ist nur etwa in jeder dreitausendsten Muschel eine Perle zu finden. Seit dem 12. Jahrhundert ist die Nutzung in Europa urkundlich nachgewiesen.

Speziell ausgebildete und von den weltlichen und kirchlichen Machthabern beauftragte Perlfischer suchten bzw. öffneten die Muscheln mit besonderen Werkzeugen, ohne sie dabei zu verletzen.

Trotz hoher und grausamer Strafen waren auch Perlenräuber unterwegs, die die Muscheln töteten, um die Perlen zu gewinnen. Dies führte zum ersten bedrohlichen Rückgang der bis dahin großen Bestände an Flussperlmuscheln in unseren heimischen Gewässern. Damals lebten in unseren Bächen noch hunderttausende Muscheln.

Die Perlenkasel (Messkleid) im Stift Schlägl wurde mit ca. 10.000 Perlen der Flussperlmuscheln kunstvoll gestickt und gilt als hochwertiges Kulturgut.

Die Flussperlmuscheln, von denen die Perlen stammen, sind ein gleichwertiges Naturgut im Europaschutzgebiet Böhmerwald und Mühltäler.

Vorderteil der Schläger Perlenkasel: Gesicht und Hände sind aus Flussperlen gestickt.
Der erste Hinweis findet sich im Inventar des Klosters aus dem Jahr 1576.



Größte Perle aus der Großen Mühl.

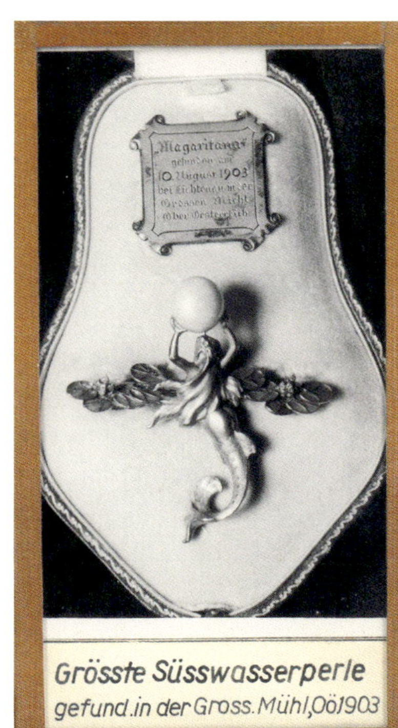

## Reiseandenken aus den Schalen der Flussperlmuscheln

Aus geschliffenen Muschelschalen wurden zwischen 1850 und 1910 in Sachsen die unterschiedlichsten Gegenstände gefertigt. Geldbörsen, Nähutensilien für Reisende, Andenken- und Erinnerungsartikel. Dazu wurden jährlich mehrere hunderttausend Schalen benötigt. In Sachsen wurden so gut wie alle Flussperlmuschelbänke in Bächen und Flüssen radikal geplündert. Als in Sachsen keine Muschelschalen mehr zu finden waren, wurden die Bestände der Böhmerwaldregion von Muschelplünderern heimgesucht.

Durch die intensive Landnutzung, die sich verschlechternde Wasserqualität und den Gewässerausbau im 20. Jahrhundert veränderten sich die Lebensbedingungen für die Flussperlmuscheln gravierend. Der Zustand der Gewässer verschlechterte sich so sehr, dass die Jungmuscheln nach ihrer Entwicklung in den Kiemen der Bachforellen nicht mehr in feinkörniges, sauerstoffreiches Bachsediment fallen, sondern im Schlamm ersticken. Heute finden vor allem Jungmuscheln noch immer nicht die geeigneten Bedingungen, um zu überleben.

Prominente Unterstützerin des Projektes „Flussperlmuscheln"; in unserer Mitte Schauspielerin Ursula Strauss, Karl Zimmerhackl, Karl Eder und David Moser; 2009.

Mehr als 90 Prozent der Muscheln sind auf diese Art verschwunden, das völlige Aussterben in der Dreiländer-Region Böhmerwald wurde zur ernsten Bedrohung. Heute gibt es Projekte zur Sicherung des Bestandes. Unterstützt von der Naturschutzabteilung des Landes OÖ., vom Forstamt des Stiftes Schlägl und in Zusammenarbeit mit dem LPV Passau arbeitet die Österr. Naturschutzjugend (önj) Haslach im Projekt „Nachzucht und Wiederansiedlung der Flussperlmuschel in der Großen Mühl" mit großem ehrenamtlichen Engagement.

Am 21. Juli 2018 wurden die ersten Jungmuscheln, in Lochplatten geschützt, in das Flussbett der Großen Mühl gesetzt. Das ist ein Anfang, der uns optimistisch stimmt.

V. r. n. l.: Dipl. Ing. Sophie Stelzer, önj Haslach, Dr. Marco Denic, LPV Passau, Mag. Rainer Vierlinger, önj Haslach, Prof. Karl Zimmerhackl, önj Haslach.

Bei dieser kleinen Feier am Ufer der Großen Mühl wurde der 21. Juli zum *„Tag der Flussperlmuschel"* ausgerufen.

## Die Schrecken des Böhmerwaldes

Wer die Landschaft rund um die Südhänge des Böhmerwaldes erkundet, trifft in den Sommermonaten oft seltsame Wesen auf weiter Flur. Sie sind Meister der Tarnung, haben großen Appetit und waren bei den Menschen in früheren Zeiten sogar gefürchtet. Manche von ihnen können gar mit den Füßen hören und sind flinke Jäger. Die weiblichen Exemplare sind meist sogar mit schwertähnlichen Gebilden ausgerüstet. Viele von ihnen können fliegen und haben fünf Augen. Ihre Lautäußerungen hallen über ganze Landstriche und sind oft bis tief in die Nacht zu hören.

Die Rede ist hier nicht von sagenhaften Kreaturen, sondern schlicht von den Heuschrecken. Gerade auf den Naturschutzwiesen der Torf Au, der Enzian-Wiese und der Orchideen-Wiese sind sie noch in großer Vielfalt anzutreffen. Was machen Heuschrecken eigentlich? Wofür sind sie gut? Ein Teil von ihnen sind reine Pflanzenfresser, wie z. B. die seltene Große Goldschrecke. Es gibt aber auch Jäger unter ihnen, die Insekten (u. a. Blattläuse) verzehren. Also sind sie in diesem Punkt auch durchaus nützlich. Im Ökosystem haben sie jedoch auch noch viele andere wichtige Aufgaben; so dienen sie beispielsweise seltenen Vögeln wie Schwarzstörchen, dem Wiedehopf und dem Neuntöter, aber auch Greifvögeln (Wespenbussard) als Nahrungsquelle. Auch die anmutige Wespenspinne verschmäht die schmackhaften Grashüpfer nicht. Übrigens können sie auch uns Menschen als Nahrungsquelle dienen. Die FAO (Food and Agricultural Organization of the United Nations) empfiehlt gerade uns Europäern - der Umwelt zuliebe - mehr Insekten zu essen. 40 Heuschrecken ergeben übrigens eine Mahlzeit - in diesem Sinne: Wohl bekomm's!

Grüner Grashüpfer (Omocestus viridulus)

Diese sollte man jedoch nicht gerade auf den Naturschutzflächen verzehren, da allein auf den Öko-Inseln sechs gefährdete Heuschreckenarten, wie beispielsweise Warzenbeißer oder Sumpfgrashüpfer, nachgewiesen wurden. Das Besondere auf diesen Flächen ist, dass vor allem feuchtliebende Arten wie die Kurzflügelige Beißschrecke gemeinsam mit trockenheitsliebenden Dornschrecken vorkommen. Möglich ist das durch die Heterogenität des Schutzgebietes, das sowohl Feuchtwiesen wie auch Trockenrasen beherbergt.

## Warzenbeißer – harmloser als sein Name?

Angeblich haben schwedische Bauern berichtet, dass der Biss dieser Heuschrecke Warzen entfernt. Tatsächlich hat der Warzenbeißer eine sehr starke Bisskraft, die menschliche Haut durchdringen könnte; keine Angst, er ist nicht sehr bissfreudig.

Er ernährt sich sowohl von pflanzlichen als auch von tierischen Substanzen, ist also ein Allesfresser in mageren Wiesen-Lebensräumen. Die Artenzusammensetzung der Vegetation seines Lebensraums spielt eine untergeordnete Rolle. Faktoren wie offene Flächen, lockere Vegetation und offene Bodenstellen sind für die Erhaltung und Verbreitung dieser inzwischen bedrohten Heuschreckenart von größerer Bedeutung.

Sein charakteristischer durchdringend lauter Gesang, der langsam und scharf beginnt, dann immer schneller wird, lockt das Weibchen zur Fortpflanzung an. Bei der Paarung werden Spermien gleichzeitig mit einem Proteinpaket abgegeben (Spermatophore). Während das Weibchen nach der Paarung dieses Proteinpaket frisst, erfolgt die Befruchtung. Die befruchteten Eier werden mit einem langen Legebohrer in den Boden abgelegt und können dort bis zu sieben Jahre überdauern. Ist das Klima günstig, so schlüpfen im April die jungen Heuschrecken, die bereits Ende Juni, Anfang Juli wieder geschlechtsreif werden.

Warzenbeißer (Decticus verrucivorus)

Schon die Larven zeigen ein robustes Aussehen, erwachsene Warzenbeißer haben einen kräftigen Kopf, einen Halsschild mit Mittelkiel, keulenförmige Beine und gefleckte Flügel. Warzenbeißer bevorzugen kontinentales Klima und verfügen über eine hohe Frostresistenz.

Bedroht ist diese in ganz Europa vorkommende Heuschreckenart durch vermehrte Umwandlung von offenen Flächen in Ackerland, durch den Einsatz von Düngemitteln, durch Aufforstungen und durch Stickstoff aus der Luft.

Die intensive Form der Landwirtschaft gefährdet nicht nur den Warzenbeißer, auch andere Tierarten wie z. B. Wiesenpieper, Neuntöter, Feldlerche, Kröten- und Falterarten verlieren dadurch zunehmend ihre Lebensräume.

Zum Schutz dieser gefährdeten Heuschreckenart, aber auch zum Schutz der bedrohten Artenvielfalt wirken sich Mähwiesen, die möglichst spät und abschnittsweise zeitlich versetzt einmal im Jahr nicht zu kurz gemäht werden, sehr positiv aus. Auch sporadisch gepflegte Brachen, Altgrasstreifen und die Offenhaltung von Flächen tragen wesentlich zur Erhaltung des Warzenbeißers bei.

# Arnika im Böhmerwald

Seit einigen Jahren ist bei Arnika (Arnica montana), auch Berg-Wohlverleih genannt, ein starker Rückgang auf allen unseren Öko-Inseln zu verzeichnen. Es gibt eine Reihe von Gründen, die als Verursacher angesehen werden können.

Auf fast allen Standorten haben sich die Bewirtschaftungsformen grundlegend verändert. Der Stickstoffeintrag über die Luft und die Versauerung der Böden ist noch immer sehr hoch.

Arnika gilt als Weideanzeiger und auffällige gelbe Blütenpflanze der sauren Magerwiesen, Heiden und Feuchtwiesen. Sie wurde wegen des häufigen Vorkommens früher auch als Weideunkraut bezeichnet.

Wiesenbewässerung war noch bis in die 50er-Jahre des vorigen Jahrhunderts eine Bewirtschaftungsart, die jeder bäuerliche Betrieb in verschiedenen Arten durchgeführt hat. Das Vorkommen von Arnika war auch sehr häufig mit der Wiesenbewässerung verbunden. Die Samen werden durch den Wind als Schirmchenflieger, aber auch durch Wasserverbreitung und Zufallsverbreitung durch Weidetiere auf neue Standorte gebracht.

Blüte und Wurzeln wurden seit alters her als Tinktur zur äußeren Behandlung von Verletzungen und Verstauchungen verwendet. Innerlich angewendet ist Arnika mit Vorsicht einzusetzen, da die Pflanze leicht giftig wirkt.

Die Nachzucht ist mit der Anwendung verschiedener Tricks möglich. Kritisch sind die ersten Wochen nach der Keimung. Die allgemeine Schneckenplage setzt diesen wertvollen Arzneipflanzen besonders schwer zu. Die OÖ. Umweltanwaltschaft bezeichnet in ihrem Newsletter vom 15. Dezember 2014 die Arnika in ihrer Art als gefährdet.

Die Ringelblume (Calendula officinalis), welche die gleichen Wirkstoffe besitzt, ist in der Naturheilkunde ein guter und ebenso erfolgreicher Ersatz, um die letzten Arnikavorkommen auf den Öko-Inseln im Böhmerwald zu schonen und für kommende Generationen zu erhalten.

Arnika in der Torf Au.

Arnika (Arnica montana), Lithographie.

# Schmetterlingswiesen

## West und Ost mit Otter-Insel

**Lage**
Schindlau, Gemeinde Ulrichsberg

**Biotoptyp**
Trockenwiesen mit Lesesteinhecken, Teiche, Ufersaum entlang des Hammerbaches

**Größe**
5,2 ha

**Eigentum der önj**
seit 1986

**Schutzkategorie**
Europaschutzgebiet

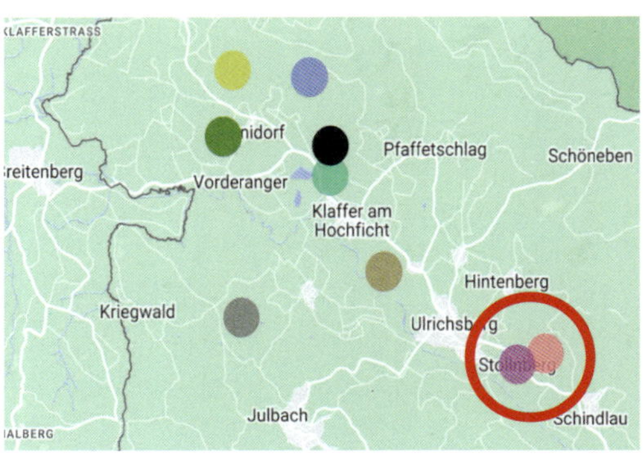

### Besonderheiten

330 Schmetterlingsarten, ein Großteil davon sind wie in der Torf Au Nachtfalterarten; Brutgebiet gefährdeter Heckenvögel; Schlingnatter; Knäuelglockenblume, Maiglöckchen, Mondraute, Feuerlilie, ...

Seit Dezember 2012 gibt es eine Biberburg mit einigen Biberdämmen entlang des Hammerbaches. Mit dem Ankauf der 9.845 m² großen Schmetterlingswiesen-Parzelle, am 3. Februar 2014, konnte das angestrebte Bindeglied zur anschließenden Otter-Insel an der Großen Mühl hergestellt und damit dieses Langzeitprojekt abgeschlossen werden.

### Die Letzten von gestern – die Ersten von morgen?

Jede unserer Öko-Inseln ist Anregung und Ausganspunkt für weiterführende Projekte. Die kräuterreichen Schmetterlingswiesen haben uns zum Nachdenken über ehemalige alte und gefährdete Haustierrassen bewegt. Weidende Schafe und Rinder in der offenen Landschaft des Mühltales stellen mehr als eine Idylle dar. Sie sind eine schonende, wirksame und oft die einzige wirtschaftliche Möglichkeit, unsere Kulturlandschaft vielfältig, abwechslungsreich und damit offen zu halten. Alte regionale Haustierrassen eignen sich dafür vielfach am besten. Bei unserer Suche sind wir auf die Böhmerwald- oder Sumavaschafe gestoßen. Die Nachbarin unserer Schmetterlingswiesen hatte Erfahrung in der Schafhaltung, war jedoch mit ihren hochgezüchteten Merinoschafen und deren Anfälligkeit für allerlei Schafkrankheiten und den Schwierigkeiten beim Ablammen wenig zufrieden. Nach einem ausführlichen Gespräch über die Qualitäten der Böhmerwaldschafe erklärte sie sich bereit, die Merinoschafe zu verkaufen und unsere Böhmerwaldschafe einzustellen.

Wo gibt es diese Böhmerwaldschafe noch zu kaufen? Wer ist bereit, uns eine ganze Herde zu überlassen? Wer hat praktische Erfahrungen im Umgang mit dieser Rasse?

Bei Herrn Gerhard Winter in Sandl im Unteren Mühlviertel wurden wir fündig. Unser erster Besuch in Sandl hat uns überzeugt, die letzte Böhmerwaldschaf-Herde im Mühlviertel entdeckt zu haben.

Violetter Feuerfalter
(Lycaena alciphron)

Gerhard Winter war bereit, uns zwölf Muttertiere und einen Widder zu verkaufen. Vom örtlichen Fleischhauer Alexander Ippoldt in Haslach wurde uns ein LKW für Viehtransporte zu Verfügung gestellt, und damit begann 1993 ein kulturhistorisch interessantes Weideprojekt auf den Schmetterlingswiesen in Schindlau. So waren wir in der Lage, bis 1998 eine solide Zuchtherde aufzubauen.

Böhmerwaldschafe, 1993.

Die Böhmerwaldschafe sind direkte Nachkommen der Zaupelschafe und zählen damit zu den ältesten Schafrassen Europas. Sie sind kleine bis mittelgroße Schafe. Die Wolle ist eine typische Mischwolle, langhaarig und reich an Wollfett (Lanolin). Damit haben sich die Böhmerwaldschafe an die hohen Niederschläge in der Böhmerwaldregion angepasst.

Ein besonderes Qualitätsmerkmal dieser alten Rasse ist deren hohe Fruchtbarkeit. Ein Mutterschaf lammt meist zweimal pro Jahr ab und braucht dazu keine menschliche Hilfe. Die Vermehrungsfreudigkeit und die besondere Fleischqualität machen die Böhmerwaldschafe auch heute noch konkurrenzfähig.

Otter-Insel und Schmetterlingswiesen, 2013.

Die Mischwolle ergibt gewaschen, gekämmt, gesponnen und gewebt den berühmten Mühlviertler Tweed, der sich mit dem Tweed-Stoff aus Schottland messen kann. Bei dieser neuen Wollstoff-Entwicklung hat uns die Manufaktur Haslach maßgeblich mit den dort vorhandenen Möglichkeiten unterstützt.

Zwischen 1993 und 1998 hat sich eine ganze Reihe von engagierten Böhmerwaldschaf-Züchtern gefunden, die auch als „Herdbuchzüchter" beim OÖ. Landesschafzuchtverband eingetragen wurden. Es ist in diesen Jahren durch besondere Förderungen der Europäischen Union und ein Interreg-Weideprojekt gelungen, diese extensive Rasse auch wirtschaftlich halten zu können. Damit konnten wir unsere eigene Herde 1998 an den Herdbuchzüchter DI Hans Kjäer in Kriegwald abgeben.

Schmetterlingswiese Ost mit den Teichen, 1986.

## Warum Böhmerwaldschafe halten?

- Bei den Böhmerwaldschafen handelt es sich um eine vom Aussterben bedrohte heimische Rasse.
- Die Böhmerwaldschafe gelten als sehr robust und sind wegen ihrer Ursprünglichkeit widerstandsfähig gegen Krankheiten.
- Sie sind genügsam und lassen sich mit eigenem Heu und auch auf kargen Weiden ohne Zugabe von Kraftfutter halten.
- Hervorzuheben sind die ausgezeichneten Muttereigenschaften und das problemlose Ablammen. Die Mutterschafe haben eine hohe Lebenserwartung und lammen auch in fortgeschrittenem Alter noch regelmäßig ab.
- Steilflächen sowie schwer zugängliche Weideflächen, die nicht maschinell bearbeitbar sind, lassen sich durch Beweidung mit Böhmerwaldschafen pflegen.
- Durch die jahrhundertelange Selektion ist diese Rasse auf die rauen Mittelgebirgslagen der Böhmerwaldregion, von Südböhmen des Bayerischen Waldes und des Mühl- und Waldviertels spezialisiert und hat keine Probleme mit den kalten und nassen klimatischen Verhältnissen. Ein heller Kaltstall mit Auslauf genügt auch für die lange Winterperiode.
- Das so erzeugte Lammfleisch ist von höchster Qualität und fettarm. Auch das Fleisch von älteren Tieren ist frei vom typischen Schafgeschmack. Es wird unter Feinschmeckern sehr geschätzt.
- Die Fleischprodukte dieser alten heimischen Schafrasse kommen auch den Wünschen vieler Konsumenten nach Spezialitäten aus der Böhmerwaldregion sehr entgegen.
- Aufgrund ihrer Robustheit und Anspruchslosigkeit sowie der Leichtlammigkeit bei den Muttertieren sind die Böhmerwaldschafe auch für die Nebenerwerbslandwirtschaft gut geeignet.
- Für biologisch wirtschaftende Betriebe bieten sich die Böhmerwaldschafe somit zur Produktion von hochwertigen Qualitätsprodukten für die heimische Gastronomie an.
- Die Mischwolle der Böhmerwaldschafe eignet sich für die Produktion des Mühlviertler Tweeds, einer besonders geschätzten Wollstoffsorte.

Böhmerwaldschafe

Böhmerwaldschaf-Widder

# Mühlviertler Tweed – ein wertvolles Naturprodukt in bester Qualität aus der Mischwolle der Böhmerwaldschafe

Erfunden wurde Tweed im 19. Jahrhundert in einem Land, in dem es viel regnet und sich der Nebel nur an besonderen Tagen lichtet – in Schottland.

Original Harris Tweed ist eine Stoffqualität, die auf der schottischen Insel Harris traditionell gewebt wird und weltweit für seine hervorragenden Eigenschaften bekannt ist. Der klassische Wollstoff aus reiner Schafschurwolle wird dicht gewebt, ist besonders strapazierfähig und daher nahezu unverwüstlich. Typisch für Tweed sind die unterschiedlichen harmonischen Naturfarbtöne.

Schon ab dem Beginn unseres von der EU geförderten Weideprojektes 1995 mit der alten, robusten Rasse der Böhmerwaldschafe, die kurz vor dem Aussterben standen, haben wir uns auf die Suche nach den Eigenschaften und Besonderheiten dieser heimischen Schafrasse gemacht. Prof. Finger von der Universität in Gießen war weltweit als Kenner aller Schafrassen und deren Eigenschaften bekannt. Bei seinem Besuch in Haslach hat er die Schurwolle unserer Schafe sehr genau geprüft und uns auf die besondere Eignung der Wolle als Ausgangsmaterial für Tweed aufmerksam gemacht. Damit war klar, dass sich die Wolle nicht nur für warme Socken, Hauben und Fäustlinge sondern auch für das Weben von hochwertigem Tweed eignet. Auf diese Weise sind unsere Böhmerwaldschafe, bisher landläufig als „Secköbären" bezeichnet, mit ihrer besonderen Wolle in eine neue Dimension aufgestiegen.

Diese schönen authentischen Stoffmuster aus der Manufaktur Haslach zeigen auch die typischen Fischgrät-Strukturen, 2020.

Das besondere Merkmal dieser Schafrasse ist die Mischwolle, bestehend aus Deckhaaren und der sehr feinen Unterwolle. Mühlviertler Tweed eignet sich hervorragend für Blazer, Kostüme und Sakkos. Man friert nicht so schnell. Selbst bei heftigem Mühlviertler Sturm und Regen kommt man halbwegs trocken nach Hause. Zudem hat Tweed eine enorm lange Lebensdauer und wird mit den Jahren immer schöner.

In Zusammenarbeit mit dem Textilen Zentrum – Manufaktur Haslach wird seit Jahren mit der seidig glänzenden Wolle der Böhmerwaldschafe der hochwertige „Mühlviertler Tweed" in unterschiedlichen Mustern und Farben in einer Breite von ca. 150 cm gewebt.

# Wilde Rosen des Böhmerwaldes

Alpenheckenrose (Rosa pendulina)

Rosen zählen in all ihren Wild- und Gartenformen zu unseren beliebtesten Blütenpflanzen. Keine andere Pflanzenfamilie nimmt in der Welt der Menschen einen so breiten Raum ein wie die der Rosen. Sie gelten als Symbol der Liebe, der Anmut und der Lebensfreude. Wildrosen gelten als die Stammform unserer heutigen Gartenrosen.

Als die häufigste Wildrosenart bei uns im Mühlviertel kann wohl die Hundsrose oder Heckenrose angesehen werden. Sie trägt in der Bevölkerung den auf ihre roten, fleischigen Scheinfrüchte hindeutenden landläufigen Namen „Hagebutte". Es ist zu vermuten, dass wegen des hundeähnlichen Geruches der hellrosa Blüten und der wehrhaften Stacheln diese Wildrose für das Adelsgeschlecht der Witigonen und Rosenberger als Wappenzierde nicht in Frage kam. Viel eher war es die zweite Wildrosenart, die Alpenheckenrose, die sich in Adalbert Stifters Roman „Witiko" als Waldrose durch das gesamte Werk zieht. Hinsichtlich Duft und Schönheit nimmt Adalbert Stifters „Waldrose" einen übergeordneten Rang gegenüber der Hundsrose ein. Für die Wappen der Rosenberger wurde diese fünfblättrige Wildrose in eine stilisierte Form gebracht. In der Überlieferung wird berichtet, der erste urkundlich genannte Ahnherr Witigo, der um 1150 lebte, habe seinen fünf Söhnen als Zeichen der Einigkeit je eine fünfblättrige Rose, auf verschieden färbigen Hintergründen, als Wappen vermacht.

Rose im Wappen für Heinrich von Neuhaus.

Zahlreiche Gemeinden und Städte zwischen Haslach an der Mühl und Sedlcany/Seltschan in Mittelböhmen führen die fünfblättrige Rose in ihren Wappen und erinnern damit an das Wirken des Adelsgeschlechtes der Rosenberger in diesem Landstrich Böhmens und des Mühlviertels.

Im Böhmerwald wächst die Alpenheckenrose heute sehr versteckt in den Uferbereichen der Flüsse und Bäche. Ihre leuchtend weinroten Blüten finden wir je nach Höhenlage von Ende Mai bis Mitte Juni am ca. 1 bis 1,5 m hohen Strauch. Die Blüten verströmen einen herrlichen Rosenduft. Die Zweige sind meist ohne Stacheln.

Die Alpenheckenrosen eignen sich wegen ihres geringen Standortanspruches sehr gut als Sträucher für unsere Mühlviertler Hausgärten. Diese Wildrosen können entweder als Solitärpflanzen oder als niedrige Hecken gepflanzt werden. Wildrosen sind besonders für Wildbienen von Bedeutung, die im Frühsommer Pollen sammeln.

Hundsrose (Rosa canina)

## Die Heidelerche – Nachtigall des Mühltales

*„Lass die Hoadlerche frei, im Frühjahr kannst du dir eh wieder eine fangen!"* Mit diesen Worten wurden die Männer im Spätsommer aufgefordert, die Heidelerchen wieder in ihre Freiheit zu entlassen.

In den Jahren nach dem Zweiten Weltkrieg konnten im Tal der Großen Mühl zwischen Aigen und Ulrichsberg auf beiden Seiten des Tales regelmäßig Vorkommen der Heidelerche bis etwa 1965 nachgewiesen werden. Leider ist ihr Gesang seit dieser Zeit in diesem Teil des Mühlviertels vermutlich für immer verstummt.

Als ehemaliges Verbreitungsgebiet wurde die Landschaft zwischen Zaglau, Ödenkirchen und Fuchslug genauer beschrieben. Hier liegt auch das Bauernhaus Hausteiner, dessen Umfeld mit den Kraut-, Getreide-, Erdäpfeläckern und Wiesenflächen als Idealausstattung für Heidelerchen-Habitate galt. Ebenfalls als Heidelerche-Gebiet wurde die Landschaft zwischen Rudolfing, Schindlau, Obernhof und Stollnberg bis hinunter zur Föhretkapelle von einem leidenschaftlichen Vogelfänger bezeichnet.

In der gängigen Mundart des Oberen Mühlviertels wurde dieser fantastische Sänger mit seinen flötenden, trillernden und melancholisch klingenden Liedstrophen auch Hoadlerche oder Widlerche genannt. Im Unteren Mühlviertel wird die Heidelerche, deren Gesang zu den schönsten der Vogelwelt zählt, als die „Nachtigall des Mühlviertels" bezeichnet, da sie ihren unverwechselbaren Gesang sowohl tagsüber als auch in den Dämmerungs- und Nachtstunden vorträgt.

Die Rückkehr der Vögel aus den südlichen Überwinterungsgebieten wurde damals je nach Schneelage in der Zeit von Anfang März bis Mitte März mit Spannung erwartet. In Gesellschaft mit Wacholderdrosseln, Singdrosseln, Misteldrosseln, Staren und Feldlerchen konnten Heidelerchen an schneefreien, quellnassen Stellen in der Landschaft beobachtet werden.

An diesen Stellen wurden Heidelerchen für die Käfighaltung gefangen. Als Fallen dienten Rosshaarschlingen, die auf Brettern befestigt waren. Die Vögel gerieten beim „Darüberlaufen" mit den Beinen in diese Schlingen und konnten dann vom Vogelfänger aus den Fangschlingen ausgelöst und mit nach Hause genommen werden. Pro Vogelfänger wurden nicht mehr als ein bis zwei Heidelerchen im Frühjahr gefangen.

Heidelerche (Lullula arborea).

Gehalten wurden die Heidelerchen in den üblichen Vogelhäusern vom Frühling bis zur Zugzeit im Herbst. Das Dach des Vogelhauses wurde während der gesamten Haltezeit mit einer Stoffbahn abgedeckt, um den Vogel vom Auffliegen abzuhalten. So konnten Verletzungen vermieden und das Federkleid vor zu starker Abnützung verschont werden.

Gefüttert wurden die Heidelerchen mit geriebenen Möhren, die mit Semmelbröseln abgemischt wurden. Zwei bis drei Mehlwürmer pro Tag lieferten die entsprechende wichtige Eiweißnahrung. Den Sommer über wurden diesem Futter auch Ameisenpuppen beigemischt. Es galt als große Schande, wenn eine Heidelerche in der Obhut eines Vogelfängers vor dem Freilassen im Herbst verendete. Dieser wurde mit Hohn und Spott überschüttet. Jeder Vogelhalter war daher sehr bestrebt, sich umfangreiches Wissen über den Fang und die Pflege der Vögel anzueignen. Die Reviere der Vogelfänger waren streng abgegrenzt und wurden, wenn notwendig, mit Händen und Füßen verteidigt.

Da bei den Heidelerchen die Geschlechter nach dem Federkleid nicht zu unterscheiden sind, kam für den Vogelhalter erst in einem Zeitraum von vierzehn Tagen nach dem Fang zum Vorschein, ob es sich bei seinem neuen Schützling um ein weibliches oder um ein männliches Wesen handelt. Wenn eine Heidelerche innerhalb von vierzehn Tagen keinen Gesang anstimmte, wurde diese freigelassen, da es sich dabei um einen weiblichen Vogel handelte. Hatte der Vogelfänger ein Männchen in der Schlin-

Vogelhaus für die Heidelerche.

ge gefangen, war der schöne Gesang des Vogels bis in den August hinein eine Quelle der Freude für ihn und seine Familie. Der wohlklingende Gesang der Heidelerche wurde vor der Ausrüstung in den jeweiligen Häusern mit Radio- und Fernsehgeräten als Stimmungsaufheller in der Tristesse des Alltags und der meist ärmlichen Wohnverhältnisse gesehen.

Das Überwintern der Heidelerche im Käfig war wegen der schwierigen Beschaffung von geeigneter Vogelnahrung nicht üblich. In einem Fall wurde jedoch eine Heidelerche 14 Jahre als Käfigvogel erfolgreich gehalten.

### Aktuelle Heidelerchen – Beobachtungen im Umfeld der Schmetterlingswiesen

In den Monaten März und April beobachten wir nun seit einigen Jahren die Terrassen-Landschaft im Landschaftsschutzgebiet rund um Ödenkirchen, da hier ehemalige Brutplätze nachgewiesen sind und sich die von der Heidelerche bevorzugten Habitat-Ansprüche erhalten haben.

Herbert Rubenser, mein Heidelerchen-Lehrmeister, empfiehlt ebenfalls, die Landschaft um Ödenkirchen und Fuchslug auch weiterhin nach Heidelerchen-Vorkommen jährlich im Frühjahr abzusuchen.

Am 3. Juli 2009 konnten wir im Dorfgebiet von Schindlau, östlich der Schmetterlingswiese Ost nahe der neu angelegten Hecke, eine Heidelerche im Flug, leider ohne Gesang, beobachten.

Am 22. Februar 2014 konnten wir im Gebiet zwischen Lichtenberg und der Streusiedlung Rading eine vermutlich durchziehende Heidelerche beobachten. Aktuell wächst die Sorge, diesen für das Mühlviertel einst weitverbreiteten Bodenbrüter endgültig zu verlieren. Die letzten Brutgebiete befinden sich westlich und südlich von Neumarkt im Mühlkreis, im Naturpark Mühlviertel und in der Nähe von Gutau.

## Steinbruch und Schottergrube – Standort mit Zukunft

Seit Jahrhunderten werden im Mühlviertel für vielfältige Zwecke Granit, Sand und Schotter abgebaut. Beim ersten Eindruck gelten diese Abbaustellen als hässliche Wunden in der Landschaft der Böhmerwaldregion. Erst beim genaueren Absuchen und Durchstreifen entdecken wir eine ungeahnte Vielfalt an Tieren und Pflanzen.

Wird der Natur nach Abzug des Maschinenparks freier Zugang gewährt und auf Verfüllung mit Bauschutt verzichtet, entwickeln sich die aufgelassenen Steinbrüche zu ausgesprochen wertvollen Lebensräumen. Hier bietet sich Abwechslung auf kleinstem Raum an.

Stellenweise wurde der Boden durch die schweren Fahrzeuge und Maschinen verdichtet. Tümpel und Teiche können in der Folge austretendes Quellwasser sammeln, oder sie werden vom Regen gespeist. Magere und knochentrockene Hänge, dazu auch offene oder bebuschte Stellen, schattige Winkel und voll besonnte Steine bilden ein lebhaftes Mosaik aus grundverschiedenen Kleinbiotopen.

Gerade die großflächigen Steinbrüche wie hier bieten nach der Stilllegung oft ein imposantes Bild. Da ragen hohe Böschungen empor; dazu kommen alle möglichen Größen von Gesteinstrümmern bis zum fein zermahlenen Gesteinsschotter.

Rauhaariges Weidenröschen (Epilobium hirsutum), 2019.

Flachtümpel mit Rohrkolben- und Weidenbewuchs, 2019.

Dieses bunte Mosaik an Lebensräumen spricht Lebewesen aus nah und fern an. Besondere Anpassung an den Wärmestandort Steinbruch finden wir beim Scharfen Mauerpfeffer. Zur Blütezeit überzieht er die Geröllfluren mit leuchtendem Hellgelb. Speicherfähigkeit und Frostschutz in den Blättern lassen Trockenheit und Kälteperioden gut überstehen. So erstaunt es die Besucher, dass aufgelassene Steinbrüche sich zu blütenreichen Steingärten entwickeln können. Zu den Blütenpflanzen gesellt sich eine große Zahl an Insekten. Schlangen, Eidechsen, Frösche, Kröten, Unken und Molche finden ungestörten Aufenthalt im Steinbruch.

Als besonderes Qualitätssiegel für Steinbrüche gilt auch das Vorkommen einiger stark gefährdeter Vogelarten, wie z. B. die Steinschmätzer oder die Flussregenpfeifer. Für beide Arten konnten am „Standort mit Zukunft" ein Brutnachweis erbracht werden.

Auch eine seltene durchziehende und sehr heimlich lebende Vogelart aus der Taiga, wie hier die Zwergschnepfe (Lymnocryptes minimus), nutzt die seichten Wasserstellen im Steinbruch als Raststation

Diese wenigen Beispiele sollen verdeutlichen, wie wertvoll stillgelegte Steinbrüche aus ökologischer Sicht sein können. Es ist darauf zu achten, dass Steinbrüche nicht durch allerlei Freizeitaktivitäten als Lebensraum entwertet werden.

## Bienenfresser-Paar brütet zum ersten Mal im Tal der Großen Mühl

Wenn eine für den Mittelmeerraum typische Vogelart im Oberen Mühlviertel auftaucht, hat das etwas zu bedeuten. Handelt es sich hier um Irrgäste, die zu weit in den Norden geraten sind?

Bald war klar, das ist ein Brutpaar, das in einem zur Hälfte abgetragen Humushügel eine 85 cm tiefe Bruthöhle im oberen Bereich der Steilwand gegraben und mit der Eiablage begonnen hat. Der Abstand vom Boden bis zum Bruthöhlen-Eingang beträgt 2,60 m. Ende August konnten neben den beiden fütternden Altvögeln drei Jungvögel in der Nähe der Bruthöhle und auf den Leitungsdrähten beobachtet werden. Damit ist der erste Bienenfresser-Sommer am Rande des Böhmerwaldes erfolgreich zu Ende gegangen. In unmittelbarer Nähe unserer Schmetterlingswiesen mit den neu angelegten drei Teichen, der Otter-Insel und dem Steinbruch „Standort mit Zukunft" hat sich im Sommer 2019 ein Dreieck der Artenvielfalt im Dorfbereich Schindlau entwickelt.

Zwergschnepfe (Lymnocryptes minimus), 2019.

Bienenfresser (Merops apiaster) auf der Sitzwarte, 2019.

Flussregenpfeifer (Charadrius dubius), 2019.

Bienenfresser beim Anflug zur Bruthöhle, 2019.

## Schindlauer Abwasserkanal quer durch die Schmetterlingswiesen

Längst schon hatten unsere Schüler und Schülerinnen, die das „Schmetterlingswiesen-Projekt" so engagiert begleiteten, die Hauptschule Haslach verlassen, als einige von ihnen mit Schrecken Bauarbeiten quer durch die fünf Schmetterlingswiesen-Parzellen feststellen mussten. Ihre Empörung war damals sehr heftig, sahen sie doch damit ihr Schutzgebiet in akuter Gefahr. Doch ihre Bedenken konnten zerstreut werden.

Kanalbauarbeiten quer durch die Schmetterlingswiesen Ost.

Als Besitzer der fünf Grundstücke wurden wir schon Monate vorher ausführlich über das Vorhaben informiert. Zusammen mit den PlanerInnen des Abwasserstranges suchten wir nach einer schonenden Variante. So wurde der kürzeste und einzig mögliche Weg vom Dorf Schindlau in die Großkläranlage Ulrichsberg an der Großen Mühl auch gefunden.

Wie das Foto rechts oben zeigt, war der Eingriff weithin sichtbar. Die Kanaltrasse musste hier bis zu acht Meter tief in den Boden eingegraben werden, um das notwendige Gefälle zu erzielen. Felsen, die in dieser Tiefe den Weg versperrten, wurden gesprengt, in LKWs abtransportiert, in einem Steinbruch nahe Schlägl zu Schotter zerkleinert und als Füllmaterial nach dem Verlegen der Rohre wieder in den Schacht eingefüllt. Nach dem Abschluss der Bauarbeiten wurde das Gelände in der ursprünglichen Form modelliert. Entlang der Kanaltrasse wurden alle offenen Stellen mit Blumenwiesensamen zum Blühen gebracht und die Lücken in den Hecken neu verpflanzt. Hier konnten die Schüler und Schülerinnen wieder wertvolle Hilfe leisten. Ein Jahr später war von diesem Eingriff kaum mehr etwas zu sehen. Wer heute die Schmetterlingswiesen besucht, kann sich diesen massiven Eingriff nicht mehr vorstellen.

Schüler beim Heckenpflanzen nach dem Kanalbau.

Uns sind die während der Bauarbeiten balzenden Dorngrasmücken und die zwischen den Baumaschinen und Betonrohren kreuz und quer fliegenden Schmetterlinge noch in bester Erinnerung. Ihnen scheint diese kurzfristige Störung am wenigsten ausgemacht zu haben.

Entfernen von jungen Fichten auf der Schmetterlingswiese.

# Otter-Insel

**Lage**
Schindlau, Gemeinde Ulrichsberg

**Biotoptyp**
Insel in der Großen Mühl mit Auwaldrest, Auwiese und Altarm, Magerwiese, Lesesteinhecke und Hangwald

**Größe**
3,4 ha

**Eigentum der önj**
seit 1986

**Schutzkategorie**
Europaschutzgebiet

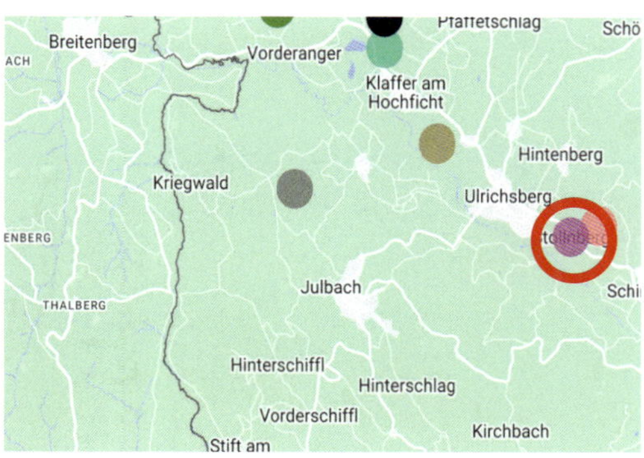

Otter-Insel, 2014.

## Besonderheiten

Fischotter- und Biberruheplatz, Brutbiotop der Wasseramsel, Eisvogel; Frühlingsknotenblume, Alpenheckenrose, Wetterdistel ...

Am Beginn der 80er-Jahre des vergangenen Jahrhunderts haben sich mehr als 50 Prozent der betroffenen Bauern und Grundbesitzer in Schindlau für eine Grundzusammenlegung ausgesprochen.

## Geschichte der Öko-Insel

Das Team der Österreichischen Naturschutzjugend Haslach hat auf Einladung der Agrarbezirksbehörde in Linz beschlossen, an diesem Prozess neben den Bauern und Beamten der OÖ. Landesregierung teilzunehmen. Uns war die Rolle als „ökologisches Gewissen" zugedacht. Ziel war es, ein positives, sowohl ökologisch wie auch ökonomisch tragfähiges Ergebnis nach Abschluss des Zusammenlegungsprozesses für alle Teilnehmer vorweisen zu können.

Bei Grundzusammenlegungen kommt es immer wieder zu Konflikten zwischen den Bauern und den Beamten. Im Laufe des Prozesses schlüpfte die Naturschutzjugend also auch in die Rolle des Mediators, um bei aufkeimenden Konflikten für Ausgleich zwischen den Beamten und den Grundbesitzern zu sorgen. Das Erfolgsrezept dieser Grundzusammenlegung lag vor allem auch an der Bereitschaft beider Interessensgruppen, ständig im Gespräch zu bleiben und nach positiven Lösungen zu suchen.

Um die ökologische Vielfalt der Schmetterlingswiesen aufzuwerten, entfernten Mitglieder der Naturschutzjugend Haslach auch einige Fichtenmonokulturen. Die Schindlauer Bauern und Bäuerinnen übernahmen daraufhin die drei bis fünf Jahre alten Fichten und pflanzten sie in ihren Wäldern im Böhmerwald wieder ein.

Karl Zimmerhackl verfasste über den Prozess der Grundzusammenlegung eine Fallstudie für das Bildungsministerium in Wien mit dem Titel „Grundzusammenlegung – ein ökologischer Konflikt?" Im Zuge dieser Studie führten Schüler der Hauptschule Haslach Interviews mit betroffenen Grundbesitzern und Beamten über die Rolle der Naturschutzjugend Haslach beim Zusammenlegungsprozess durch. Diese Rolle wurde sowohl von den Grundbesitzern als auch von den Beamten als äußerst positiv, wichtig und wertvoll wahrgenommen. „Wenn die Naturschutzjugend bei der Grundzusammenlegung in Schindlau nicht dabei gewesen wäre, hätten wir heute auf unserem Dorfgebiet eine Mondlandschaft", so eine etwas überspitzt formulierte Aussage einer Schindlauer Bäuerin.

Eine andere Bäuerin hatte über dieses Projekt Radio- und Fernsehreportagen im ORF Oberösterreich gehört bzw. gesehen. Sie wollte sich daraufhin selbst von der Schmetterlingsvielfalt auf den Wiesen überzeugen und konnte bei einem Treffen bestätigen: „Da sind wirklich viele Schmetterlinge auf den Wiesen nahe dem Dorf Schindlau zu finden!“

Mit dem Kauf einer wichtigen 9.845 m² großen Verbindungsparzelle zwischen Schmetterlingswiese Ost und Otter-Insel im Frühjahr 2014 wurde ein letzter abschließender ökologischer Schritt gesetzt.

Die Schmetterlingswiesen bestehen genau genommen aus zwei Teilen. Die kleineren „Schmetterlingswiesen West“ liegen als Hangwiesen am Aschbach nahe dem Dorf Stollnberg. Die größeren „Schmetterlingswiesen Ost“ liegen mit den Teichen am Hammerbach in der Nähe von Schindlau.

Schlussendlich sind bei der Grundzusammenlegung Flächen übrig geblieben, die wegen ihrer Lage für die landwirtschaftliche Nutzung nur eingeschränkte Bedeutung haben oder Eigentum von Besitzern waren, welche die Landwirtschaft schon aufgegeben hatten. Diese Restparzellen wurden der Naturschutzjugend Haslach schrittweise zum Kauf angeboten.

Ermöglicht wurde der Ankauf dieser Grundstücke im Wesentlichen wieder mit Hilfe der Aktion „Schüler retten Öko-Inseln“. An alle Schulen in Oberösterreich wurden Aufkleber und Säckchen mit „Schmetterlingswiesen-Samen“ versendet. Damit konnte jede Schule ihre eigene Schmetterlingswiese im Schulgarten oder in Blumenkästen anlegen. Mit den Einnahmen dieser Aktion und der Unterstützung unserer Förderer konnten wir die finanziellen Mittel für den Ankauf der Schmetterlingswiesen und der Otter-Insel aufbringen.

In einem umfassenden Schulprojekt mit dem Arbeitstitel „Schmetterlingswiesen“ wurden auch die Schüler der Hauptschule Haslach mit einbezogen. Schülerinnen und Schüler konnten in frei gewählten Gruppen jeweils einen halben Tag an unterschiedlichen Aufgabenstellungen arbeiten. Die Arbeitsergebnisse wurden von den Schülergruppen präsentiert und für eine nachfolgende Ausstellung in der Hauptschule Haslach zusammengestellt.

Biberdamm im Hammerbach, 2013.

Hirterstein, kleine Insel in der Großen Mühl, 1930.

Hirterstein, kleine Insel in der Großen Mühl, 2014.

# Orchideen-Wiese

**Lage**
Freundorf, Gemeinde Klaffer

**Biotoptyp**
Waldwiese, Halbtrockenrasen, ehemalige Wässerwiese mit Teichen

**Größe**
1,6 ha

**Eigentum der önj**
seit 1991

**Schutzkategorie**
Naturschutzgebiet, Europaschutzgebiet

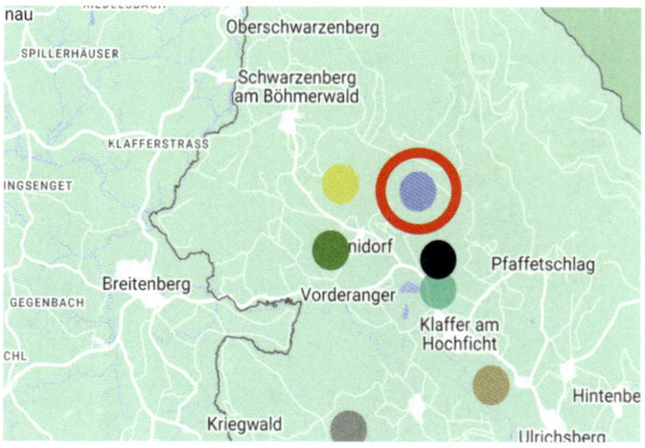


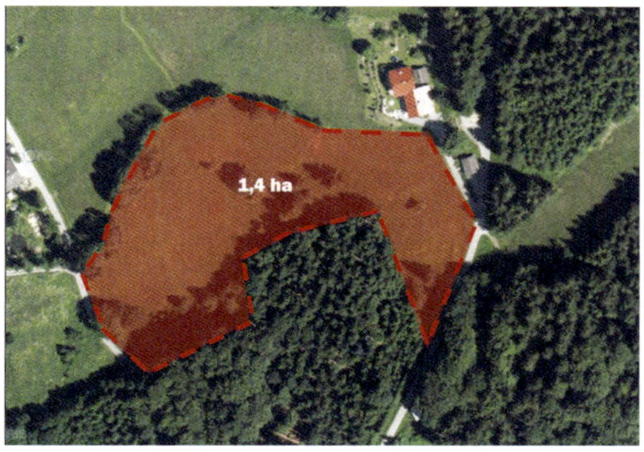


## Besonderheiten

Größter Holunderknabenkraut-Bestand in Oberösterreich – sieben verschiedene Orchideen-Arten, Hartmannsegge, Seidelbast; alte Bewässerungsanlage; Bergmolche, Bergeidechsen, ...

## Geschichte der Öko-Insel

Die Naturschutzjugend Haslach war schon immer auf der Suche nach einem Vorkommen des Holunderknabenkrautes im österreichischen Teil des Böhmerwaldes. Eines Tages erkundigte sich Rupert Mager, Nachbar der Orchideen-Wiese in den Freundorfer Häusern, bei der önj Haslach nach dem Namen der Blütenpflanzen, die mit ihren unterschiedlich gelben und roten Blüten Anfang Mai das Erscheinungsbild der Wiese vor seinem Haus prägen. Ein „Fahndungsfoto" bestätigte, dass es sich tatsächlich und überraschenderweise um das Holunderknabenkraut handelt!

Auf diese Weise wurde die önj auf die Orchideen-Wiese aufmerksam. Die Wiese sollte schon im Frühjahr 1990 in eine Fichtenmonokultur umgewandelt werden, die Forstpflanzen waren bereits in großer Zahl bestellt.

Einen Fichtenacker vor das Wohnzimmerfenster gepflanzt zu bekommen und zuschauen zu müssen, wie die Lichtverhältnisse von Jahr zu Jahr dunkler werden, darüber war auch der Besitzer des angrenzenden Nachbarhauses nicht sonderlich erfreut.

Daraufhin nahm die Naturschutzjugend mit Viktor Grinninger, dem Wiesenbesitzer aus Freundorf, Kontakt auf. Er gab uns ein Jahr Zeit, um den Pflanzenbestand beobachten zu können. Schon Anfang Mai überraschte uns die Wiese mit ihren mehr als 1000 zauberhaft gelb und rot blühenden Holunderknabenkräutern. Zu diesem Zeitpunkt ahnten wir noch nicht, das größte Holunderknabenkraut-Vorkommen in Oberösterreich hier im Böhmerwald entdeckt zu haben. Mit der Entdeckung von sechs weiteren Orchideen-Arten und der seltenen Hartmannsegge hat sich auch der hohe ökologische Wert dieses Grundstückes sehr rasch herausgestellt.

Im Laufe des Beobachtungsjahres konnte ein gutes Vertrauensverhältnis zum Landwirt aufgebaut werden, der das Grundstück in erster Linie wegen der aufwändigen Bewirtschaftung und der weiten Entfernung zu seinem Hof aufforsten wollte. Er berichtete auch, dass das auf dieser Wiese geerntete Heu aufgrund des hohen Kräuteranteils wie „Medizinheu" für seine Kühe wirke. Schon als Kind habe ihn sein Vater im Frühjahr jeden dritten Tag zum Wiesenwässern auf dieses Grundstück geschickt. Das im Teich aufgestaute Wasser hat er durch das Herausziehen des „Schwözapfens" über ein Grabensystem auf die Wiese geleitet. Damit war die Düngung der Waldwiese sichergestellt.

Die Naturschutzjugend Haslach und Viktor Grinninger einigten sich im Laufe des Beobachtungsjahres auf einen Tauschhandel. Viktor Grinninger wünschte sich eine etwa gleich große Waldparzelle, dann wäre er bereit, mit der Orchideen-Wiese einen Tauschhandel einzugehen. Zum Glück konnten wir bald eine geeignete Waldparzelle finden und erwerben. Der Jurist der Agrarbezirksbehörde Linz wickelte den Kauf- und Tauschhandel ein Jahr später zur vollen Zufriedenheit beider Parteien ab. Viktor Grinninger hat den gewünschten Wald, die Naturschutzjugend eine der ökologisch wertvollsten Wiesen im Böhmerwald.

Orchideenwiese in Freundorf, Mai 2004.

In den folgenden Jahren erwarb die önj noch zwei weitere im Süden anschließende Parzellen. So konnten auch hier, wie bei allen anderen Öko–Inseln, sowohl der Grundbesitz als auch der ökologische Wert noch weiter vergrößert werden.

Der nördliche und somit wertvollste Teil der Orchideen-Wiese wurde 1994 von der OÖ. Landesregierung zum „Naturschutzgebiet“ erklärt. Auch die Orchideen-Wiese ist Teil des „Europaschutzgebietes Natura 2000 Böhmerwald/Mühltäler“.



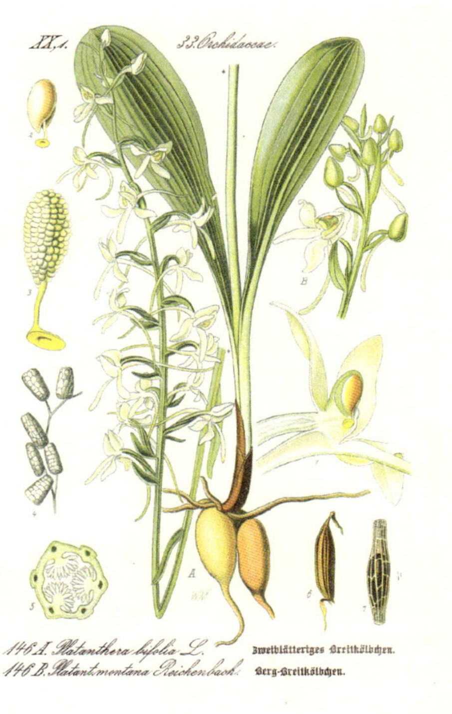


Zweiblättrige Waldhyazinthe
(Platanthera bifolia), Lithographie.

Mücken-Händelwurz
(Gymnadenia conopsea)

## Grenzenlos für Orchideen

Eine überraschende Entdeckung eines Standortes auf südböhmischer Seite, die uns seit Ende April 2008 unweit der Grenze bekannt ist, hat uns zu dieser gemeinsamen Vielfalt der Sonderklasse geführt.

Auch das Stattliche Knabenkraut ist wie alle weiteren europäischen Erdorchideen-Arten eine ausdauernde Pflanze. Unter den Orchideen zählt sie deshalb zu den Besonderheiten, da sie eine beachtliche Amplitude (Anpassungsweite) aufweist. Dabei geht es um den unterschiedlichen Blätteraustrieb auf basenreichen und auf leicht sauren Böden. Der pH-Wert im Boden kann zwischen 6,8 und 7,5 schwanken.

Manns-Knabenkraut (Orchis mascula), auch in Südböhmen eine seltene Schönheit.

Zu vermuten ist, dass alle Orchis-Arten im Laufe von Jahrhunderten aus dem Mittelmeerraum zu uns „eingewandert" sind. An einigen Standorten beginnt diese Orchidee schon im Spätsommer/Herbstanfang ihre Blätter herauszustrecken. Vermutlich ist dieser evolutionäre Anpassungsprozess noch immer voll im Gange.

Besuch auf der Orchideen-Wiese in Südböhmen, 2016.

Die Zählung der blühenden und soweit wie möglich der noch nicht blühenden Exemplare am 9.5.2017 hat 41 Stück ergeben. Nach neueren Erkenntnissen dauert die Zeitspanne von der Samenreife bis zur blühfähigen Pflanze 3 bis 4 Jahre. An diesem Standort sind auch noch die am Hang quer verlaufenden ehemaligen Wässerungsgräben zu erkennen.

Im Zuge eines Projekts mit einer Laufzeit von fünf Jahren soll der Bestand des seltenen Holunderknabenkrautes in den drei Ländern der Böhmerwaldregion gesichert werden. Um die Standorte und die Möglichkeiten der Bewirtschaftung besser kennenzulernen besuchte das Team der önj Haslach Orchideen-Wiesen im Bayerischen Wald und in Südböhmen.

Neben einer ausführlichen Besichtigung der Standorte wurden Erfahrungen hinsichtlich Pflege und Erfolgskontrolle mit den Kollegen der Nationalparkverwaltung Sumava ausgetauscht.

Besuch der Nationalparkmitarbeiter aus Südböhmen, Orchideen-Wiese Freundorf, 2017.

## Drei Länder suchen nach zielführenden Lösungen

Außerhalb der beiden Nationalparks mit einer zusammenhängenden Fläche von rund 92.000 Hektar und insgesamt 28 Lebensraumtypen gibt es in den drei Ländern der Böhmerwaldregion noch eine Reihe kleinerer Schutzgebiete mit Tier- und Pflanzenarten von gesamteuropäischer Bedeutung. Dazu zählt auch das Holunderknabenkraut, dessen Bestandsrückgang in allen drei Ländern seit Jahren zu beobachten ist.

Um zielführende Lösungen zu finden, wird bei gegenseitigen Besuchen auf den jeweiligen Standorten in Südböhmen, im Bayerischen Wald und im österreichischen Böhmerwald über erfolgversprechende Bewirtschaftungsformen gesprochen. Auf allen Holunderknabenkraut-Standorten sind im Wiesengelände ehemalige Wässergräben und Wiesenteiche erkennbar. Diese wieder zu reaktivieren und die Auswirkung der Wiesenwässerung in der Folge zu überprüfen, hat uns zur Ausarbeitung und Durchführung des „Orchideen-Wiesen-Projektes" motiviert.

Von links nach rechts: Karl Zimmerhackl, Sophie Stelzer, David Paternoster, Gisela Pröll; 2015.

Am 21. und 22. September 2015 wurden die beiden oberen verlandeten Teiche ausgebaggert und mit Lehm ausgebettet. Außerdem wurde ein alter Graben zur Wiesenwässerung neu gezogen. Ein neuer Mönch (regulierbares Ablaufbauwerk) sorgt in Zukunft für eine periodische Wiesenwässerung und einen geregelten Ablauf des Teichwassers. Der Auftrag wurde von der Firma Reitinger aus Aigen/Schlägl durchgeführt.

Ausgebaggerter und mit Lehm neu abgedichteter Bewässerungsteich, 2015.

Gisela Pröll, Sophie Stelzer, David Paternoster sowie Karl und Christa Zimmerhackl waren für die ökologische Bauaufsicht zuständig. Der Aushub des Grabens wurde nach den kostbaren Knollen des Holunderknabenkrauts durchsucht und unweit des neuen Grabens wieder eingepflanzt.

Aufgrund des trockenen Sommers 2015 füllten sich die Teiche vorerst nicht mit Wasser. Es ist zu hoffen, dass sich die Teiche im Frühjahr mit der Schneeschmelze füllen und dann mit der ersten Wiesenwässerung gestartet werden kann.

In den kommenden Jahren werden die Veränderungen auf der Orchideen-Waldwiese genau beobachtet.

Wässergraben mit Naturstein auf der Wässerwiese in Gschwendet, 2015.

## Orchideen – Diven auf unseren Öko-Inseln

Orchideen zählen zu den schönsten und formenreichsten Pflanzen der Erde. Während in den tropischen Regenwäldern diese prächtigen Blütenpflanzen in schwindelnder Höhe auf Baumriesen leben, treiben sie bei uns ihre kräftigen Wurzeln in die Erde. Das griechische Wort „Orchis" bedeutet Hoden und beschreibt die Form der Wurzelknollen. Die staubfeinen Samen der Orchideen bestehen nur aus wenigen Zellen und besitzen kein Nährgewebe, das den heranwachsenden Keimling versorgen könnte. Für die Ernährung der Orchideenkeimlinge sorgen Pilze, deren Geflechte den Boden durchziehen.

Auch die Pflanzenwelt des Böhmerwaldes weist eine Reihe von bezaubernden Arten auf, die wir zu einem guten Teil auf unseren Öko-Inseln finden.

Viel Sonnenlicht brauchen das Breitblättrige Knabenkraut (Dactylorhiza majalis) und das Gefleckte Knabenkraut (Dactylorhiza maculata). Sie gedeihen am besten auf saurem, humosem Boden. Die Sumpf-Stendelwurz (Epipactis palustris) mit ihren weißen Lippenblüten, die rot gerändert und am Rand gekraust sind, finden wir in unseren Nasswiesen und Flachmooren. Das Holunderknabenkraut (Dactylorhiza sambucina) verleiht unserer Orchideen-Wiese eine ganz besondere Note. Schon sehr zeitig im Frühjahr finden wir diese Orchideenart in zwei Blütenfarben von hellgelb bis dunkelrot. Zusammen mit der Weißen Waldhyazinthe, der Mücken-Händelwurz, dem Großen Zweiblatt und dem Manns-Knabenkraut sind diese Orchideen auch auf geschützten Standorten in ihrem Bestand rückläufig und umsetzbare Erhaltungsprogramme bereits in Ausarbeitung.

Breitblättriges Knabenkraut (Dactylorhiza majalis)

Holunderknabenkraut, gelb und rot (Dactylorhiza sambucina)

## Das Holunderknabenkraut

Das Holunderknabenkraut (Dactylorhiza sambucina) ist den Roten Listen nach eine österreichweit gefährdete und im Bundesland Oberösterreich vom Aussterben bedrohte Pflanzenart. Wesentliche Gefährdungsursachen sind Lebensraumverlust bzw. qualitative Lebensraumverschlechterung durch Nutzungsintensivierung oder Nutzungsaufgabe und damit einhergehende Verbrachungsprozesse.

Das lichtbedürftige Holunderknabenkraut besiedelt frische bis mäßig trockene, extensive Wiesen und Weiden bzw. magere Waldränder und reagiert besonders sensibel auf Veränderungen in der Bewirtschaftungsweise. Zusätzlich können Spätfröste, die durch angrenzende Aufforstungen begünstigt werden, die Bestände dieser empfindlichen Orchidee besonders gefährden. Erste Knospen zeigen sich Ende April. Mit der Vollblüte ist in der 1. und 2. Maiwoche zu rechnen.

In den vergangenen Jahren zeichnet sich auf unserer 1,6 ha großen Orchideen-Waldwiese ein Abwärtstrend der Individuenzahlen des Holunderknabenkrauts ab. Die hiesigen Bestände des Holunderknabenkrautes sind aus heutiger Sicht gefährdet. Es besteht Handlungsbedarf für eine verbesserte Lebensraumsituation und eine langfristige Sicherung dieser gefährdeten Pflanzenart.

Gefährdungsursachen sind:

- Schnecken
- Engerlinge im Boden
- Angrenzende Aufforstungen können durch Änderung der kleinklimatischen Bedingungen die Bestände gefährden (Verhinderung des Kaltluftabflusses, Schattenwurf)
- Sammeln von Pflanzen und Samen

## Bestand, Habitatsituation & Beeinträchtigungen

Die Orchideen-Waldwiese Freundorf liegt auf etwa 780 m Seehöhe auf einem westexponierten Hang, der einen Komplex aus verschiedenen Wiesen- und Moor-Biotoptypen bildet.

Ein angrenzender Fichtenwald und Solitärbäume auf der Wiese beschatten einige Wiesenteile und können so den Kaltluftabfluss bremsen.

Früher wurden Teiche als Wasserreservoir für die Bewässerung der Wiese verwendet.

Durch diese „Wiesenwässerung" wurden vor allem drei Effekte erzielt:

- Einschwemmung von düngenden Substanzen
- Bodenerwärmung und die damit verbundene Verlängerung der Vegetationsperiode
- Zurückdrängen von Mäusen, Engerlingen, Drahtwürmern, etc.
- Diese Bewirtschaftungsart war früher in der Böhmerwaldregion weit verbreitet und führte zu erheblichen Mehrerträgen sowie zu einer besseren Futterqualität. Mit der zunehmenden Rationalisierung und Technisierung der Landwirtschaft und der Einführung von Düngemitteln verschwanden diese „Wässerwiesen" und mit ihnen die Orchideen.

In der Bestandsentwicklung zeichnet sich eine Individuenzahl zwischen 1.000 und 600 ab. Eine Verbesserung der beeinflussbaren Umweltfaktoren zum Erhalt des Holunderknabenkrautes und aller weiteren Orchideenarten ist notwendig!

Orchideen-Wiese in Südböhmen, 2015.

## Der Seidelbast – giftige zartrosa Schönheit

Bereits im Februar beginnen wir mit der Suche nach den ersten Frühlingsboten. Einer der Frühstarter unter den Pflanzen, den man nicht selten aus 10 oder 20 m Entfernung auch mit der Nase aufspüren kann, ist der Gemeine Seidelbast. Seine zartrosa Blüten sind auch für unsere Augen eine Wohltat. In dichten Büscheln sitzen sie um die Zweige des niedrigen Strauches. Erst danach treiben auch die Blätter aus.

Hummeln, Bienen und Schmetterlinge suchen diese frühen Blüten ab Ende Februar bis in den April hinein auf, um deren Nektar zu sammeln. Die lieblichen Blüten sitzen, wenn man genau hinschaut, direkt auf den Zweigen. BotanikerInnen sprechen von der Sprossachse. Das ist eine Besonderheit in unserer heimischen Pflanzenwelt und findet sich erst wieder bei Pflanzen in den tropischen Klimazonen, wie z. B. bei der Kaffeepflanze oder beim Kakaobaum.

Doch so bezaubernd die Pflanze auf uns ausstrahlt, wir sollten uns hüten, sie zu berühren oder gar Zweige für die Vase mit nach Hause zu nehmen. Der Seidelbast zählt zu den streng geschützten Pflanzen und zudem sind alle seine Teile sehr giftig. Bereits 10 bis 12 der scharlachroten Beeren sollen für Menschen tödlich wirken. Es ist also besser, die Finger von ihm zu lassen. Vögel vertragen die Beeren unbeschadet, scheiden die Samen wieder aus und tragen so zur Verbreitung der Pflanzen bei.

Seidelbast (Daphne mezereum), Lithographie

Der Gemeine Seidelbast hat aber noch eine weitere Besonderheit aufzuweisen. Seine Wurzeln leben in Gemeinschaft mit einem Wurzelpilz der Rotbuchen. In diesem Umfeld gedeiht dieser Strauch prächtig.

Wer die Schönheit des Seidelbastes nicht nur beim Spaziergang, sondern auch in seinem Garten bestaunen möchte, dem sei eine Variante empfohlen, die es bei den Gärtnern zu erwerben gibt. Eine Augenweide im Frühling sind auch diese.

Seidelbast (Daphne mezereum)

## Der Tintenfischpilz – ein Australier im Böhmerwald

Sind Sie diesem Lebewesen schon einmal begegnet? Wie die Fangarme eines Tintenfisches streckt sich dieses exotische Gebilde über den Erdboden. Damit stellt der Australische Tintenfischpilz (Clathrus archeri) eine Ausnahmeerscheinung im Böhmerwald dar. Ursprünglich in Australien beheimatet, wurde der erste Nachweis dieses Pilzes in Europa am Beginn des 20. Jahrhunderts in Deutschland entdeckt. Die Einbürgerung nicht heimischer Organismen ist auch bei uns keine Seltenheit mehr. Entlang von Waldrändern sind Tintenfischpilze auch in höheren

Tintenfischpilz (Clathrus archeri)

Lagen bei uns schon zu finden. Überraschend ist auch der Blick in die Zuordnung des Tintenfischpilzes in die große Gruppe der Ständerpilze. Hier sind auch Speisepilze wie z. B. die Steinpilze zu finden.

Wie die Stinkmorchel entwickelt sich der Pilz aus einem zunächst geschlossenen eiförmigen Gebilde, das im Volksmund auch als „Hexenei" bezeichnet wird. Dieses „Hexenei" bricht auf, und aus der Hülle entfalten sich vier bis sechs, auf der Oberfläche leuchtend rote Finger. Mit der intensiv riechenden Spornmasse locken sie Aas liebende Insekten an. Die rote Farbe und der Geruch der Fruchtkörper imitieren verrottendes Fleisch. Auf diese Weise beginnt eine ungewöhnliche Form einer Verbreitungsstrategie für ein exotisches Schwammerl. Der Aufenthalt auf dem Tintenfischpilz gestaltet sich für die Fliegen und Käfer wie ein Festmahl. Mit den auf den Beinchen haftenden Sporen verbreiten sich diese, wo immer sie anschließend landen. Werden die Insekten von Singvögeln gefressen, dann erweitert sich der Verbreitungsradius gleich um hunderte Kilometer. Über den Vogelkot landen die Pilzsporen auf weit entfernten Plätzen. So kommt auch ein Stinker zu einem schnellen und für alle Beteiligten gewinnbringenden Verbreitungserfolg.

## Wespenspinne

Mit ihren auffälligen gelben, schwarzen und weißen Querstreifen ist die Wespenspinne gut erkennbar. Zugewandert aus den Mittelmeerländern konnte diese schöne Spinne auf unseren Öko-Inseln zum ersten Mal am 20. August 1995 beobachtet werden.

Wespenspinne (Argiope bruennichi)

# Kleine Wildnis

**Lage**
Gemeinde Klaffer am Hochficht

**Biotoptyp**
verwilderte Teichanlage

**Größe**
1,1 ha

**Eigentum der önj**
seit 2003

**Schutzkategorie**
keine

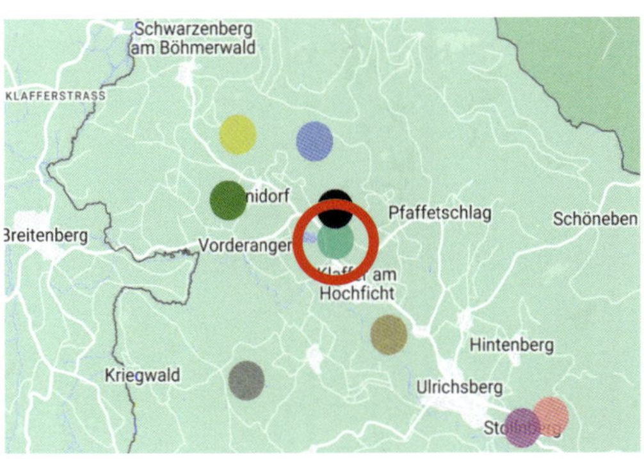

## Besonderheiten

Teichhuhn, Blässhuhn, Rohrammer, Bekassine, Stockente, Amphibien, Libellen; Schneeglöckchen, Rohrkolben, Weidenröschen, verschiedene Weidenarten, ...

## Geschichte der Öko-Insel: Wer anderen eine Grube gräbt, ...

Das Grundstück der Kleinen Wildnis besteht aus einer ehemaligen und im Laufe von vielen Jahren verwilderten Fischteichanlage zwischen Klaffer und Freundorf. Es konnte sich hier ungestört für zahlreiche Amphibien- und Libellenarten ein idealer Lebensraum entwickeln.

Sowohl im Frühling als auch im Herbst dient die Kleine Wildnis einigen Zugvogelarten als Trittstein-Biotop und bietet auch anderen Tier- und Pflanzenarten ein geeignetes Habitat.

Am 3. Dezember 2003 wurde das Grundstück vom Bezirksgericht Rohrbach zur Versteigerung ausgeschrieben. Das Gutachten eines Sachverständigen dazu lautet: „Es kann festgestellt werden, dass die bewertungsgegenständliche Liegenschaft hohen ökologischen, dafür aber minimalen ökonomischen Wert besitzt." Wir von der Naturschutzjugend Haslach haben uns nicht nur den aktuellen ökologischen Zustand der ehemaligen Fischteichanlage genau angesehen, sondern auch das Gutachten darüber am Bezirksgericht Rohrbach. Danach entschlossen wir uns, bis zu einem Betrag von € 3.000 an der Versteigerung teilzunehmen. Die Gemeinde Klaffer am Hochficht war ebenfalls am Erwerb dieses Grundstückes sehr interessiert, da die Umfahrungsstraße nördlich der Ortschaft Klaffer entlang dieses Areals geplant war. Um das Grundstück sicher ersteigern zu können, setzte sich die Gemeinde Klaffer am Hochficht natürlich ein sehr viel höheres Kauflimit (bis zu € 10.000) als die önj Haslach.

Der Bezirksrichter, Dr. Josef Hehenberger, begann die Versteigerung mit einem Rufpreis von € 100. Der Grundstücksmakler aus der Steiermark stieg bei € 500 aus, wir, wie geplant, bei € 3.000. Damit fiel das Grundstück an den Bestbieter, die Gemeinde Klaffer. In der Folge verlangte der Richter vom damaligen Amtsleiter der Gemeinde Klaffer ein Vadium, in Form eines Sparbuches mit einer Einlage von € 100. Dieser sprang auf, zückte seine prall gefüllte Geldtasche und legte einen 100-Euro-Schein auf den Gerichtstisch.

Schneeglöckchen (Galanthus nivalis) aus Garten ausgewildert.

Der Richter schob den Geldschein wieder zurück und forderte den Bestbieter neuerlich auf, das Sparbuch mit dem vorgeschriebenen Geldbetrag als Vadium vorzulegen. Nun rächte sich die Tatsache, dass sich der Amtsleiter nie über den Begriff Vadium Gedanken gemacht und sich auch nicht am Bezirksgericht darüber erkundigt hatte. Der Bezirksrichter wies auch den Vorschlag des Amtsleiters zurück, er wolle jetzt sofort zur nächstgelegenen Bank eilen, um das geforderte Sparbuch zu eröffnen.

Damit fiel das Grundstück dem Zweitbieter, der Österreichischen Naturschutzjugend Haslach, deren Vertreter das Sparbuch mit einem Guthaben in der Höhe des vorgeschriebenen 100-Euro-Vadiums vorlegen konnten, zu.

Im ausführlichen Gutachten über das Grundstück, das schon einige Wochen vorher am Gericht zur Ansicht aufgelegen war, wurde ausdrücklich auf das Vadium in Form eines Sparbuches hingewiesen. Bei einer direkten Nachfrage am Bezirksgericht wurden wir deutlich darauf aufmerksam gemacht, dass auch bei einem so geringen Geldbetrag das Gesetz ein Sparbuch vorschreibe.

Nun war das Gelächter im Bezirksgerichtssaal nicht mehr zu überhören. Der Amtsleiter bestürmte uns anschließend, doch auf das Grundstück zu verzichten. Auch hier sieht das Gesetz keine Rücktrittsmöglichkeit vom Zuschlag vor. In weiteren Gesprächen mit dem Bürgermeister sicherten wir ihm zu, den geplanten Bau der Umfahrungsstraße nicht zu verhindern.

Bis zum Jahr 2010 sollte die Umfahrung Klaffer nach den Plänen der OÖ. Landesregierung fertiggestellt sein. Die OÖ. Umweltanwaltschaft hat Lösungsvorschläge für eine naturschonende Umfahrungsvariante ausarbeiten lassen, in denen die Zu- und Abwanderung der Amphibien beim Bau der Straße mit Tunnels bestmöglich geregelt werden soll. Vom Bau der Umfahrung Klaffer gibt es bis heute nur Pläne.

Schon einige Jahre zuvor hat der Gemeindearzt von Klaffer, Dr. Rudolf Hietler, den Bau eines Geschäftshauses auf dieser 1,08 ha großen Fläche abwehren können.

## Mut zur Wildnis – einziges Entwicklungsziel

Mit dem Begriff der Wildnis (= ursprüngl. Natur) und dessen Einfluss auf unser Verständnis, unser Denken und unsere Akzeptanz bringen wir ein Thema in die nachhaltige Entwicklung unserer Landschaft, mit dem eine Auseinandersetzung spannend wird. Die önj Haslach stellte sich das Thema „Kleine Wildnis" als Aufgabenschwerpunkt bis 2005. Wer suchenden Auges nach Flächen Ausschau hält, auf denen Prozesse ohne menschliche Beeinflussung ablaufen können, wird selten erfolgreich sein. Es gibt sie jedoch, diese „Kleine Wildnis".

Infotafel: Wer anderen eine Grube gräbt, ...

Großer Teich, verlandet.

Kleiner Teich.

## Vogelarten der Kleinen Wildnis
### Gesichtete Arten ab Dezember 2003

- Teichhühner
- zwei Paar Stockenten mit Jungvögeln
- zwei singende männliche Fitis
- zwei singende männliche Sumpfrohrsänger
- Stare
- Wacholderdrosseln
- Amseln
- Zilp-Zalp = Weidenlaubsänger
- Goldammern
- Girlitze
- Grünfinken
- Kohlmeisen
- Weidenmeisen
- Sumpfmeisen
- Blaumeisen
- Rohrammer als Durchzügler und Brutvogel
- Stieglitze
- Elstern
- Dohlen
- Rabenkrähen
- Mehlschwalben
- Rauchschwalben
- Erlenzeisige

Teichhuhn (Gallinula chloropus)

Girlitz (Serinus serinus)

Mehlschwalbe (Delichon urbicum) mit Nistmaterial

# Enzian- und Arnika-Wiese

### Lage
Seitelschlag
Gemeinde Ulrichsberg

### Biotoptyp
Feuchtwiesen, Trockenwiesen

### Größe
7,5 ha

### Eigentum der önj
seit 1993

### Schutzkategorie
keine

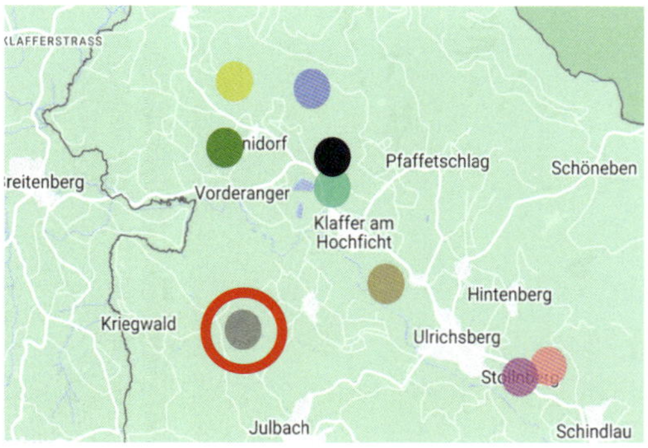


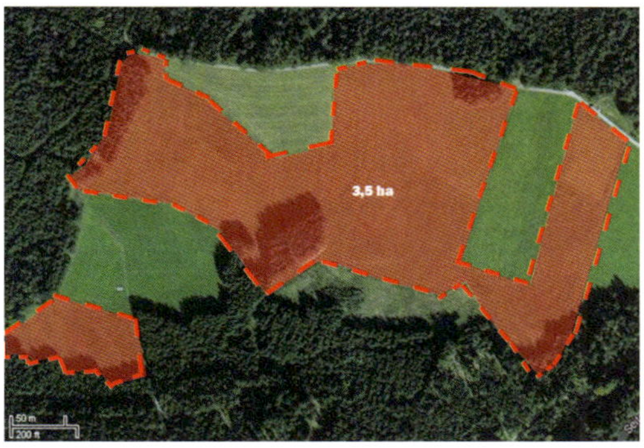

## Besonderheiten

Böhmischer Enzian, Sumpf-Stendelwurz (Epipactis palustris) und weitere Orchideenarten, Sibirische Schwertlilie (Iris sibirica), Blaue Himmelsleiter (Polemoneum caeruleum), Arnika (Arnica montana), beide Wollgrasarten; Wespenspinne, ...

## Geschichte der Öko-Insel

Im Dorf Seitelschlag stand ab 1983 ebenfalls, wie im Dorf Schindlau, wo sich die Schmetterlingswiese und die Otterinsel befinden, eine Grundzusammenlegung auf dem Programm. Einer der betroffenen Besitzer hatte kein Interesse mehr daran, seine Wiesenfläche weiterhin in seinem Besitz zu haben. Allerdings wollte auch keiner der beteiligten Dorfbewohner diese Wiesen bei der Zusammenlegung übernehmen.

Somit kam die Naturschutzjugend Haslach wieder ins Spiel und erwarb schlussendlich das „übrig gebliebene Grundstück". Der Vorbesitzer hat das Grundstück zum Glück nicht entwässern lassen. An der Pflanzenwelt war zu erkennen, dass die Wiese bisher kaum gedüngt worden war. In den folgenden Jahren wurden vier weitere angrenzende Grundstücksparzellen dazugekauft. Es ist damit auch hier eine große zusammenhängende Wiesenfläche entstanden. Aufgrund seiner Seltenheit verleiht der Böhmische Enzian dieser Feuchtwiese eine besondere Note und ist somit auch Namensgeber dieser Öko-Insel. Das Vorkommen der seltenen Pflanzenart auf dieser Wiesenparzelle ist der önj Haslach schon seit Mitte der 1970er-Jahre bekannt und war daher Auslöser für diesen Grundstückskauf.

Sein seltenes Vorkommen beruht darauf, dass er sich nur unter bestimmten Gegebenheiten entwickeln kann. Für den Wuchs benötigt der lila blühende Böhmische Enzian eine offene Grasnarbe, um im ersten Jahr eine kleine Rosette ausbilden zu können. Erst im zweiten Jahr kommt der Enzian durch seine Blüte zur Geltung. An einigen Standorten ist ein rapider Rückgang dieser nur in den drei Böhmerwaldländern verbreiteten schönen Enzianart zu beobachten.

Eine ältere Bewohnerin aus Seitelschlag berichtete darüber, dass diese ganz im Westen des Dorfbereiches liegende große Wiese früher als gemeinsame Dorfweidefläche genutzt worden war.

Breitblättriges Knabenkraut
(Dactylorihza majalis)

Ein eigens dafür bestellter Dorfhirte holte am Morgen die Rinder bei den Bauern und Bäuerinnen ab, trieb sie zur Dorfweide und brachte sie am Abend wohlbehalten wieder nach Seitelschlag zurück. Es wurde auch erzählt, dass die Rinder am Abend selbständig ihren jeweiligen Ställen zustrebten.

Der Böhmische Enzian ist als Weidezeiger bekannt. Das hier im Juli geerntete Heu wird größtenteils an die Züchter der Böhmerwaldschafe, unserer alten und in der Region sehr bewährten Haustierrasse, als Winterfutter weitergegeben. Im besonders trockenen Sommer 2003 wurde die Enzianwiese von Böhmerwaldschafen beweidet.

Sibirische Schwertlilie (Iris sibirica)

Einzelblüte
Sumpf-Stendelwurz

Sumpf-Stendelwurz (Epipactis palustris)

Arnika (Arnica montana)

Sumpf-Schwertlilie
(Iris pseudacorus)

# Enziane – die botanischen Besonderheiten im Böhmerwald

## Der Böhmische Enzian

Wer kennt sie nicht, die blaublühenden Enziane auf Tourismusprospekten, Schnapsflaschen und vielen Kitschgegenständen aus den Alpen? Aber wer kennt die Enziane im Böhmerwald? Weithin unbekannt!

Die Mitarbeiter der Naturschutzjugend Haslach kümmern sich seit vielen Jahren um den lila blühenden Böhmischen Enzian, der im Sommer und Herbst an einigen Standorten im österreichischen Teil des Böhmerwaldes zu finden ist.

Erst 1969 wurde der Böhmische Enzian (Gentianella praecox ssp. bohemica) als eigene Art und Endemit des Böhmischen Massivs anerkannt. Endemismus ist die Bezeichnung für ein räumlich begrenztes Vorkommen einer Pflanzen- oder Tierart.

Der Böhmische Enzian ist eine zweijährige Pflanze, fünf bis 40 cm hoch, mit aufrechtem Stängel, der meist rot überlaufen ist. Die Blütenkrone ist rötlich violett, glockenförmig und am Schlund bärtig. Dieser Enzian kommt außer im österreichischen Teil des Böhmerwaldes auch im angrenzenden Bayerischen Wald und in Südböhmen vor. Auch im Waldviertel gibt es einige wenige bekannte Standorte. In allen drei Ländern ist jedoch ein rapider Bestandesrückgang zu verzeichnen. Von einstmals 1.100 Fundorten existieren heute nur noch etwa 50!

Der Lebensraum des Böhmischen Enzians, magere Extensivwiesen und Borstgrasrasen, ist durch Nutzungsaufgabe stark bedroht. Die traditionelle Bewirtschaftung durch Mahd wird immer seltener geleistet. Aufforstungen mit Fichten sind die Folge.

Als wirksame Hilfe betreut die Naturschutzjugend Haslach gefährdete Standorte. Ein neues Schutzprogramm, abgestimmt mit Bayern und Südböhmen, soll mithelfen, die Zukunft dieses Endemiten zu sichern.

## Der Pannonische Enzian

Der Ursprungslebensraum dieser Blütenpflanze ist nicht, wie der Name vermuten lässt, die ungarische Tiefebene, sondern die Ostalpen.

Während der kleinere Böhmische Enzian meist unter 1.000 Metern Seehöhe zu finden ist, besiedelt der Pannonische Enzian (Gentiana pannonica) hauptsächlich die Hochlagen des Böhmerwaldes. Hier wird er bis zu einen Meter hoch und hat glockige, rotviolette Blüten. Als eine Besonderheit findet man bei uns auch rein weiße Blüten mit dunklen Punkten. Auf den ehemaligen Hochweiden des Böhmerwaldes blüht er in den Monaten Juli und August. Unsere tschechischen FreundInnen bezeichnen ihn als „Horec sumavsky", auf Deutsch „Böhmerwaldenzian". Auch dieser Enzian ist durch Aufforstung akut in seinem Bestand gefährdet.

Pannonischer Enzian (Gentiana panonnica), 2014

Böhmischer Enzian (Gentianella bohemica)

# Wegscheider Waldwiese

**Lage**
Schönberg,
Gemeinde Klaffer am Hochficht

**Biotoptyp**
Waldwiese im Böhmerwald

**Größe**
2,2 ha

**Eigentum der önj**
seit 2006

**Schutzkategorie**
Europaschutzgebiet

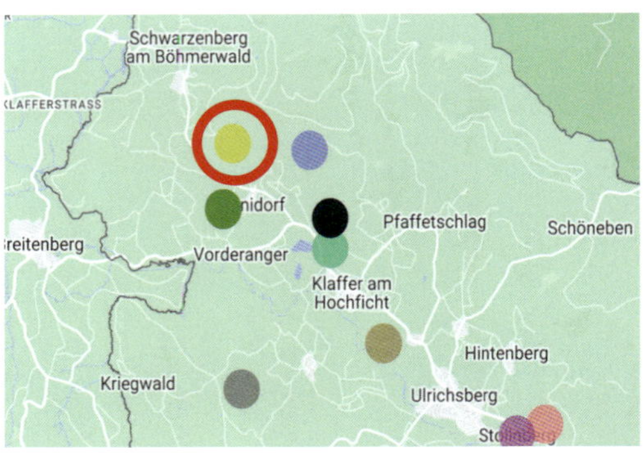


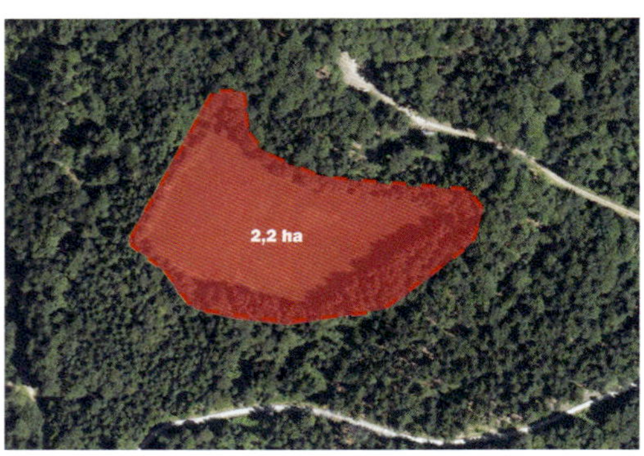


## Besonderheiten

Auf der Wegscheider-Waldwiese sind mehrere seltene und ökologisch wertvolle Pflanzenarten zu finden: verschiedene Orchideen, Weiße Waldhyazinthe, Arnika, Türkenbund, ...

## Geschichte der Öko-Insel:

Die Waldwiese wurde von einem Grundbesitzer aus Aigen, der keine Nachkommen hat, der Naturschutzjugend Haslach zum Kauf angeboten. Anfangs war sich das Team der önj nicht ganz sicher, ob die Wiese als Schutzgebiet eingestuft werden kann, und ob es sich lohnt, das Grundstück zu übernehmen. Der Kauf war daher mit einem längeren Entscheidungsprozess verbunden.

Da die Wiese früher landwirtschaftlich zur Heugewinnung für Vieh genutzt worden war, mussten sogenannte „Restlinge", Granitfelsen aus der Eiszeit, für die Bewirtschaftung beseitigt werden. Weiters wurde die Waldwiese in Teilen entwässert. Diese Eingriffe der Vorbesitzer trugen aber zum Glück nur wenig zur Minderung des ökologischen Wertes der Wegscheider Waldwiese bei. Anhand der bereits oben aufgelisteten Entscheidungshilfen wurde 2006 der Beschluss gefasst, das Grundstück doch zu kaufen.

Die Wegscheider Wiese ist als Teil des „Europaschutzgebietes Böhmerwald/Mühltäler" ausgewiesen. Ein Landwirt kümmert sich um die Pflege des Grundstücks und führt daher die nötige Mahd der Wiese jeweils im Sommer durch.

Eine genaue Vermessung des Grundstücks in Abstimmung mit den Nachbarn führte noch vor dem Ankauf zu einem klaren Grenzverlauf.

Arnika
(Arnica montana)

Weiße Waldhyazinthe
(Platanthera bifolia)

## Der Frühlingskrokus

Am spätesten beginnt der Frühling bei uns auf den Waldwiesen des Böhmerwaldes. Hier haben sich die einheimischen Blütenpflanzen gut an die rauen Bedingungen in den höheren Lagen angepasst. Der Frühlingskrokus (Crocus albiflorus), auch als Weißer Safran bezeichnet, ist ein gutes und interessantes Beispiel dafür. Die Pflanze blüht unmittelbar nach der Schneeschmelze.

Er überdauert den Winter als unterirdische Speicherknolle und kann selbst Wärme erzeugen. Wenn der Frühling naht, arbeiten seine gespeicherten Reservestoffe wie kleine Heizkörper. Sie erzeugen unter der Schneedecke einen Hohlraum mit angenehmem Mikroklima; eine Art Minigewächshaus, in dem sich die zarten, weißen Blüten bilden können.

Mit ihren versteiften, speerförmigen Blättern durchstoßen sie den Boden und, wenn noch vorhanden, auch die Reste der Schneedecke. So können die Frühlingskrokusse schon die frühen, wärmenden Sonnenstrahlen nützen und Nahrung für die ausschwärmenden Bienen, Hummeln und Schmetterlinge bereitstellen. Wenn Wolken aufziehen oder Temperaturschwankungen eintreten, dann schließen sich vorsorglich die Blüten. Die Samen tragen kleine Anhängsel, die von Ameisen abtransportiert und als Wegzehrung gefressen werden. Die Samen bleiben dann als Reste liegen. Damit tragen die Ameisen zur Verbreitung der Krokusse bei.

Diese Krokusart ist nur an ganz wenigen Stellen zu entdecken, deren ursprüngliches Vorkommen im Böhmerwald fraglich ist. Auffallend ist, dass der Frühlings-Krokus oft in der Nähe von Standorten ehemaliger Glashütten zu finden ist. Damit liegt die Vermutung nahe, dass die Beschäftigten der Glashütten diesen Frühlingsboten mitgebracht und in ihren Gärten ausgepflanzt haben. Denkbar wäre auch die Verwendung des orangeroten Griffels zur gelben Färbung und als Gewürz von Backwaren in der Küche der Glasmacher-Familien.

Waldwiese mit tausenden Frühlingskrokussen (Crocus Albiflorus).

Frühlings-Krokus (Crocus vernus) mit Insekt (Brachypalpus chrystites);
Larve lebt im Totholz der Saalwiese.

Öko-Inseln

# Schwarz Au

## Lage
Gemeinde Klaffer am Hochficht

## Biotoptyp
Feuchtbrache mit Ufergehölz entlang zweier Bäche, ein- bis zweimähdige Feuchtwiesen, Feldgehölze, Fichtenwald, Hecke, Blühfläche mit Ackerwildkräutern

## Größe
5,9 ha

## Eigentum der önj
seit 2020

## Schutzkategorie
keine

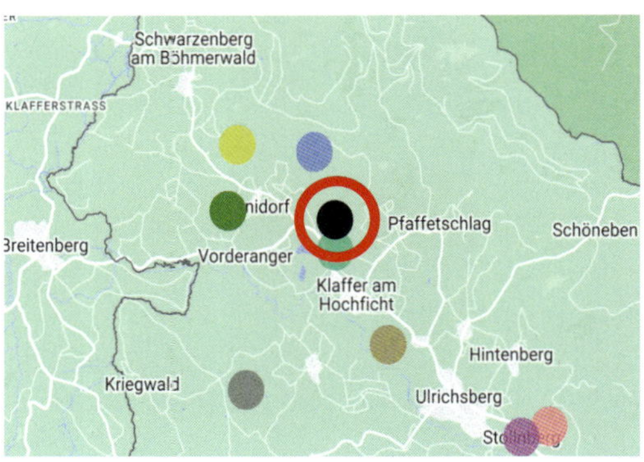

## Besonderheiten
Heidekrautflächen, Waldläusekraut, Arnika, Sumpfblutauge, zwei kleinere Wiesenbäche, verschiedene Orchideen; Braunkehlchen, Rebhühner, Singdrossel, ...

## Geschichte der Öko-Insel:
Es waren die Braunkehlchen, die in der Schwarz Au und auf einer benachbarten Brachfläche unsere Aufmerksamkeit für die kleine aber feine Aulandschaft nahe der Ortschaft Klaffer am Hochficht weckten.

Bald tauchten die Fragen nach dem Eigentümer und die Zukunft dieses Feuchtgebietes auf. Unsere langjährige Erfahrung zeigt, dass Grundeigentum die langfristig beste und sicherste Lösung ist, um die Position von Natur- und Landschaftsschutz in der Region zu stärken.

Schon 2001 haben wir mit dem damaligen Eigentümer Verkaufsverhandlungen aufgenommen. Erstaunt waren wir, als die Grundverkehrskommission einer Person aus Berlin den Kauf der Schwarz Au zugesprochen hatte.

Im April 2019 wurde uns aus der Hauptstadt Deutschlands der Kauf der Schwarz Au angeboten. Nach längeren Gesprächen konnten wir Ende Oktober den Kaufvertrag unterzeichnen.

Die Schwarz Au ist damit der siebte Trittstein der Natur in der Tallandschaft der beiden Böhmerwaldgemeinden Ulrichsberg und Klaffer. Jede dieser Flächen ist ein wertvoller Kristallisationspunkt und wirkt auch positiv im Sinne des Naturschutzes auf die umliegende Landschaft.

## Der Fieberklee – ein Klimabotschafter

Diese Blütenpflanze ist medizinisch nicht in der Lage, Fieber zu vertreiben. Sie ist auch nicht mit den uns bekannten zahlreichen Kleearten verwandt. Ihre Blüten sind jedoch ein reich gedeckter Tisch für verschiedene Insektenarten.

Dort, wo der Fieberklee wächst und gedeiht, in den Mooren, Sümpfen und Feuchtwiesen, ist er nahezu perfekt an die Lebensbedingungen angepasst. Die hohlen Stängel und Blattstiele dienen dem Auftrieb und der Durchlüftung am Wasserstandort. Im Mai und Juni stellt der Fieberklee mit den zarten, weißen und bartartigen Wimpern der Blüten seine ganze Schönheit zur Schau und ladet damit hauptsächlich Hummeln zum Besuch ein.

Mit der Wahl zur „Blütenpflanze des Jahres 2020" soll auf den dringend notwendigen Schutz seiner Lebensräume, der Feuchtgebiete und deren Bedeutung für Mensch und Natur hingewiesen werden. Eine Vielzahl von hoch spezialisierten Tier- und Pflanzenarten fühlt sich hier wohl.

In den obersten Schichten der Moore lagert sich abgestorbenes pflanzliches Material ab, ohne zersetzt zu werden. Pro Jahr wird zirka 1 mm in einem intakten Moor aufgebaut. Dieses Material bezeichnen wir als Torf. In den Torfschichten der Moore wird etwa doppelt so viel Kohlenstoff gebunden wie in allen Wäldern weltweit. Moorlandschaften beeinflussen unser Klima also sehr positiv. Werden Moore abgebaut, so entweichen riesige Mengen klimaschädliches Kohlendioxyd.

Seit 1984 kauft die Österr. Naturschutzjugend Haslach Feuchtgebiete mit zahlreich eingelagerten Moorflächen im Oberen Mühlviertel, um sie dauerhaft zu schützen. Mit den 74 ha „Öko-Inseln für Natur und Mensch" setzen wir ein sichtbares Zeichen für Natur- und Klimaschutz in der Böhmerwaldregion.

Fieberklee (Menyanthes trifoliata)

## Die Besenheide – eine spätsommerliche Schönheit

Mit ihren bezaubernden rosaroten Blüten zählt sie zu den bekanntesten Pflanzen im Übergang vom Spätsommer in den Herbst. Die Besenheide (Calluna vulgaris), das klassische Heidekraut, wird im Mühlviertel als Erika bezeichnet.

Sie ist eine Spezialistin auf mageren Böden. Sand, Steine und nur wenige Nährstoffe – wo andere Pflanzen nicht mehr gedeihen können, blüht die Besenheide so richtig auf. Mit ein paar Tricks hat sie sich auf diesen Lebensraum spezialisiert. Die winzigen Blätter liegen wie kleine Schuppen eng an den Ästchen und sind nach oben eingerollt. Kleine Härchen schützen sie vor Wasserverlusten.

Ihre Wurzeln reichen tief in den Untergrund und suchen dort nach Wasser. In Zusammenarbeit mit Wurzelpilzen holen sie das Beste aus dem sauren und mageren Boden heraus.

Kein Wunder, dass die Besenheide es sehr bescheiden angeht und daher als schwachwüchsig gilt. Der Zwergstrauch wächst langsam, kann gut 40 Jahre alt und bis zu einen Meter hoch werden. Vom Spätsommer bis in den Herbst hinein bilden die kleinen Glöckchen große rosarote Blütenteppiche. Dann ist die Luft vom Summen der Bienen und vom Duft der Besenheide erfüllt.

Für viele Nektar suchende Insekten ist das ein sicheres Zeichen für reichlich Futter. Jede der zahllosen Blüten bildet täglich kleinere Mengen an Nektar. Bei hunderten Blüten pro Pflanze kommt da einiges zusammen. Kein Wunder, dass Imker die Besenheide so sehr schätzen. Auf dieser Öko-Insel der önj Haslach können wir um diese Jahreszeit die Besenheide-Bestände in voller Blüte entdecken.

Besenheide (Calluna vulgaris)

# Die großen Drei im Böhmerwald – mit Zähnen, Krallen und Gewehr

Braunbären, Wölfe und Luchse zählten einst zu den Spitzen der Nahrungspyramide im Böhmerwald. Als Raubtiere garantierten sie ein funktionsfähiges Ökosystem in Mitteleuropa.

Bevor wir Menschen als Bewohner der Böhmerwaldregion zum alles entscheidenden Faktor wurden, hatten die großen Drei als Top-Prädatoren die Schlüsselrolle inne. Mit dem Kommen der Menschen als vierte Beutegreifer haben wir die ursprünglichen Lebensräume nach unseren Vorstellungen aus dem Gleichgewicht gebracht und damit gravierend verändert.

Um diese wichtige Funktion der großen Säugetiere zu verstehen, ist ein Blick auf die Nahrungspyramide hilfreich, die zeigt, wer welche Position im Ökosystem inne hat. Wir unterscheiden dabei Pflanzen, Pflanzenfresser, Fleischfresser und schließlich die Abbauer, die totes Material wieder zu Nährstoffen für Pflanzen aufbereiten und so den Kreislauf abrunden. Fällt ein Baustein aus, so zeigt dies Wirkung auf die gesamte Pyramide und löst einen Dominoeffekt aus. Wenn eine Art fehlt, hat das unkontrollierbare Folgen für alle anderen Glieder in der Nahrungskette.

Uns Menschen hat es noch nie gefallen, wenn ein anderes Tier uns den Anteil an Beute streitig macht. Seit jeher haben wir die Nahrungskonkurrenten mit allen Mitteln zurückgedrängt. Die ständige Jagd, mit dem Ziel der Ausrottung, machte allen drei Großsäugern im 19. Jahrhundert den Garaus. Auch in der Böhmerwaldregion ist der Ausrottungsprozess schleichend abgelaufen. Die damit verbundenen Folgen sind oft erst wahrnehmbar, wenn es meist schon zu spät ist. Dieses Konkurrenzdenken gibt es selbst heute wieder. Wenn Luchse zurückkehren, bringen sie Bewegung in die üppigen Reh-Bestände. Ob sie ihre Rolle als Regulatoren im Böhmerwald wieder voll erfüllen können, ist fraglich, denn die Dichte menschlicher Jäger ist um ein Vielfaches höher als die der Luchse.

Der Luchs gilt nach den oberösterreichischen Gesetzen als jagdbares Wild, ist jedoch ganzjährig geschont. Wie wirksam ist dieser Schutz? Unwirksam bleibt der Schutz jedoch dort, wo er wirken soll, auf dem freien Feld und im Wald. Dort haben die Nutzer das Sagen! Wenn es gelingt, hier auch die Akzeptanz zu gewinnen, dann ist das Fundament für diesen Großsäuger gelegt.

Wir können die großen Beutegreifer nicht ersetzen. Es braucht die großen Drei in geeigneten Großschutzgebieten, damit die natürlichen Prozesse wieder zu laufen beginnen. Die Böhmerwaldregion verfügt in den drei Ländern mit den beiden Nationalparks Bayerischer Wald und Sumava, den Europaschutzgebieten und den jeweiligen nationalen Naturschutzgebieten, zusammen mit unseren Öko-Inseln in Mitteleuropa, dafür die besten Voraussetzungen.

Luchsin (Lynx lynx)

## Die Krux mit Biber, Wolf und Luchs im Bermudadreieck Böhmerwald am Beispiel der Luchse

Mit dem Freisetzen von 17 Luchsen am 21. Jänner 1982 in Stozec/Tusset in Südböhmen, nahe an der Grenze zu Bayern und Oberösterreich, sieben Jahre vor dem Fall des „Eisernen Vorhanges", begann die Krux mit den Luchsen im Böhmerwald.

Die 17 Luchse wurden in einer Zeit mit historisch hohen Reh- und Hirschbeständen freigelassen und sollten davon profitieren. Seither ist die Diskussion in allen drei Ländern von ökologischer Ignoranz geprägt. In der Gedankenwelt der anderen Seite ist seit einigen Jahren von „Übervermehrung" und notwendigen „Abschusszahlen" wegen fehlender Feinde immer wieder die Rede. Lebensraum und Nahrungsangebot einer Landschaft regulieren den Wildbestand. Daher ist eine Übervermehrung aus biologischen Gründen nicht möglich. Es bestehen also weiterhin nach mehr als dreißig Jahren massive Defizite bezüglich Rückkehr von Wildtieren in die Böhmerwald-Region.

Zu viele Luchse sind bisher auf ungeklärte Art und Weise in den drei Ländern verschwunden oder wurden vorsätzlich vergiftet. Auch einige Senderluchse waren davon betroffen. Trotz hoher Ergreifungsprämien wurden die Täter nicht gefunden.

Wir glauben nicht, dass die Kräfte der nationalen und europaweiten Naturschutzgesetze zusammen mit den besseren Argumenten ausreichen werden, um die Gegner zum Umdenken und zur Ökologisierung der Jagd zu bewegen. Als Leitbild oder Einleitung für eine Deklaration zum Schutz aller Wildtiere im Böhmerwald könnte folgender Satz dienen:

*Wir respektieren alle fleischfressenden Tierarten, erfreuen uns an ihrem Anblick und bemühen uns, konstruktive Lösungen im Spannungsfeld zwischen tierischen und menschlichen Nutzungsinteressen zu finden.*

## Der letzte Bär im Böhmerwald

In Schnee und Eis lag das stille Moldautal. Das Land war zugedeckt, soweit das Auge reichte. Es war eine einzige weiße Fläche. Häuser und Gehöfte – alles war im Schnee verschwunden. Nur die Dächer der Häuser ragten wie halb versunkene schiefe Schneehaufen hervor. Die Bäume im Schneekleid glichen nicht mehr Bäumen, sondern fremdartigen Ungetümen aus der Sagenwelt.

Heulend und pfeifend fuhr der Wind durch den ächzenden Wald, als 122 Männer auszogen, den Bären zu jagen und die Wölfe zu erschlagen. Der Schnee krachte unter ihren Schritten. Sie kennen die Waldsteige und Abgründe, aber die Steige verdeckte der Schnee. Die Männer müssen ihre ganze Kraft anstrengen, um vorwärts zu kommen. Stundenlang gehen die Männer durch die Wildnis. Endlich wurde der Bär aufgespürt. Sie versuchten ihn zu erlegen, aber es gelang ihnen nicht. Der Bär ergriff die Flucht und versteckte sich. Die Männer mussten unverrichteter Dinge wieder nach Hause gehen.

Am nächsten Tag brachen die Männer im Morgengrauen wieder auf. Man schrieb den 14. 11. 1856. Es war klirrend kalt, als die Jäger und Treiber die Wälder bei Hirschbergen erreichten. Da wich der Frostnebel und die Sonne stieg rot über die Bergkuppen bei Gugelweit empor. Goldig erglänzten die Schneehänge des Plöckensteins und rosig färbten sich die mit Reif überzogenen Fichten.

Silbern glänzte in der Ferne die Moldau. Der Bergwald erwachte. Lärmend flogen Krähen zu Tale. Häher flogen kreischend von Baum zu Baum. Die Jäger machten sich zur Jagd fertig und luden die Gewehre. Die Treiber waren mit Blashörnern und Knüppeln ausgerüstet. Ein Rudel Rotwild wurde aufgescheucht und flüchtete. Dann wurde der Bär entdeckt.

Böhmisches Glas, Jagdszene mit einem Bären.

Braunbär (Ursus arctos), 1856 in Salnau Südböhmen als letzter Böhmerwaldbär erlegt.

Der erste Schuss ging daneben. Daraufhin wurde der Bär eingekreist. Der Bär in die Enge getrieben ging aufrecht auf den Schützen los. Ein Prankenhieb zerschlug im das Gewehr. Darauf suchten die Jäger das Weite. Der Bär jagte jetzt die Jäger. Später versuchten die Jäger den Bären nach Österreich zu jagen. Dieser ließ sich aber nicht vertreiben. Schließlich traf ein Jäger den Bären mit dem zweiten Schuss tödlich. Es war eine fünfjährige Bärin.

Der Bär wurde präpariert und im Heimatmuseum Oberplan ausgestellt. Zurzeit ist der letzte Böhmerwald-Bär im Jagdschloss bei Frauenberg ausgestellt. Der so genannte letzte Böhmerwald-Bär war jedoch nicht der letzte. Es wurden in den Urwäldern um den Dreisesselberg noch mehrmals Bären gesehen

Die Böhmerwälder waren keine Hasenfüße. Aus alten Urkunden wird uns berichtet, dass ein Böhmerwaldbauer einen ausgewachsenen Bären mit der Axt erschlug, weil er sein Pferd gerissen hatte. Es gibt einen herrlichen Wanderweg von Hirschbergen nach Schwarzkreuz/Cerny Kriz zum Bärenstein. Hier wurde am 14.11.1856 der Bär im Böhmerwald erlegt. Der letzte Wolf wurde im Böhmerwald am 2.12.1874 erschossen. Der Wolfstein erinnert uns daran.

Zeichnung Wolfsgrube von Johann & Martin Elias Ridinger: „Wie der Wolf mit der Ente auf die Scheiben gebracht und in der Grube gefangen wird“, 1749.

Ehemalige Wolfsgrube Atzesberg, 2017.

Wölfe schlafend im Schnee, 2012 (Canis lupus).

## Die Wölfe waren schon einmal da, nun kommen sie wieder

Nach langer Abwesenheit, verursacht durch gnadenlose Bejagung und schonungslose Verfolgung, häufen sich nun seit Beginn des 21. Jahrhunderts Medienberichte über Wolfsrisse bei Weidetieren in der Böhmerwaldregion, im Waldviertel und in Südböhmen. Mit Argusaugen wird das Verhalten eines ersten Wolfsrudels am Truppenübungsplatz Allentsteig im Waldviertel verfolgt. Zahlreiche Legenden und Gräuelmärchen ranken sich seit Jahrhunderten um die Stammväter aller unserer Hunderassen.

### Warum wurden Wölfe zum Feindbild für uns Menschen?

Die Entwicklung der Landwirtschaft am Beginn der Neuzeit nach dem 30-jährigen Krieg führte zu einer fortschreitenden Waldrodung und damit zu einer Verringerung des Wildbestandes. Dadurch wurden die Nahrungsgrundlagen der Wölfe mehr und mehr eingeschränkt. Die Wölfe waren von nun an gezwungen, sich auf die Suche nach anderen Beutetieren zu machen. Haus- und Nutztiere wurden in das Beutespektrum der Wölfe übernommen. Mit allen Mitteln, die den Menschen damals zur Verfügung standen, wurden die Wölfe verfolgt und bekämpft.

### Wolfsgruben als Teil der Ausrottungsstrategie

Diese kreisförmig angelegten, mit einem Durchmesser von 4 bis 5 Metern und einer Tiefe von 6 bis 8 Meter großen Wolfsfallen können in einigen Wäldern des Böhmerwaldes noch nachgewiesen werden. Der Durchmesser des Grubenbodens war größer als die Öffnung an der Erdoberfläche. Damit war eine Flucht aus der sich nach oben verjüngenden Grube für Wölfe unmöglich. Die Öffnung wurde mit einem Gitterwerk aus Holzstangen, Reisig und Moos verblendet. In der Mitte dieser Abdeckung wurde ein Jungschaf als Köder für die Wölfe festgemacht. Beim Versuch, das Jungschaf zu erbeuten, brachen die Wölfe durch die dünne Abdeckung und fielen in die Grube. Mit Steinen wurden die Wölfe erschlagen. Für jeden bei der Obrigkeit abgelieferten Wolfskopf wurden je nach Geschlecht und Alter des Wolfes hohe Prämien ausbezahlt.

# Naturschutz hat Geschichte – Rückblick zu den Wurzeln und Anfängen der Naturschutzbewegung

Mit dem Jahr 2019 feiert der Begriff „Naturdenkmal" bereits seinen 200. Geburtstag. Im folgenden Text können wir von ersten Anregungen und Ideen lesen, die sich mit dem Schutz der Natur vor gut 100 Jahren in Oberösterreich beschäftigen.

## Bemerkungen zu den Aufgaben des Naturschutzes in Oberösterreich

*„Der Begriff Naturdenkmal, den Alexander von Humboldt im Jahre 1819 geprägt hat, ist somit 100 Jahre alt. Die Begriffsbestimmung, die der Botaniker Dr. A. Ginzberger, Wien, gibt, können wir als treffend bezeichnen. Er sagt: „Im strengsten Sinne des Wortes bedeutet Naturschutz den Schutz, das heißt die Schonung und Erhaltung der unberührten, von Menschen nicht beeinflußten Natur, soweit es solche noch gibt ..."*

*In Österreich hat die Zentralkommission für Denkmalpflege im Jahre 1908 den Schutz der landschaftlichen Natur in ihren Wirkungskreis aufgenommen, der dadurch leider nur auf einen Teil des großen Gebietes beschränkt ist. In Oberösterreich hat sich im Jahre 1913 innerhalb des Landesvereines für Heimatschutz eine Fachgruppe für Naturschutz gebildet. Bereits im Jahre 1914 ist als erste zusammenfassende Arbeit ein mit trefflichen Bildern ausgestattetes Büchlein vom Landesverein für Heimatschutz in Oberösterreich herausgegeben worden. Sein Titel lautet: „Naturschutz. Ein Beitrag zur Förderung der Heimatbewegung in Oberösterreich von Arnold v. Lenk." Auf dieser schätzenswerten Arbeit Lenks kann die Naturschutzbewegung in Oberösterreich weiterbauen. Leider ist sie über diese beachtenswerten Anfänge nicht hinausgekommen. Daß in dem überwiegenden Teil der Bevölkerung noch gar kein Gefühl für den Naturschutzgedanken vorhanden ist, zeigen in erschreckender Weise unsere Tage.*

*Oft weit über den staatlich geforderten Abschuss hinaus wird das Wild blindwütend zusammengeknallt, und wenn das so weitergeht, können wir heute schon sagen, wann ungefähr der letzte Hirsch bei uns gewesen sein wird. Jeder seltene und dem jeweiligen Schützen unbekannte Sumpf-, Wasser- oder Raubvogel wird auf jeden Fall geschossen, damit der ausgestopfte Balg dann in einem rauchigen Zimmer verderben kann. Ja, gerade die Seltenheit bedingt schon das Todesurteil über ein jagdbares Tier. Aber auch die Geldgier ist oft Schuld an der Verfolgung von Tieren. Pelztiere, selbst unser Maulwurf, werden heute unbarmherzig ausgerottet, und da gäbe es noch unzählige Beispiele.*

## Pflanzenschutz

*Vor allem müssten wir Einfluss nehmen, dass die bestehenden Pflanzenschutzgesetze auch wirklich gehandhabt werden. Eine Liste der in Oberösterreich besonders zu schützenden Bäume, Haine und Wälder müsste angelegt werden, dem müssten fallweise Verhandlungen mit ihren Besitzern zum Schutze vor Fällung und Vernichtung folgen. Gewisse, wenig berührte Gebiete müssten einen erhöhten Pflanzenschutz erhalten. In diesen Gebieten würde nach bayerischem Muster jedwedes Pflanzenwegnehmen unbedingt verboten sein. Anzustreben wäre dann, dass diese Bezirke nach Aufbringung entsprechender Mittel später als Naturschutzgebiete erklärt würden.*

## Schutz der Tierwelt

*Es würde nicht zu viel Mühe verursachen, die noch im Lande vorhandenen Horste beziehungsweise Brutpaare von Adler- und Falkenarten, Eulen, Kolkraben usw. durch Fühlungsnahme mit den entsprechenden Jagdeigentümern zu schützen. Ebenso wäre es möglich, einen Schutz für die bei uns noch vorhandenen Brutplätze von Wasservögeln aller Art, z. B. Reiherkolonien, durchzusetzen. Brutplätze von Wasservögeln sind in dem bereits genannten Ibmermoos, in den Donau-, Inn- und Traunauen, an einigen abseits gelegenen Alpen- und Voralpenseen und den Hochmooren des Mühlviertels. Die Hasel-, Stein- und Schneehühner sind bei uns schon so selten geworden und beschränken sich oft nur mehr auf ganz kleine Standplätze, sodass ihr Abschuss über-*

Admiral
(Vanessa atalanta)

Schachbrett
(Melanargia galathea)

Querschnitt Flussperlmuschel

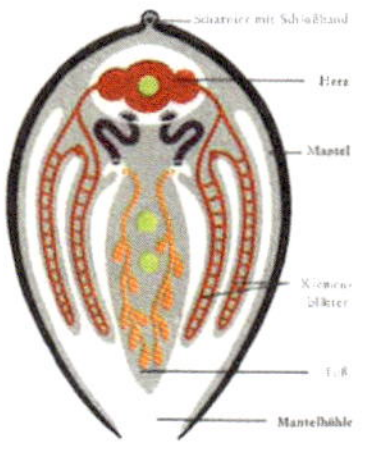


Abb. 281. *Muschel.* Querschnitt.

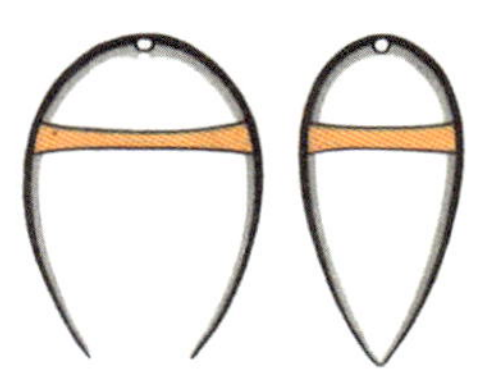

Abb. 282. *Schließmuskeln* halten die Schalenhälften der Muscheln zusammen. l.: klaffende, r.: geschlossene Muschel (Schnitt).

*haupt verboten werden sollte. Dasselbe gilt auch vom Fischotter, für den in Bayern z. B. unbedingtes Schussverbot besteht. Für Marder, Fuchs und Dachs müssten zum mindesten Schonzeiten eingeführt werden.*

*Auf dem Gebiete des Tierschutzes möge heute für unser Wild eingetreten werden, vorerst aber ja nicht von Jagdkreisen, denn diese finden heute in der Allgemeinheit wenig Glauben, sondern die neutrale Stelle der Fachgruppe für Naturschutz müßte als Warner auftreten. Leider wurde für die Erhaltung des Maulwurfes bisher nicht genügend eingetreten. Der in den kommenden Jahren auftretende Engerlingschaden wird uns allen, nicht nur die Bauern, sondern auch die Verbraucher bitter über die Kurzsichtigkeit unserer Tage belehren. Um diese vielen hier kurz gestreiften Aufgaben nur annähernd einer befriedigenden Lösung zuführen zu können, bedarf es nicht nur der Wiederbelebung der Fachgruppe für Naturschutz des Vereines für Heimatschutz, sondern auch eines opferwilligen Mannes, der seine ganze Zeit diesem schönen Gedanken des Naturschutzes opfert. Die naturwissenschaftlichen Vereine, Jagdschutzvereine, Alpenvereine, Verschönerungsvereine und auch die Tierschutzvereine müßten dazu gebracht werden, den Naturschutzgedanken, so weit sie ihn nicht schon vertreten, in ihr Arbeitsfeld aufzunehmen, oder aber mehr als bisher zu betonen. Mittel und Wege dazu müßte die Fachgruppe für Naturschutz weisen. Die Tierschutzvereine sind heute in Deutschland zum großen Teile keine reinen Humanitätsvereine mehr, sondern haben ihr Arbeitsfeld auch auf die Schutzbestrebungen der heimischen Tierwelt, auch sogenannter schädlicher Tiere, ausgedehnt.*

*Der erste Teil der planmäßigen Arbeit der Fachgruppe für Naturschutz müßte die Buchung alles dessen sein, was geschützt werden soll. Mitarbeiter würde es dabei viele geben. Schwer wird aber jemand zu finden sein, der so viel Zeit übrig hat, dies zu organisieren und durchzuführen. Dazu bedarf es eines Mannes in den besten Jahren, der sich ganz dem Naturschutz in Oberösterreich widmen könnte, sonst bleibt alles nur Flickwerk und bringt höchstens die ganze Bewegung in Verruf. Als Anhang möge ein Entwurf über die Aufgaben des Naturschutzes im allgemeinen angefügt sein.*

## *Allgemeine Aufgaben des Naturschutzes:*

### *1. Schutz geologischer Naturdenkmäler:*

- *Wissenschaftlich wertvolle geologische Aufschlüsse;*
- *besonders Gletscherspuren aus der Eiszeit (eratische Blöcke, Gletscherschliffe, Gletschertöpfe Endmoränen usw.);*
- *einzeln stehende Felsen;*
- *Höhlen;*
- *Klammen usw.*

### *2. Pflanzenschutz:*

- *Schutz einzelner Stücke;*
- *Schutz gewisser Arten;*
- *Schutz der charakteristischen Pflanzengesellschaften oder Pflanzenformationen (nach Dr. Ginzberger).*

### *3. Schutz der Tierwelt:*

- *Schutz einzelner Stücke oder Brutpaare und deren Brutplätze;*
- *Schutz von Brutplätzen (Brutkolonien) bzw. von Standplätzen;*
- *Schutz einzelner Arten;*
- *Schutz ganzer Tiergruppen von Bezirken, die für die Tierverbreitung charakteristisch sind.*

### *4. Schutz der landschaftlichen Natur im allgemeinen.*

**Dr. Th. Kerschner**, Linz.

Auszug aus „Heimatgaue" –
Zeitschrift für oberösterreichische Geschichte, Landes- und Volkskunde, Verlag R. Pirngruber, 1920.

# Heimkehrer-Wiese

### Lage
Felberau,
Gemeinde Haslach a. d. Mühl

### Biotoptyp
Mähwiese, mit Felsen durchsetzter Hangmischwald-Mähwiese, mit Felsen durchsetzter Hangmischwald

### Größe
1,8 ha

### Eigentum der önj
seit 2007

### Schutzkategorie
keine

### Besonderheiten
Rautenblättrige Glockenblume, Maiglöckchen, Perücken-Flockenblume; Schwalbenschwanz, Weißer Waldportier; Wiesenflächen als Nahrungsbiotop für die Haslacher Weißstörche; zirka 20 Bienenstöcke, Königinnenzucht, ...

### Geschichte der Öko-Insel:
1988 fand im Ursulinenhof Linz ein internationales Treffen verschiedener Jugendorganisationen aus ganz Europa statt, an dem auch Mitglieder der Naturschutzjugend Haslach teilnahmen. Im Rahmen des Projektes „SchülerInnen retten Naturlandschaften" verkauften die Jugendlichen Aufkleber mit unterschiedlichen Tier- und Pflanzendarstellungen.

Damals wurden Anna und Kurt Wais, zwei heute betagte Linzer, auf die önj Haslach aufmerksam. Sie besaßen im Haslacher Ortsteil Felberau ein Grundstück, das sie in den 1970er-Jahren erworben hatten, um dort ein Haus zu bauen. Das Haus wurde nie gebaut und so die Fläche wieder in Grünland rückgewidmet. Somit hatten die beiden die Idee, das Grundstück der Naturschutzjugend zu schenken. Im Dezember 2007 wurde der Schenkungsvertrag beim Notar in Rohrbach unterzeichnet.

In unmittelbarer Nachbarschaft dieser Fläche befindet sich eine kleine Kapelle, die nach dem 2. Weltkrieg aus Dankbarkeit für die gesunde Rückkehr aus den Kriegswirren von zwei Haslacher Männern errichtet wurde. Das hat zur Bezeichnung „Heimkehrer-Wiese" für diese Öko-Insel geführt.

Bewirtschaftet werden die Grünflächen von einem Biobauern aus Nösselbach. Die Heimkehrer-Wiese wird weiters von einem Imker als Standort für seine ca. 20 Bienenstöcke genutzt. Ein Nutzungsvertrag regelt die Zusammenarbeit mit dem Imker. Im März 2013 wurde als Ergänzung und Erweiterung eine angrenzende Parzelle von der Naturschutzjugend dazugekauft.

Rautenblättrige Glockenblume (Campanula rhomboidalis)

Blick auf Haslach.

Bienenstöcke am Waldrand.

## Auf der Heimkehrer-Wiese wächst ein Wald mit Zukunft

Auch auf den eher kleinen Waldflächen unserer Öko-Inseln, zwischen Haslach an der Mühl und Klaffer am Hochficht im Tal der Großen Mühl, lassen sich an vielen Stellen die Spuren des Klimawandels erkennen. Sturm- und Trockenschäden sowie Käferbefall sind ein deutlicher Hinweis darauf, dass im Ökosystem Wald in Zukunft die Natur wieder die Arbeit übernehmen soll. Vor dem Ankauf einer 8.807 m² großen Fichtenwaldparzelle, die wegen Sturmwurfes und Käferbefalles zu einer Kahlfläche wurde, lag es nun an uns, schon vor dem Ankauf der Fläche alle Überlegungen anzustellen, ob es Sinn mache, diese angrenzende Parzelle zu erwerben. Ein Blick auf den franziszeischen Kataster aus der ersten Hälfte des 19. Jahrhunderts zeigt, dass diese Fläche wechselweise als Wiese bzw. Acker bewirtschaftet worden war. Vor zirka 70 Jahren wurde diese Wiesenparzelle mit Fichten aufgeforstet.

Folgende Überlegungen haben wir dazu angestellt: Lässt sich am Beispiel dieser einen Fläche ein gutes Modell entwickeln, das sich auch auf unsere anderen Öko-Inseln als richtiger Weg in die neue Waldzukunft übertragen lässt?

- Die Rückführung in eine blütenreiche Wiese ist technisch bei einer mehrmaligen Bearbeitung der Fläche mit einem großen Forstmulcher, der kleine Steine und größere Mengen Totholz zerkleinern kann, jederzeit möglich. Sowohl Energieaufwand, Lärmpegel als auch die Belastungen für den Boden wären mit hohen Kosten verbunden. Die Bewirtschaftung der neuen blütenreichen Wiese durch unsere Bio-Bauern und -Bäuerinnen wäre gut möglich.

- Aktive Aufforstung mit Laubholz- und wenigen Nadelholzarten wie Bergahorn, Vogelkirsche, Stieleiche, Hängebirke, Rotbuche, Esche, Walnuss, Weißtanne, Kiefer und Lärche. Ein Zaun muss entlang der Grundstücksgrenzen für die Dauer von etwa zehn Jahren die neue Aufforstung vor Wildschäden schützen. Dies alles wäre ebenfalls mit einem höheren Arbeits- und Kostenaufwand verbunden.

- Naturverjüngung „Vielfalt statt Monokultur“: Mit den Selbstregulierungskräften der „freien Mitarbeiter“ wie z. B. Eichel- und Tannenhäher, Rabenkrähe und Eichhörnchen wäre das zu schaffen. Diese Tiere sorgen nicht nur für eine gute Verteilung der Waldbaumarten, sondern sichern damit eine strukturreiche Waldfläche. Die folgenden Ausführungen und Beobachtungen des Forstamtes Stift Altenburg zeigen, wie genial nachhaltige Waldwirtschaft funktioniert, wenn die Natur die Arbeit übernimmt; dies hat uns die Entscheidung für den dritten Weg leicht gemacht. Ein Lokalaugenschein auf der gesamten Fläche im Herbst 2020 zeigt, dass dieser Prozess bereits ohne unser Zutun in Gang gesetzt wurde.

### Kurzfassung eines Artikels in der Zeitschrift Umwelt & Energie Heft 4/2020

Raureifschäden im Winter 1995/96 führten zu einer natürlichen Verjüngung und zur folgenden Bewirtschaftung als Dauerwald der gesamten Betriebsfläche des Altenburger Stiftswaldes. Das Konzept des Dauerwaldes geht von den Selbstregulierungskräften der Vegetation aus; Bäume werden dabei nicht flächenmäßig sondern regelmäßig der Fläche entnommen. Kosten können dadurch gesenkt werden und ein stabiler ertragsbringender Wald wird etabliert. Aufgrund des durch den Klimawandel bedingten Feuchtigkeitsrückganges bzw. Temperaturanstieges werden seit 2015 keine bestandsregulierenden Pflegemaßnahmen mehr durchgeführt, da noch nicht gewiss ist, welche Baumarten sich dort längerfristig behaupten können.

Fichten, die auf zwei Dritteln der Fläche standen, und Douglasien werden durch zunehmende Trockenheit geschwächt und durch den Befall mit dem Buchdrucker, eine Borkenkäferart, immer weiter zurückgedrängt. Außerdem wird die Weißkiefer durch den Zwölfjährigen Kiefernborkenkäfer stark dezimiert. Befallene Bäume werden möglichst rasch gefällt; Bäume, die stehenbleiben und zusammenbrechen, schützen den Boden und fördern die nachwachsenden Pflanzen. Die größte Schadensfläche lag 2018 bei 0,5 ha, derzeit sind Kahlflächen von zehn bis 15 ha zu verzeichnen. Das Konzept der Monokultur wird aufgrund der geringen Resilienz aufgegeben.

In Zukunft wird daher das Modell eines sich selbst verjüngenden Mischwaldes aus einer Gesamtpalette aller standortrelevanten Baumarten angewandt.

Waldverjüngung mit jungen Stieleichen unter schützenden Brombeerranken auf der Heimkehrer-Wiese, im Oktober 2020.

Eiche, Buche, Ahorn, Tanne, Kiefer, Lärche, Walnuss, Mostbirne und Kirsche sind die Arten, die neu auf die kahlen Flächen gepflanzt werden, um für weitere Generationen zu sorgen. Besonderes Augenmerk wird bei der Auswahl der Mutterpflanzen auf resistente und resiliente Merkmale gelegt.

Wird in diesem Zusammenhang ein riesiger Kahlschlag sich selbst überlassen, können Pionierpflanzen wie Eichen, Birken, Pappeln, Faulbaum, Weißdorn, Roter und Schwarzer Holunder, Weiden und Brombeeren den Boden und das Bodenleben aufbauen. So schützen z. B. die stacheligen Brombeerranken die jungen Bäume vor Wildverbiss und beschatten den Boden, wodurch dieser kühler und feuchter bleibt.

Zwei wichtige Helfer bei der Waldverjüngung sind Tannen- und Eichelhäher und das Eichhörnchen. Deren Einfluss auf die Verteilung von Baumsaatgut wird bei einem Projekt in den Wäldern des „Wildberg-Schmidstock" auf einer 300 ha großen Waldfläche im Zuge einer Masterarbeit erforscht. Dort wurden 100 Futterkisten verteilt aufgestellt, gefüllt mit Eicheln, Bucheckern, Walnüssen, Kastanien, Baumhaseln und Lindensamen. Diese wurden dann von den Tieren im Boden als Wintervorräte vergraben. Damit sie nicht wieder nach dem Ende des Samenfalls ausgegraben und gefressen werden, befüllte man die Futterstellen mit Sonnenblumenkernen als Nahrung. So konnten bereits im Jahr 2019 bis zu 30.000 junge Eichen und Buchen markiert werden.

Ein Eichelhäher kann bis zu zehn Samen von Eichen, Buchen und anderen Gehölzen gleichzeitig transportieren und anschließend im Waldboden vergraben. Eichelhäher und Eichhörnchen legen nicht nur für sich selber Nahrungsdepots an, sondern auch um ihre Nachkommen damit zu versorgen. Dadurch können sie wesentlich beim Umbau von Fichten- in Laubmischwäldern beitragen. Eine solche Aufforstung nach einem Kahlschlag ist nicht nur kostengünstiger als durch Menschenhand, sondern diese verläuft auch in Etappen, wodurch die Bäume dann unterschiedlich alt sind, robuster, stabiler und weniger anfällig für Windschäden.

Auch die Verteilung der Bäume auf der gesamten Fläche wird dabei durch die Tiere entschieden. Wenn ein Kahlschlag sich selbst überlassen wird, arbeitet die Natur kostenlos, bodenschonend, still, leise und energiesparend.

Artikel Wald der Zukunft und Fotos aus der Zeitschrift „Umwelt & Energie", Heft 4/2020, Seite 12-13, Herausgeber: Land NÖ, Verfasser: Elke Papouschek, Forstmeister Dipl. Ing. Herbert Schmid, Forstdirektor Stift Altenburg.

Ein Eichelhäher mit Eichelsamen, der damit Naturverjüngung in Gang setzt.

Neben dem jungen Walnussbaum kommt links ein Bergahorn hoch; Heimkehrer-Wiese, im Oktober 2020. Im Bildhintergrund ist der Markt Haslach an der Mühl zu sehen.

# Grabner Au

**Lage**
Gemeinde St. Stefan am Walde

**Biotoptyp**
Feuchtbrache mit Heidecharakter

**Größe**
2,4 ha

**Eigentümer**
Privatbesitz

**Schutzkategorie**
keine

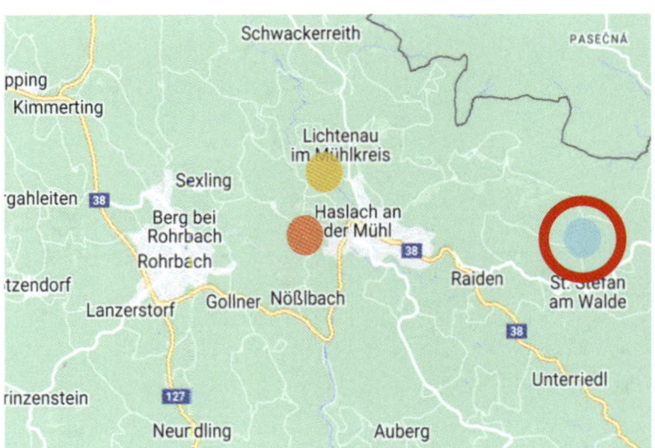

## Besonderheiten

Arnika, Sumpf-Blutauge, Scheidiges Wollgras, Pfeifengras, Sumpfdotterblume, Fieberklee, Gemeiner Blutweiderich, Schwarze Teufelskralle, Sumpf-Pippau, Wiesenknöterich, Engelwurz, Alpenglöckchen, Borstgras, Niedrige Schwarzwurzel, Breitblättriges Knabenkraut, Preiselbeere, Schwarzbeere, Himbeere.

Im Waldrandbereich: Alpenbrandlattich, Rippenfarn, Wurmfarn, Frauenfarn, Aschweide, Eberesche, Birke, Faulbaum.

Im Wald: Grünerle – ein Relikt aus der Eiszeit vor 9.000 Jahren –, Fichte, Tanne, Vogelbeere im Unterwuchs, Schwarzer Holunder, Roter Holunder.

Kohlmeise, Tannenmeise, Blaumeise, Haubenmeise, Baumpieper, Zaunkönig, Kreuzschnabel, Gimpel, Kernbeißer, Wacholderdrossel, Singdrossel, Misteldrossel, Amsel, Buchfink, Mönchsgrasmücke, Sommergoldhähnchen, Wintergoldhähnchen, Ringeltaube; Höllenotter, Ringelnatter.

## Geschichte der Öko-Insel:

Schon 1975, ganz am Beginn unserer Naturschutzarbeit, ist uns diese Fläche, umgeben von entwässerten Fettwiesen und sauren Fichtenwäldern, als ökologisch besonders wertvoll aufgefallen.

Als Besitzer konnten wir den Herrn Ludwig S. ausfindig machen. Bei Gelegenheit fragten wir ihn, ob er bereit sei, diese Fläche an die Österreichische Naturschutzjugend Haslach zu verkaufen. Ludwig S. gab damals schmunzelnd folgende Antwort: „Dieses Grundstück kann ich dir nicht verkaufen, denn ich brauche es zum Anbau meiner Erdäpfel, wenn die Kommunisten aus dem Nachbarland Tschechoslowakei einmal nach Österreich kommen!"

Berg-Alpenglöckchen (Soldanella montana)

Kleiner Teich, Grabner Au, 2014.

Das Grundstück liegt ca. 500 m Luftlinie von der österreichisch-tschechischen Grenze entfernt. Da die Kommunisten im November 1989 in der damaligen Tschechoslowakei ihre Macht an die „Wildwest-Kapitalisten" abgeben mussten, war das Erdäpfelanbau-Argument entkräftet. Nach dem Fall des „Eisernen Vorhanges" argumentierte er: „Auf diesem Grundstück will ich der Chef sein!" Der feste Wille des Grundbesitzers ist in dieser Form zu respektieren.

Zurzeit pflegen wir einen regelmäßigen Kontakt zum Besitzer, um mit ihm jeweils im Herbst die Terminaltriebe der Jungtannen im angrenzenden Wirtschaftswald mit Werg, einem Abfallprodukt bei der Leinenfaserverarbeitung, vor dem Wildverbiss im Winter zu schützen. Damit soll der Wald eine zukunftsträchtige Struktur erhalten. Weiters entfernen wir in Absprache mit dem Grundbesitzer jeden weiteren Fichtenanflug in der Feuchtbrache und im Heidebereich. Diese besonders wertvolle Öko-Insel liegt am sanft abfallenden Nordhang der höchsten Erhebung, dem Berg Hintring, mit 931 m Seehöhe.

Rippenfarn (Blechnum spicant)

## Kreuz- bzw. Höllenotter als Stammgast unserer Öko-Inseln

Kreuzottern und somit auch die schwarz gefärbte Variante namens Höllenotter kennen keine Frühjahrsmüdigkeit. Ist der Schnee geschmolzen und steigen die Temperaturen, dann kommen sie an die wärmende Sonne. Der frühlingshafte Paarungsreigen ist die einzige Zeit, in der sich die menschenscheuen Reptilien gesellig zeigen. Für den Rest des Schlangenjahres sind sie als Einzelgänger unterwegs. Tagsüber gönnen sie sich an ungestörten Plätzen ausgiebige Sonnenbäder – dies nicht aus Zeitvertreib, sondern weil ihr wechselwarmer Körper nur so auf Touren kommt. Für eine gute Verdauung soll die Wärme des Körpers mindestens 30°C erreichen.

Ohne ausreichende Wärme würde sich auch der Nachwuchs im Körper des Muttertieres nur schlecht entwickeln. Die Jungtiere wachsen im Mutterleib zunächst als Eier heran, kommen dann als fertige kleine Schlangen in einer durchsichtigen Eihaut zur Welt. Gleich nach der Geburt heißt es für die bleistiftgroßen Winzlinge, sofort ein eigenes Zuhause zu finden und für sich selbst zu sorgen. Die menschliche Angst vor Kreuzottern wäre dieser Schlangenart im Böhmerwald fast zum Verhängnis geworden. Auch uns wurde in der Schule noch aufgetragen, dieses „Otterngezücht" sofort zu erschlagen, wenn wir es zu Gesicht bekämen.

Heute zählen die Kreuzottern längst zu den geschützten Tierarten in Österreich. Den schwarz gefärbten Tieren ist lediglich die wenig schmeichelhafte Bezeichnung „Höllenotter" geblieben.

Die Schwarzfärbung tritt hauptsächlich in Lebensräumen auf, die kleinklimatisch sehr kühl sind. Die Schlangenhaut erfüllt so die Funktion wie die eines Sonnenkollektors. Die dunkle Färbung kommt erst im Laufe des ersten Lebensjahres zum Vorschein. Bei der Geburt tragen selbst Höllenottern noch

Zwei Höllenottern (Vipera berus)

das typische dunkel gezackte Musterband. Sind die Kreuzottern nicht schwarz, lassen sich Männchen und Weibchen gut voneinander unterscheiden: Die Damen sind an ihren braunen bis rötlichen Farbtönen zu erkennen, während sich die Herren eher in Grau- und Schwarztönen zeigen.

Der wichtigste Sinn zum Riechen der Beutetiere sitzt bei dieser Schlangenart als Tastsinn an den beiden Zungenspitzen. Über den flach am Boden liegenden Körper nehmen die Schlangen alle Erschütterungen rasch wahr und ziehen sich meist rechtzeitig zurück. Besondere Präzisionswerkzeuge sind die Zähne. Links und rechts sitzen im Oberkiefer zwei spitze, hohle Zähne, durch die das Gift in die Beute eindringt. Danach zieht sich die Schlange zurück und wartet, bis das Gift bei Mäusen, Fröschen und Eidechsen zu wirken beginnt. Das eigene Gift unterstützt zusätzlich die Verdauung.

Es muss uns nicht gleich der Schrecken in die Glieder fahren, wenn unser Blick auf eine Kreuzotter fällt. Entweder man zieht sich ruhig zurück oder bewegt sich nicht und beobachtet das weitere Verhalten der Schlange mit großer Aufmerksamkeit.

Breitblättriges Knabenkraut (Dactylorhiza majalis)

Schlingnatter (Coronella austriaca)

Kreuzotter-Weibchen (Vipera berus)

# Kommentare zu den Öko-Inseln

Wir haben verschiedene Personen, die einen Bezug zu den Öko-Inseln haben, gebeten, ein kurzes Statement darüber abzugeben.

### Welche Rolle spielen die Öko-Inseln der Naturschutzjugend für die Arbeit in Ihrem Verein?

Die Idee der Einrichtung und des Ankaufs von Umwelt-Lernorten der önj Haslach habe ich von Beginn an begrüßt und bewundert. Durch den unermüdlichen Einsatz von Karl Zimmerhackl konnten immer mehr Flächen angekauft, vernetzt und dadurch auch vor menschlichem Zugriff bzw. Zerstörung gerettet werden. Dass das alles im Rahmen der Ehrenamtlichkeit gelungen ist, ist ebenfalls bewundernswert.

> **„Den Weg, neben großflächigen Schutzgebieten den Fokus auch auf besonders hochwertige, kleinere Naturgebiete zu richten, halte ich für äußerst begrüßenswert."**
>
> Mag. Clemens Ratschan

Wir dürfen wirklich stolz auf diese Flächen sein, weil sie als „Öko-Inseln" in ihrer ursprünglichen Form als qualitätsvolle „LEBENSRÄUME" erhalten bleiben. Viele können den Wert dieser Flächen wahrscheinlich erst dann erkennen, wenn sie am eigenen Leib bemerken, dass wir in unseren Funktionsräumen das Leben längst vertrieben haben.

**Markus Hagler**
ehem. Landesleiter der Naturschutzjugend OÖ

### Wie sehen Sie die Ökosystemleistungen der Öko-Inseln im Europaschutzgebiet?

Ich sehe die Arbeit der önj Haslach sehr positiv. Die Öko-Inseln bringen – und sichern dauerhaft – Biodiversität im Europaschutzgebiet Böhmerwald/Mühltäler. Damit verbunden ist, dass gleichzeitig Lebensräume erhalten und passende Lebensräume zusätzlich (oder wieder) geschaffen werden. Sie bilden wertvolle Herzstücke des Europaschutzgebietes.

**OF Ing. Rupert Fartacek**
Betreuer der Wälder und Wiesen im Europaschutzgebiet Böhmerwald/Mühltäler

### Wie sehen Sie als Jagdpächter den Ankauf von Öko-Inseln durch die Naturschutzjugend Haslach?

Als Jagdpächter sehe ich den Ankauf von Öko-Inseln grundsätzlich sehr positiv. Die Wirkungen in Bezug auf die Biodiversität stehen natürlich in direkter Relation mit der Größe der Fläche. Aber auch kleine Öko-Inseln können hervorragende Biotope sein. Optimal ist, wenn diese Flächen in ein Schutzregime (z. B. Naturschutzgebiet, Landschaftsschutzgebiet etc.) eingegliedert werden, da damit Ziele in Form eines Bewirtschaftungsplans festgeschrieben werden.

Aber auch dort, wo kein Schutzregime besteht, kann die Naturschutzjugend als Grundeigentümerin Einfluss auf die (landwirtschaftliche) Nutzung nehmen und artgerechte Lebensräume für Wildtiere schaffen. Dies unterstützt auch die Jagd in Bezug auf die Schaffung und Erhaltung eines artenreichen Wildtierbestandes.

**Dr. Werner Schiffner**
ehem. Beamter der Landesregierung Oberösterreichs

### Die Öko-Inseln der Naturschutzjugend Haslach sind mit ca. 24 ha eine beachtliche Größenordnung in der Gemeinde Klaffer. Welche Bedeutung haben diese für Ihre Gemeinde?

In der Kräutergemeinde Klaffer am Hochficht gibt es zwei Naturschutzgebiete, die „Stadl Au" und eine „Orchideenwiese".

Darüber sind wir sehr froh und auch ein wenig stolz, gibt es doch nicht so viele Gemeinden mit mehreren Naturschutzgebieten. Auch wenn in unserer Gemeinde „augenscheinlich" noch sehr viel Natur mit dem Böhmerwald und vielen Wiesenflächen vorhanden ist, so sind geschützte Bereiche wie die Öko-Inseln der Naturschutzjugend Haslach, mit einer Gesamtgröße von rund 24 ha, absolut erforderlich.

In den verschiedenen Öko-Flächen wird seltenen, zum Teil bedrohten Pflanzen und Tieren Schutz geboten, außerdem wird der Naturschutzgedanke in der Bevölkerung thematisiert, was ebenfalls notwendig ist. Gerade die Gemeinde Klaffer a. H. als „Kräutergemeinde" sieht die Bemühungen der önj Haslach als wichtigen Mosaikstein für eine lebenswerte, ökologische Gemeinde für Menschen, Pflanzen und Tiere. Dafür danken wir ganz besonders und freuen uns über weitere Aktivitäten in dieser Richtung!

**Günter Studener**
**ehem. Amtsleiter im Gemeindeamt Klaffer am Hochficht**

## Wie sehen Sie die Ökosystemleistungen der Öko-Inseln im Europaschutzgebiet?

Als Betreuer des Europaschutzgebiets mit Zuständigkeit für gewässergebundene Arten bin ich mehrfach mit den „Öko-Inseln" der Naturschutzjugend Haslach an der Großen Mühl in Kontakt gekommen. Sofort ist mir die bemerkenswerte Größe der Fläche in der Torf Au ins Auge gestochen. Besonders beeindruckt mich, dass bereits umfangreiche und vielfältige Maßnahmen umgesetzt wurden, um den ökologischen Wert dieser Flächen weiter zu verbessern. Den Weg, neben großflächigen Schutzgebieten den Fokus auch auf besonders hochwertige, kleinere Naturgebiete zu richten, halte ich für äußerst begrüßenswert.

**Mag. Clemens Ratschan**
**Betreuer der Gewässer im Europaschutzgebiet Böhmerwald/ Mühltäler**

## Wie sehen Sie den Wert und die Bedeutung der Öko-Inseln als langjähriger Betreuer?

Vor vielen Jahren entdeckte ein Naturschützer eine wunderschöne Orchideenwiese. In seiner Begeisterung machte er den Besitzer, einen Landwirt, darauf aufmerksam und bat ihn, dieses wertvolle Stück Natur sorgsam zu betreuen. Einen Tag später wurde die Wiese jedoch gedüngt und umgepflügt ...

Dieses „Schlüssel-Erlebnis" führte uns zu ersten Überlegungen, wertvolle Lebensräume für wildlebende Pflanzen- und Tierarten durch Ankauf zu sichern.

Schon unser erstes Projekt, die Schmetterlingswiese am Demmerkogel, wurde als erster Rettungskauf für den äußerst seltenen Sackträgerschmetterling „Reiseronia gertrudae" realisiert. Der Begriff „Öko-Insel" wurde 1984 von Karl Zimmerhackl und der önj Haslach mit ihrem ersten Projekt geprägt.

Mit der Öko-Insel „Kainischmoos", ein Hochmoor, erweiterte sich unser Bemühen um den Schutz selten gewordener Lebensraumtypen. Auch der „Grazer Urwald" ist als Lebensraum und Grünes Klassenzimmer einzigartig.

Flussläufe sind heute mehr denn je gefährdete Lebensräume. Als eines der bisher positiven Beispiele kann in der Steiermark die Lafnitz genannt werden. Sie zählt zu den natürlichsten Flussläufen in Mitteleuropa! In den 1980er-Jahren wurde sie noch als Kanal geplant.

1987 hat die Naturschutzjugend die erste Fläche als „Sperrfläche" an der Lafnitz gekauft.

> **„Sie bilden wertvolle Herzstücke des Europaschutzgebietes."**
>
> OF Ing. Rupert Fartacek

Heute ist die Lafnitz ein Musterprojekt für Kooperationen mit mehreren Partnern. Große Teile der Lafnitz sind nun als Natura-2000-Gebiet ausgewiesen. Auch die Öko-Insel an der Raab in Hohenbrugg (Steiermark) war ein Zündfunke für ein vorbildliches Großprojekt: die Interessensgemeinschaft „Mein Quadratmeter Raabtal". Mittlerweile umfasst die Fläche aller Öko-Inseln der önj Steiermark 625.129 m².

Pädagogisch ist die Naturschutzjugend in der einzigartigen Lage, Naturerlebnisse und Naturschutzaktivitäten auf ihren eigenen Flächen jungen Menschen vermitteln zu können. Soweit mir bekannt ist, sind wir europaweit die einzige Jugendorganisation, die auf einen derartigen Schatz an Öko-Inseln verweisen kann!

**Hermann Steppeler**
**Österreichische Naturschutzjugend Steiermark, langjähriger Organisator und Betreuer der steirischen Öko-Inseln.**

Grazer Urwald.

## Welche Rolle spielen die Öko-Inseln der Naturschutzjugend für die Arbeit in Ihrem Verein?

Der land- und forstwirtschaftliche Fortschritt der letzten Jahrzehnte hat die österreichische Landschaft grundlegend verändert.

Moore wurden entwässert und aufgeforstet, die bunten Heuwiesen wurden in artenarme Intensivwiesen verwandelt, Flüsse und Bäche zu lebensfeindlichen Kanälen begradigt usw.

Um Natur erfolgreich zu schützen, sind verschiedene Maßnahmen und Wege möglich – eine davon ist die Umsetzung in Öko-Inseln.

Selten gewordene oder bedrohte Naturräume zu schützen, ein Netzwerk an ökologisch intakten Lebensräumen als Rückzugsinsel für Flora und Fauna aufzubauen, wurde schon frühzeitig von der önj Haslach erkannt. Gemeinsam mit den Menschen in der Region eine nachhaltige Naturraumentwicklung zu gestalten, zählt zu den vorrangigen Aufgaben.

Eine weitere Grundidee ist, diese Öko-Inseln Kindern und Erwachsenen als Umwelt-Lernort näher zu bringen, ökologische Zusammenhänge zu begreifen sowie eine Wertschätzung für diese sensiblen Lebensräume aufzubauen. Neben dem Kennenlernen, Beobachten und Pflegen dieser Öko-Inseln wird interessierten jungen Menschen die Durchführung von speziellen Natur- und Artenschutzprojekten durch die Österreichische Naturschutzjugend angeboten.

Die önj Haslach setzt mit den Öko-Inseln Meilensteine für den nachhaltigen Schutz der Mühlviertler Landschaft.

**Helmut Schausberger**
ehem. Landesleiter Naturschutzjugend OÖ.

> **„Wir dürfen wirklich stolz auf diese Flächen sein, weil sie als Öko-Inseln in ihrer ursprünglichen Form als qualitätsvolle ‚Lebensräume' erhalten bleiben."**
> Markus Hagler

Kinder der önj Steiermark auf der Öko-Insel Neuwiesen.

## Was ist aus deiner Sicht damals und heute über unser Öko-Insel-Konzept zu bemerken?

Hinsichtlich der Öko-Inseln beeindruckt mich in erster Linie die Nachhaltigkeit des gesamten Projekts über bereits so viele Jahre, getragen durch die Selbstlosigkeit von Karl und seinem Team. Ich erinnere mich gut an die Anfangszeit der Öko-Insel und die gemeinsamen Exkursionen dorthin. In unserer sterilen Gesellschaft erfreue ich mich heute umso mehr an diesem naturbelassenen Fleckchen Heimat.

**DI Daniel Schörgenhuber**
Geschäftsführer der Firma Holzmann, Haslach

# Rund um die Öko-Inseln

# Landwirte – Naturschützer – Agrarbehörde, eine sensible Dreierbeziehung?

## Die Grundzusammenlegungen im Tal der Großen Mühl in den 1980er-Jahren – Historischer und geografischer Hintergrund

Die zweite Gründung des Stiftes Schlägl erfolgte durch die Prämonstratenser Chorherren im Tal der Großen Mühl um die Mitte des 13. Jahrhunderts. Zweifelsfreie Urkunden weisen auf eine Zeit vor 1251 hin. In dieser Zeit beginnen die menschlichen Aktivitäten in diesem Raum.

Der erste Gründungsversuch eines Klosters durch den Orden der Zisterzienser ist wegen der unwirtlichen Bedingungen fehlgeschlagen.

Das Tal und damit der Oberlauf der Großen Mühl verlaufen parallel zum Hauptkamm des Böhmerwaldes, dessen höchste Erhebungen mit dem Plöckenstein und dem Hochficht bis auf über 1.300 m ansteigen. Das Mühltal weist in diesem Abschnitt eine Länge von fünfzehn und eine Breite von etwa vier Kilometern auf. Es befindet sich in einer Seehöhe zwischen 500 und 600 m und ist deutlicher nach Osten als nach Westen geöffnet. Die linke Talseite bietet eine relativ ebene Talbodenterrasse, die nach Norden vorerst sanft und gegen den bewaldeten Böhmerwald-Südhang stärker ansteigt.

In diesem ehemaligen Rodungsgebiet nordwestlich des Stiftes Schlägl finden wir lineare zweizeilige Dorfsiedlungen mit einer Unmenge von zugehörigen Grundstücken, mehrteiligen und zersplitterten Streifenfluren, die über das gesamte Dorfgebiet reichen.

Mit der Zusammenlegung von Grundstücken kam es auf diese Weise nach sechs Jahrhunderten zu einer massiven Strukturveränderung in weiten Teilen des Mühltales. Betroffen davon war in erster Linie die linke Talseite zwischen dem Flusslauf der Großen Mühl und dem Waldsaum des Böhmerwaldes.

## Die Grundzusammenlegung im Wandel der Zeit

Die Geschichte der Bodenreform in Österreich ist heute noch nicht ausreichend aufgearbeitet. Es wäre beispielsweise eine Dissertation wert, die wechselnden Ziele der Grundzusammenlegung in Oberösterreich im vergangenen Jahrhundert zu verfolgen. Dass 2011 das 100-jährige Bestehen der Agrarbehörde verschämt verschwiegen wurde, wirft ein bezeichnendes Licht auf das Zuendegehen einer früher als notwendig erkannten Bodenreformmaßnahme in Oberösterreich.

Eine Grundzusammenlegung hat das Ziel, aus vielen kleinen, ungünstig ausgeformten und oft schwer erreichbaren Parzellen in einem alles auf den Kopf stellenden Tauschverfahren wenige große, gut bewirtschaftbare Grundflächen hervorzuzaubern. Parallel zur fortschreitenden Mechanisierung in der Landwirtschaft und dem Einsatz fossiler Treibstoffe wurden die Anforderungen immer höher. Nach dem 2. Weltkrieg, als es verstärkt auch um die Steigerung der Nahrungsmittelproduktion ging, wurden die Ansprüche an die Zusammenlegung geradezu radikalisiert.

Was sich vordergründig als kurzfristig erfolgreich gezeigt hatte, war in Wirklichkeit eine ökologische Katastrophe. Mit der radikalen „Verbesserung" der Agrarstruktur ging eine totale „Umkrempelung" der Landschaft einher. Und dies nicht nur deshalb, weil die meisten Landschaftselemente wie Feldraine, Kleingehölze, Feuchtbiotope usw. verschwanden, sondern weil auch noch großflächig entwässert, reguliert, verrohrt, planiert und erschlossen wurde. Das Kind wurde mit dem Bad ausgeschüttet, das Ergebnis war eine ausgeräumte Landschaft, eine möglichst geometrische Agrarsteppe mit zerstörten Öko-Strukturen.

Etwa bei diesem Stand der Entwicklung konnte ich Ende der 1960er-Jahre die technische Verantwortung für Grundzusammenlegungsoperate übernehmen. Inzwischen begann sich das Blatt zu wenden: Erosion und Überschwemmungen, der gestörte Wasserhaushalt also, der fehlende Windschutz sowie der Artenschwund bewirkten ein Umdenken. Die gesellschaftspolitischen Ansichten wandelten sich gleichzeitig: Die Erholungsfunktion der Landschaft und die Wichtigkeit des Naturschutzes

Schmetterlingswiese vor der Zusammenlegung

Schmetterlingswiese kurz nach der Zusammenlegung

wurden erkannt, gesunde Lebensmittel wurden nachgefragt. Die Agrarbehörde hat darauf positiv reagiert.

Österreichs Beitritt zur EU 1995 hat der Agrarlandschaft aus strukturellen Gründen noch einmal eine andere Richtung gewiesen. Überleben werden die „Großen", die die „Kleinen" in Form von Zupachtung zum Verschwinden bringen. Die ökologischen Bestrebungen sind zum Stillstand gekommen, die Grundzusammenlegung ist obsolet geworden. Immer noch größere Flächen bedingen die schleichende Ausräumung und Verarmung der Landschaft. Diese Entwicklung wurde mit dem EU-Beitritt Österreichs noch weiter beschleunigt.

> **„So sehr man sich als Naturschützer für diese kleinen Paradiese begeistern kann, die Bewirtschaftung ist kein Honiglecken."**
>
> Friedrich Witzany

Das Ringen zwischen Ökonomie und Ökologie in der Landwirtschaft scheint immerwährend zu sein. Mit dem angeeigneten Pessimismus eines älteren Menschen vermute ich, dass uns die Erhaltung unseres unangemessen hedonistischen Lebensstils über alles geht und die Ökologisierung der Agrarlandschaft, regionale Versorgung oder gesunde Nahrungsmittel im Allgemeinen nicht wirklich hohe Anliegen sind, obwohl das eine mit dem anderen eng zusammenhängt.

## Karl Zimmerhackl – „Ein Pionier" für die Landschaft

Zeitgleich mit dem technischen Fortschritt gingen Zerstörungstendenzen einher und doch erstarkte die Naturschutzbewegung als logische Gegenentwicklung. Der Österreichische Naturschutzbund (ÖNB) feierte gerade sein 100-jähriges Bestehen. Die Naturschützer konzentrierten sich anfangs auf die Bedrohung des alpinen Raumes, auf die Rettung von Wasserläufen und Mooren, auf die Ausweisung von Schutzgebieten, auf die Brennpunkte sozusagen. Die fortschreitende Erodierung der unspektakulären Agrarlandschaft fand weniger Beachtung, vielleicht einmal abgesehen von den unseligen Obstbaum-Rodungsaktionen oder den sinnlosen Entwässerungen der Moore und den darauf folgenden Aufforstungen mit Fichten.

Unter den herausragenden Naturschützern in Oberösterreich und über die Grenzen hinaus hat sich Karl Zimmerhackl einen Namen gemacht. Er sieht den Schutz der Natur nicht als eine Angelegenheit einer Elite. Als Pädagoge weiß er, dass der Naturschutzgedanke in der Region und in den Köpfen der Menschen verankert sein muss, wenn er nachhaltig wirken soll. Und zweitens weiß er, dass er bei den jungen Menschen ansetzen muss, die in der Zukunft die Gesellschaft gestalten werden. Hätte jede Region ihren Karl Zimmerhackl, wäre beispielsweise das Erscheinungsbild der Landschaft merklich anders: Eine abwechslungsreiche Landschaft, ökologisch stabil, artenreich und trotzdem – ganz wichtig – gut verträglich mit einer nachhaltigen Bewirtschaftung. Im folgenden Abschnitt wird hauptsächlich über die Zusammenarbeit zwischen diesem besonnenen und zielorientierten Naturschützer und der Agrarbezirksbehörde Linz bei Grundzusammenlegungen im Tal der Großen Mühl von Rudolfing über Schindlau, Berdetschlag, Seitelschlag bis Panidorf und Freundorfer Häuseln die Rede sein.

## Fallbeispiele für gelungene Zusammenarbeit

*„Ich sehe es als glückliche Fügung, dass ich in den 1980er-Jahren in dieser Region für einige Grundzusammenlegungen als Operationsleiter technisch verantwortlich war und Karl Zimmerhackl in der Gegend wusste.*

*Die Freundschaft mit ihm reicht bis in die Zeit im gemeinsamen Kampf gegen das Atomkraftwerk Zwentendorf in Niederösterreich und die erfolgreich gewonnene Volksabstimmung darüber zurück. Ich kannte seine zahlreichen Aktivitäten schon länger und gewann bei beeindruckenden Exkursionen (von Schwarzenberg bis in die Gegend von Helfenberg) die Überzeugung, dass sich zwischen der Österreichischen Naturschutzjugend Haslach als regionalem Naturschutzverein und NGO einerseits und der Tätigkeit der Agrarbehörde Linz als Amt andererseits eine gedeihliche und für beide Seiten erfolgreiche Zusammenarbeit anbahnen würde.*

*Diese Zusammenarbeit bestand im Wesentlichen darin, dass landwirtschaftlich uninteressantere und schwer erreichbare Grundstücke oder Grundstücksteile, die aber ökologisch höchst wertvoll sind (Vernetzungs- oder Inselfunktion), im Tauschverfahren im Eigentum der alten Besitzer verblieben. Für die Erreichbarkeit dieser Flächen wurde vorgesorgt (Wege, Fahrtrechte). Wäre ein Besitzerwechsel erfolgt, hätte man mit großer Wahrscheinlichkeit abzuholzen, zu roden und zu planieren begonnen. Auf der einen oder anderen Parzelle wäre heute an Stelle der artenreichen Schmetterlingswiesen eine monotone Fichtenaufforstung zu sehen.*

*Diese Vorgangsweise im Einvernehmen mit den Grundeigentümern rief dann die Österreichische Naturschutzjugend Haslach auf den Plan. Karl Zimmerhackl bot sich an, diese „Restflächen“ zu erwerben. Manche Eigentümer sollen auf ihn ja geradezu schon gewartet haben, manche zierten sich demonstrativ lange, aber im Laufe der Jahre wurden aus dem angekauften Fleckerlteppich geschlossene Öko-Flächen, Lebensräume für Schmetterlinge, Kleintiere, Vögel und Pflanzen, die beim sonst üblichen Ablauf einer Grundzusammenlegung weitgehend vernichtet worden wären. Dabei habe ich Karl Zimmerhackl als umsichtigen und realistischen Gesprächspartner und Verhandler erlebt und geschätzt, der die Interessen der Landwirte sehr ernst genommen hat und daher auch deren Anerkennung und Vertrauen genoss.*

*Damit wurden drei Fliegen auf einen Schlag erwischt: Die Grundbesitzer sahen im Verkauf dieser aus ihrer Sicht problematischen Flächen einen Vorteil, die Naturschützer konnten die für sie begehrenswerten Flächen günstig erwerben, denn die Agrarbehörde kam bei Vermessung, Vertragserrichtung und Grundbuchseintragung den KäuferInnen entgegen. Und mir als technisch Verantwortlichem war auch gedient, zusätzlich mit der Genugtuung, wertvolle Flächen gerettet zu haben. Mit besonderer Erwartung und Freude näherte ich mich in der Ortschaft Schindlau immer einem solchen Biotop, wo ich ein brütendes Braunkehlchen wusste und beobachten konnte, natürlich erst von Karl Zimmerhackl darauf aufmerksam gemacht. Ich habe vorher keines bewusst erkannt und nachher leider keines mehr gesehen!*

*Zunehmend hat mich damals schon die Frage beschäftigt, wie denn die Naturschutzjugend Haslach die Pflege und Betreuung dieser arbeitsintensiven und immer größer werdenden Flächen bewältigen will. So sehr man sich als Naturschützer für diese kleinen Paradiese begeistern kann, die Bewirtschaftung ist kein Honiglecken. Aber auch dieses vielschichtige Management scheint für Karl kein Problem gewesen zu sein. Eine gewaltige Aufgabe, wenn ich höre, dass inzwischen 62 ha solcher „Öko-Inseln“ erworben wurden.*

## Zusammenfassung mit einem kritischen Ausblick

*Die Grundzusammenlegungen im Tal der Großen Mühl oberhalb von Aigen/Schlägl fallen bereits in jenen jüngeren Zeitraum, in dem auch ökologische Aspekte berücksichtigt und umgesetzt werden konnten, zumindest in Ansätzen (1980er-Jahre). Die leider viel zu lange nicht erkannte Entflechtungsmöglichkeit raumordnerischer Interessen durch die Tätigkeit der Agrarbehörde kam aber zum Tragen. Die Umfahrungsstraßen, beispielsweise von Schindlau, oder der Golfplatz in Ulrichsberg sind Produkte dieser Entflechtung. Auch die von der Naturschutzjugend Haslach erworbenen Öko-Flächen können als gutes Beispiel für eine gedeihliche Zusammenarbeit aller Interessenten genannt werden.*

*Die Besonderheit dieser erfolgreichen Konstellation zwischen Agrarstruktur, Raumordnung und Naturschutz war auch Anlass, viele Exkursionen in diese Gegend zu bringen. Ob es Schüler, Naturschützer, Fachleute, Landwirte oder gar Agrarkollegen aus dem benachbarten Bayern waren, sie alle waren von unseren Vorzeigeprojekten angetan.*

*Eine Prognose fällt schwer, was die Zukunft den BewohnerInnen dieser Böhmerwaldregion bringen wird. Die schleichende Entökologisierung der Landschaft wird jedenfalls auch hier nicht Halt machen. Die Tatsache, dass größere Teile der Region, ich denke da besonders an die Ortschaften Mühlwald und Ödenkirchen rechtsseitig der Großen Mühl, noch keiner Grundzusammenlegung unterzogen wurden, sollte nicht als Versäumnis sondern als große Chance gesehen werden. 2002 wurden hier 54 ha von der oö. Landesregierung als Landschaftsschutzgebiet „Kulturterrassen in Ödenkirchen“ ausgewiesen. Diese Stufenraine und Heckenzüge im Dorfbereich der beiden Ortschaften sind durchaus mit ähnlichen Terrassen-Landschaften in den Alpenländern vergleichbar und weisen eine meist zeitgleiche Entstehungsgeschichte auf.*

*Landschaftselemente, die bei der Neuordnung einer Grundzusammenlegung hinderlich sind und zerstört werden, sind unwiederbringlich verloren. Ein annähernd gleichwertiger Ersatz und neue Öko-Strukturen sind nur schwer durchsetzbar. So konservativ es daher klingen mag: Vom Altbestehenden so viel wie möglich zu erhalten und zu retten ist der effizienteste Weg für den Bestand einer harmonischen Kulturlandschaft. Genau in diese Kerbe schlagen die Aktivitäten und Grundankäufe der Naturschutzjugend Haslach mit ihrem Mentor Karl Zimmerhackl. Das bisher Erreichte kann sich sehen lassen!“*

**Friedrich Witzany**
Mai 2014

Zum Autor: Dipl.-Ing. Friedrich Witzany, geb. 1940, Studium der Kulturtechnik an der Universität für Bodenkultur Wien, war tätig bei der Agrarbezirksbehörde Linz, seit 2001 in Pension, wohnt in St. Florian bei Linz.

## Der Eiserne Vorhang – entsteht und fällt!

Die weiträumige Landschaft des Böhmerwaldes war über Jahrhunderte eine Region, in der Deutsche und Tschechen friedlich zusammen lebten. Bis 1918 bestand keine Grenze zwischen Oberösterreich und Böhmen. Nach dem Ende des 2. Weltkrieges wurden alle BewohnerInnen aus den Ortschaften im Grenzraum vertrieben und viele Siedlungen dem Erdboden gleich gemacht.

An Österreichs Grenzen im Norden und Osten wurde es ab Februar 1948 mit der Machtübernahme der Kommunisten zunehmend ungemütlicher. Alle sieben Grenzübergänge zwischen Südböhmen und dem Bezirk Rohrbach wurden geschlossen. Die Bezeichnung „Eiserner Vorhang" stammt aus eine Rede des Premierministers Sir Winston Churchill, die er bereits 1946 gehalten hatte. 1951 wurde mit der Errichtung dieses Grenzzaunes begonnen. Die Tschechoslowakische, ab 1960 die Tschechoslowakische Sozialistische Republik (CSSR), und die Volksrepublik Ungarn begannen, die Grenzen verstärkt zu sichern.

Mit Wachtürmen, Stacheldraht, Minenfeldern und elektrischen Zäunen wurde mit einigem Abstand von der eigentlichen Staatsgrenze der „Eiserne Vorhang" eingerichtet und durch tausende Soldaten bewacht. Radaranlagen, Truppenübungsplätze und Verteidigungsanlagen waren im gesamten Grenzraum verteilt. Eine weiträumige Zone entlang der Grenze wurde von den kommunistischen Machthabern zum Sperrgebiet erklärt und damit weitgehend der Natur und deren Dynamik überlassen. Was für die Natur von Nutzen war, wurde für die Bewohner auf beiden Seiten der Grenze zum Alptraum. Wir ÖsterreicherInnen benötigten ein Visum und mussten lange Kontrollen an der Grenze in Kauf nehmen, um nach Südböhmen auf der „anderen Seite" zu gelangen. Wer sich aus Neugierde als „Gruseltourist" oder aus Unkenntnis über den genauen Verlauf der Staatsgrenze ins „Niemandsland" verlief und gefangen wurde, musste mit längeren unbequemen Aufenthalten und Verhören im Nachbarland rechnen. An den wenigen Grenzübertrittstellen wieder an die österreichischen Zollbeamten übergeben, wurde eine Geldstrafe wegen illegalen Grenzübertritts von der österreichischen Zollbehörde eingehoben. Für die Menschen, die keine Zukunft im Kommunismus sahen, war eine Flucht über den „Eisernen Vorhang" in den „Goldenen Westen" so gut wie unmöglich. Hunderte Flüchtlinge verloren dabei ihr Leben oder wurden gefangen genommen. Soldaten, die auf der Jagd nach Flüchtenden erfolgreich waren, wurden mit einigen Urlaubstagen belohnt.

Dieser Zustand an der Grenze dauerte 40 Jahre bis November 1989. Dann brach, auch für uns im Westen überraschend, die kommunistische Herrschaft in Osteuropa zusammen und damit fiel auch der „Eiserne Vorhang". Das Bild an der Grenze hat sich seit dieser Zeit verändert. Der Verlauf des „Eisernen Vorhangs" ist heute nur noch andeutungsweise zu erkennen.

Die Spuren des „Eisernen Vorhanges" sind für aufmerksame Wanderer auch im 21. Jahrhundert noch nicht ganz verschwunden.

„Achtung! Sperrzone. Betreten nur mit Erlaubnis."

# Ökologische Brückenbauer – schneller als die Politik

## „Natur an der Grenze" wird zur „Gemeinsamen Vielfalt ohne Grenzen"

Erste Signale aus Südböhmen erreichten uns, in Form eines Briefes von Dalibor Stráský aus Ceske Budejovice/Budweis, im Frühling 1989 mit der Bitte um Kontaktaufnahme und Gedankenaustausch zu ökologischen Themen, verbunden mit einer Einladung zu einem Besuch bei unseren nördlichen Nachbarn.

Am 30. Mai 1989 reiste das Team der Naturschutzjugend Haslach in einem kleinen Bus, mit Einreisevisa und Reisepässen, in Richtung tschechische Grenze. Am scharf bewachten Grenzübergang Dolni Dvoriste/Unterhaid wurden wir bei der Einreise genauestens kontrolliert. Hier stieg Václav Polák zu uns in den Bus, um uns in den folgenden zwei Tagen zusammen mit einer Gruppe CSOP (tschechischer Naturschutzbund), dem „Siebener", mit Dalibor Stráský, Jan Beran und Svatomir Mlcoch die Naturschätze Südböhmens zu zeigen.

Am Eingang zum Cervene Blato/Rotes Moor nahe Nove Hrady/Gratzen wurden wir mit Brot und Salz offiziell als Gäste begrüßt. Schon dieses erste Naturschutzgebiet mit den herrlich weißen Blütendolden der Sumpfporst-Bestände (Ledum palustre) hat uns einen beeindruckenden Einblick in die weiträumigen Landschaftselemente Südböhmens geboten. Das Biosphärenreservat im Treboner Teichgebiet, mit den etwa 180 Teichen unterschiedlicher Größe und Gestalt, stand anschließend auf dem Programm. In den Wäldern und Feuchtgebieten brüten unter anderem Seeadler, Schwarzstorch, Brachvogel, Bekassine, Waldwasserläufer, Graugans, Graureiher, Nachtreiher und zahlreiche Entenarten.

Im September 1989, noch vor der „Samtenen Revolution", konnten wir im Auftrag des damaligen Landeshauptmannes Dr. Josef Ratzenböck unsere südböhmischen Freunde in den österreichischen Teil des Böhmerwaldes einladen. Begleitet wurde die Gruppe von zwei „Aufpassern" aus Prag. Die Steilstufe des Schwarzenbergischen Schwemmkanals in der Morau und der Moldaublick standen auf der Wunschliste unserer Gäste ganz oben. Mit dem Besuch unserer Öko-Insel in Haslach, der Torf Au in Ulrichsberg und der Stadl Au in Klaffer war der erste Tag ausgefüllt. Am nächsten Tag reisten wir mit unseren Gästen weiter in das Naturschutzgebiet Unterer Inn/Innstauseen.

Wir ahnten damals noch nicht, dass wir damit den Grundstein für viele weitere gemeinsame Exkursionen und Projekte gelegt hatten. Die beiden Besuche waren die ersten und bisher einzigen direkten Kontakte im Bereich Ökologie zwischen Ost und West vor dem Fall des „Eisernen Vorhanges" gewesen.

Zwei Monate später, im November 1989, beseitigte die „Samtene Revolution" das große Hindernis, den „Eisernen Vorhang"; mit einem Schlag waren die langwierigen Grenzformalitäten Geschichte. Unsere gegenseitigen Besuche und Kontakte konnten nun ungehindert und ohne „Aufpasser" stattfinden und wurden damit zum Fundament für viele weitere Projekte, Exkursionen und Publikationen.

Wir schreiben den 1. Mai 1990. Václav Polák und der Botaniker Stanislav Kucera warten bereits in Vyssi Brod/Hohenfurth auf uns. Mit Zustimmung des Militärs in Pasecna/Reiterschlag durften wir zum ersten Mal den ökologisch besonders wertvollen Grenzstreifen zwischen Jasanky/Asang und Horni Ures/Oberuresch gemeinsam besuchen. Unser Projekt „Natur an der Grenze" wurde neu aus der Taufe gehoben und nun unter dem aktuellen Titel „Natur ohne Grenzen" weitergeführt. Unsere tschechischen Freunde sparten bei dieser Exkursion nicht mit Lob. „Österreich, das Land der kurzen Rasen. Bei euch sieht es aus wie in einem Film", war immer wieder zu hören. Wir wiederum waren voll des Lobes über die Vielzahl an weiträumigen Schutzgebieten und den Artenreichtum des Landes.

1992 wurde das Gebiet um Jasanky mit 105,20 ha als Narodni Pamatka/Naturdenkmal ausgezeichnet, und mit dem Beitritt Tschechiens zur Europäischen Union weite Gebiete zum „Europaschutzgebiet-Natura 2000" erklärt.

Ein drittes Ereignis aus dem ersten Jahr unserer gemeinsamen Arbeit war eine Böhmerwaldkonferenz Anfang Oktober 1990 in Cesky Krumlov/Krumau, die mit einer Exkursion in das faszinierende Gebiet von Knizeci Plane/Fürstenhut, an der bayerisch/tschechischen Grenze, verbunden war. Václav genießt die herrliche Landschaft in der herbstlich warmen Sonne. Mit dem Bürgermeister von Borova Lada und den Exkursionsteilnehmern wurde über die zukünftige Entwicklung dieses Gebietes diskutiert. Ein Kameramann des Prager Fernsehens zeichnete das Geschehen auf. Als von einer möglichen Erschließung des Gebietes für Siedlungszwecke die Rede ist, springt Václav dazwischen und punktet mit seiner Idee, diese Landschaft als zukünftigen „Nationalpark Sumava" einzurichten. Schon ein Jahr später, am 20. März 1991, wurde seine Nationalpark-Vision Wirklichkeit. Mit einer Fläche von ca. 70.000 ha ist der NP Sumava der größte in ganz Tschechien.

So haben wir Ing. Václav Polák in den folgenden Jahren als den Kenner der Natur Südböhmens erlebt. Ohne seine Führungsqualitäten wäre Südböhmen für uns auch heute noch ein weitgehend unbekanntes Land geblieben. Václav Polák, authentisch, energisch, freundschaftlich, herzlich – wird uns immer fehlen, besonders dann, wenn nach 25 Jahren der Schwung des Aufbruchs zu erlahmen droht, und das Räderwerk der Landschaftszerstörung seinen Lauf nimmt. Dekuju pekne, Václav!

Heute sind Mgr. Josef Štemberk von der Nationalparkverwaltung Sumava in Vimperk und Dipl. Ing. Alois Pavlicko von der Agentur für Natur in Prag jene Kontaktpersonen, mit denen wir Natur- und Artenschutzthemen beraten. Das Interreg- IV-Projekt „Gemeinsame Vielfalt – Spolecna rozmanitost" wurde mit Josef Štemberk, von der NP Sumava Verwaltung, von Jänner 2011 bis Oktober 2012 durchgeführt. Eine zweisprachige Broschüre berichtet über die ökologischen Besonderheiten beider Länder innerhalb der ‚Europaschutzgebiete – Natura 2000'.

Literatur: Natur ohne Grenzen, Natur, Kulturland und Leben an der oberösterreichisch-böhmischen Grenze vor, während und nach dem Bestehen des „Eisernen Vorhanges", eine Projektstudie der Österreichischen Naturschutzjugend Haslach 1989 – 1992; erschienen im Öko-Text 2/92, Österreichische Gesellschaft für Natur und Umweltschutz, Wien.

## Kurzer Lebenslauf von Ing. Václav Polák:

Geboren am 29. August 1929 in den Westkarpaten, gestorben am 30. Dezember 2010 in Ceske Budejovice.

1938 musste seine Familie vor den ungarischen Faschisten nach Trebon/Wittingau, Südböhmen, flüchten. Einen Winter hindurch wohnten sie hier in einer Garage. In Trebon besuchte er das Gymnasium und studierte dann in Pisek Forstwissenschaft. Im Kreisamt Budweis arbeitete er als Förster und anschließend im Kreisamt für Kultur und Naturschutz. Nach der Wende 1989 wurde er in die Außenstelle des Umweltministeriums in Budweis in eine leitende Funktion berufen.

Für das Team der Naturschutzjugend Haslach beschreibt ihn Rainer Vierlinger als einen, der über Grenzen hinaus dachte – schon bevor die Grenzen wieder durchlässig wurden: „... als einen, der Personen über Systeme stellte, ein exzellenter Kenner des Sumava, ein gut vernetzter Ermöglicher von der Basisarbeit bis zu den Behörden, ein polternder aber gemütlicher Kerl, dem der Schalk oft aus dem Gesicht lachte und der männliche Teil im unschlagbaren Doppel Dr. Vlasta Kroupova und Ing. Václav Polák."

**PhMr Jan Beran**

Stanislav Kucera und Václav Polák, erster und zweiter von rechts, im Hintergrund die Landschaft von Knizeci Plane/Fürstenhut, heute im Nationalpark Sumava, 1990.

Besichtigung der Stadl Au, September 1989.

## Erste Gäste aus Südböhmen vor der Wende

*In der zweiten Hälfte der 1980er-Jahre wurden die Umweltprobleme in der damaligen Tschechoslowakei immer ersichtlicher und haben das Leben der Menschen mehr und mehr belastet (z. B. die Luftverschmutzung in Nordböhmen). Kein Wunder also, dass sich die Leute in verschiedenen Umweltgruppen engagieren wollten; und zwar in den illegalen, aber auch in dem von den Behörden zugelassenen Tschechischen Verband der Naturschützer. Für einige stellte die Mitgliedschaft in diesem Verband gleichzeitig eine Möglichkeit der negativen Äußerung zum herrschenden Regime dar.*

*Auch in Südböhmen entstanden ziemlich viele örtliche Gruppen im Rahmen des genannten Verbandes, die sich vor allem mit der Pflege von Naturschutzgebieten beschäftigten. Die Gruppen aus dem Budweiser Bezirk waren aber auch imstande, im Frühjahr 1989 eine negative Einstellung zum Bau des AKW Temelín in Form einer Resolution öffentlich zum Ausdruck zu bringen.*

*Zu den aktivsten Gruppen gehörte auch „Der Siebener" aus Budweis. Die Gruppe mit etwa 80 Mitgliedern war dank der Aktivität ihrer führenden Personen nicht nur einflussreich, sondern auch wirtschaftlich stark.*

*Im Jahr 1988 beschloss „Der Siebener" auch eine internationale Zusammenarbeit zu entwickeln. Im „Handbuch des Naturschützers" aus dem Jahr 1986, das ehrenamtlich aktive Umweltgruppen der ganzen Welt mit entsprechenden Kontaktadressen auflistete, wählten wir zwei Adressen aus. Eine aus Österreich, da wir die unmittelbaren Nachbarn ansprechen wollten, und eine aus der Sowjetunion. Nein, nicht wegen einer Ausgewogenheit, sondern wegen der Änderungen in der Sowjetunion, die mit Perestroika verbunden waren und die auch im Umweltbereich vielversprechend aussahen.*

*Das damalige tschechoslowakische Regime hat ja die Änderungen in der Sowjetunion mit großen Sorgen beobachtet und diese als eine Gefährdung verstanden.*

*Eine Antwort haben wir nur von den österreichischen NachbarInnen aus Haslach an der Mühl erhalten. Ehrlich gesagt, diese Antwort war für uns viel wichtiger als das nie eingetroffene Echo aus der Sowjetunion. Sie hat echte Begeisterung und eine natürliche Entwicklung der Pläne für den gegenseitigen Informationsaustausch und persönliche Besuche ausgelöst. Wer konnte wissen, dass schon in einem Jahr jegliche Barrieren zwischen uns fallen und Kontakte zwischen Nachbarn so natürlich werden wie sie früher waren. Mit einer Ausnahme – die Sprachbarriere blieb. Sie zu überwinden ist jedoch Sache jedes Einzelnen, dafür ist kein Regime verantwortlich zu machen.*

*Bald war festzustellen, dass die Österreichische Naturschutzjugend in Haslach die „echte" Naturschutzgruppe für uns ist, da sie ähnliche Aktivitäten leistet, und so können wir unsere Erfahrungen austauschen. So konnten wir uns z. B. mit dem Projekt „Wiesen für Schmetterlinge, Hecken für Vögel" inspirieren lassen, und dank unseres Tomáš Malina wurde in der Grundschule in Horní Stropnice eine „Schmetterlingszucht" begonnen.*

*Die Erfahrungen aus Haslach standen sicher auch hinter dem Projekt, zu dessen Verwirklichung 1991 zuerst die Stiftung, später dann der Verein Calla gegründet wurde – nämlich der beste Schutz aus der Sicht des Naturschutzes ist der Ankauf von ökologisch wertvollen Grundstücken. Leider ist es uns im Vergleich zur Naturschutzjugend Haslach nie gelungen, die dafür notwendigen Finanzmittel aufzutreiben.*

*Es ist logisch, dass es unumgänglich war, trotz verschiedener administrativer Hindernisse, sich persönlich kennenzulernen. Im Juni 1989 konnten wir 16 Freundinnen und Freunde aus dem angrenzenden Mühlviertel in Südböhmen herzlichst willkommen heißen. In zwei Tagen war es unmöglich, ihnen zumindest die wichtigsten Sehenswürdigkeiten der südböhmischen Natur sowie unsere Ergebnisse der Naturschutzaktivität vorzuführen. Wir bemühten uns sehr, sodass unsere Gäste mehr als zufrieden waren. Wir zeigten ihnen das Naturreservat „Rotes Moor", das künftige Naturreservat „Brousek Mühle" sowie attraktive Teile des Landschaftsschutzgebietes „Třeboňsko". In Týn nad Vltavou besuchten sie das Moldavit-Museum, und unterwegs konnten unsere Gäste die Baustelle des AKW Temelín kurz anschauen. Als einen äußerst negativen Eingriff in die Natur beurteilten wir gemeinsam die Begradigung des Flusses Stropnice in der Nähe der Stadt Nové Hrady. Heute ist hier wieder fast der gesamte Flusslauf rückgebaut.*

*Die Vorbereitung unseres Besuches in Haslach war viel komplizierter – Ansuchen, Begründungen, Bewilligungen, Stempel, Unterschriften, Teilnehmerlisten, Kommissionen, Bestätigungen etc. Man musste einfach viel Geduld und starke Nerven haben. Einige Leute, die damals in der Staatsverwaltung beschäftigt waren, die an einem Besuch in Österreich Interesse hatten und sicher eine Besichtigung im Ausland verdient hätten, gaben lieber auf – sie fanden das Risiko der Probleme im Beruf zu hoch. So konnten auch aktive Leute aus anderen Gruppen eingeladen werden. Und so kam Herr Ing. Václav Polák, dessen Sprachkenntnisse die beste Empfehlung darstellten, zu uns.*

*Im September 1989 war es endlich möglich, nach Österreich zu fahren. Die Begrüßung durch den Herrn Bürgermeister in Haslach an der Mühl war für uns überraschend – wir wurden wirklich als hoch geschätzte Gäste wahrgenommen!*

*Das Erste, was wir bewunderten, war die Ordnung in der Landschaft. Keine Brennnesseln und kein Unkraut neben den Straßen oder am Rande der Felder! Keine begradigten Bäche! Keine Entwässerungskanäle! Etwas Unvorstellbares in der Tschechoslowakei ...*

*Und was für ein merkwürdiges Gefühl, ein Stück des eigenen Landes vom Ausland aus, an der Steilstufe des Schwarzenbergischen Schwemmkanals in der Nähe der Morau bei St. Oswald anzuschauen, ohne es wie normal von zu Hause besuchen und besichtigen zu können ... Ja, so absurd war die Vergangenheit im Grenzgebiet ... Wer von uns konnte erahnen, dass wir schon in einem halben Jahr, im Mai 1990, diese Gegenden doch besuchen und besichtigen könnten? Erfrischung beim Biobauer! Vogelparadies Unterer Inn! Salzburg! Haus der Natur in Salzburg und das Salzkammergut! Und vieles mehr! Erstaunlich! Ich glaube, kaum jemand träumte von so einer Exkursion.*

*Bevor wir die weiteren Schritte der Zusammenarbeit planen konnten, kam die Wende auch in der Tschechoslowakei. Die rasche Grenzöffnung änderte die Rahmenbedingungen grundsätzlich. Seitdem konnte die Zusammenarbeit viel spontaner und flexibler erfolgen. Mit der Wende haben sich aber auch neue Perspektiven in anderen Bereichen geöffnet. Viele Leute haben also ihre Schwerpunkte gewechselt und den Bereich Naturschutz verlassen. Es ist sehr schade, weil mehrere tschechische Politiker schon vergessen haben, dass die Wende eigentlich mit den Demos für eine bessere Umwelt und für bessere Luft in Nordböhmen angefangen hat. Das Thema Umweltschutz ist in Tschechien nicht mehr interessant, und Umwelt- und Naturschutz wird als Hindernis für die industrielle Entwicklung, für die „strahlende" Zukunft, für die Ausbeutung der Landschaftsschutzgebiete empfunden ...*

*Umso bewundernswerter ist die Tatsache, dass die Österreichische Naturschutzjugend Haslach nach wie vor aktiv an Projekten arbeitet und damit nachhaltig in der Region tätig ist.*

**Dalibor Stráský**

## Steckbrief:

Dalibor Stráský (geboren 1961 in Budweis), Absolvent der Tschechischen Technischen Universität in Prag, Fakultät für Kerningenieurswesen, Bereich Theorie und Technik der Kernreaktoren. Seit 1982 Mitglied des Tschechischen Verbandes der Naturschützer, 1986-1990 Vorsitzender der örtlichen Gruppe „Siebener" in Budweis, 1989-1990 Vorsitzender der Bezirksorganisation Budweis. Seit 1987 freiwilliger Mitarbeiter des staatlichen Naturschutzes als Aufseher, Verwalter des künftigen Naturschutzgebietes „Brouskův mlýn". Mitbegründer des Umweltschutzverbandes „Calla" in Budweis (1991). Derzeit als Anti-Atom-Beauftragter des Landes Oberösterreich tätig.

Empfang durch damaligen Haslacher Bürgermeister Zierlinger, Ludwig Fliesser, Václav Polák, Johannes Bohaumilitzky, 1989.

Ausflug nach Reichersberg, 1989.

## Die Grenze

eine Linie
Stacheldraht einst:
hier –
drüben.

Spuren
von Wegen
Häusern
Scherben
ans Tageslicht gebracht.

Eine Landschaft
sich selbst überlassen
in Jahrzehnten –
einzig!

Tiere
geblieben
zurückgekommen –
ein gütigeres
als der Menschen Schicksal.

Hände, bereit
das Erbe zu schützen:
drüben –
hier.

Christa Zimmerhackl, 1992

# Das böhmische Kristallglas eroberte die Welt

## Bohuslav Balbín aus Klattau über das böhmischen Glas

Die Vergangenheit der Stadt Klattau ist mit dem Jesuitenorden im 17. und 18. Jahrhundert eng verbunden, denn hier war eine wichtige Jesuitenschule mit einem Internat. Da wirkte seinerzeit auch Bohuslav Balbín, Autor der lateinischen Publikation „Miscellanea historica Regni Bohemiae" (Verschiedenes aus der Geschichte des Böhmischen Königreichs), herausgegeben 1688.

Balbín schreibt: *„Die völlig eigenthümliche Kunst des Glasmachens, eine treffliche und, paralysierte nicht bei uns die Menge den Preis, überaus kostbare Frucht der Chemie, so wie die Werkstätten dieser Kunst sind so zahlreich bei den böhmischen Wäldern anzutreffen, daß Böhmen die benachbarten und entfernten Gegenden übertrifft ... In einigen werden so durchsichtige, glänzende, reine und feingezogene Gläser geblasen, daß die Verkäufer durch sehr hohe Preise in's Reich und nach ganz Deutschland gelockt werden."*

## Barockglas im Böhmerwald

Vor dem Dreißigjährigen Krieg stellten die Glashütten im Böhmerwald meist Patterln, kleine Glasperlen für Rosenkränze, her. Nur im östlichen Böhmerwald um Gratzen/Nove Hrady wurde auch Hohlglas erzeugt. Der lange Krieg zwischen 1618 und 1648 verursachte den hiesigen Glashütten große wirtschaftliche Probleme und damit einen schwerwiegenden Niedergang. Im letzten Viertel des 17. Jahrhunderts kamen nach Kriegsende mehrere Glasmeister nach Südböhmen. Die Anzahl der Glasbetriebe nahm wieder zu und im Böhmerwald entstand während des 18. Jahrhunderts eine bedeutende Glasregion. Es waren neue technologische Entwicklungen, die der Region einen kräftigen Aufschwung brachten – im Westböhmerwald waren dies die Tafel- und Spiegelglashütten der Familie Hafenbrädel, im Ostböhmerwald Hohlglashütten und unter diesen war die Helmbachhütte bei Freiung/Lipka in der Nähe Winterberg/Vimperk am wichtigsten, wo ab 1671 bis 1709 der bekannte Glasmeister Michael Müller tätig war. Müller entwickelte im Jahre 1683 eine ganz neue Glasmasse, die damals als „ein schönes Kreidenglas" bezeichnet wurde und das wir heute als böhmisches Kristall kennen. Diese neue Glasqualität aus Böhmen war der Schlüssel zur Eroberung des Glasmarktes rund um den Erdball.

## Michael Müller – Erfinder des böhmischen Kristallglases

Die Heimat des Michael Müller (1639 – 1709) wird vermutlich auf der bayerischen Seite des Böhmerwaldes gelegen sein. Erstmals ist sein Name im Jahre 1671 in der Glashütte bei Sankt Anna (Seewiesen, heute Javorná) erwähnt. Diese Glashütte zählte damals schon zu den besten Hütten in ganz Böhmen. Im Jahre 1671 pachtete er eine Glashütte in der Herrschaft Winterberg (die spätere Helmbachhütte). Die ersten Jahre in der eigenen Glashütte waren nicht erfolgreich – der bauliche Zustand der Glashütte war schlecht und der Verkauf der Gläser lief nur schleppend. Für Michael Müller waren das schwierige Jahre. Schon wollte er die Arbeit aufgeben und die Glashütte wieder verlassen. Doch dann kam die Wende. Wir wissen nicht warum, wann genau und wie, aber um 1680 begann er mit der Entwicklung der neuen Glasmasse. Er führte sicher die Erfahrungen der Glasmeister zusammen, die „nach venezianischer Art" arbeiteten, und jener, die die Erfahrungen der mitteleuropäischen Glastechnologie anwendeten.

Venezianisches Glas war damals ein Höhepunkt für alle: dünn, vollkommen rein und farblos. Aber diese Glasmasse war für die neuen barocken Verzierungstechniken mit Gravierung und Schliff nicht geeignet. Für diese Verzierungstechniken wies das mitteleuropäische Glas die ideale Härte auf, war dickwandig, aber leider damals nicht klar und rein

Barock-Pokale mit Goldrubinfäden aus böhmischem Kristallglas, um 1700.

„Klar, rein, hart und dem Aussehen des Bergkristalls sehr ähnlich" – mit diesen Qualitätskriterien produzierte der Glasmeister Michael Müller in der Helmbachhütte nahe Winterberg seine wertvollen Gläser.

genug. Michael Müller führte beide Technologien – die venezianische und die heimische Kristallglasherstellung – zusammen und entwickelte daraus die Rezeptur für eine neue Glasmasse; das war die Geburtsstunde des böhmischen Kristallglases. 1683 schaffte Michael Müller diesen alles entscheidenden Erfolg. Diese dem Bergkristall sehr nahe kommende Klarheit und Reinheit beeinflusste ab diesem Zeitpunkt die Glasproduktion aller Hütten im Böhmerwald und darüber hinaus.

Das böhmische Kreideglas wurde bald sehr berühmt. Nach Winterberg und in die Helmbachhütte kamen viele neugierige Glasmacher aus Nordböhmen, Händler aus ganz Europa und sogar aus dem Osmanischen Reich. Winterberg wurde innerhalb weniger Jahre als Glashüttenstandort sehr bekannt, und der Glasmeister Michael Müller war nun ein erfolgreicher Mann. Die Glasproduktion aus Winterberg fand einen guten Absatzmarkt in Spanien, Portugal, den Niederlanden, in Süd- und Nordamerika, in Indien usw. Dieser Erfolg lockte auch andere Glasmeister, und sie versuchten, dieses Glas nachzumachen. Um hinter die Geheimnisse dieser Glasprodukte zu kommen, wurde auch Hüttenspionage betrieben. Michael Müller wird auch als der erste Produzent von Goldrubingläsern in Böhmen bezeichnet. Gold- und Rubinglasfäden arbeitete er meisterlich in die Schäfte der barocken Pokale ein. Diese herrlichen Barockpokale lösen auch nach 300 Jahren noch immer große Begeisterung aus.

## Michael Müllers Grabkapelle im alten Friedhof in Vimperk

Im Jahre 1708 wurde mit dem Bau der barocken Grabkapelle im alten Winterberger Friedhof begonnen. Bereits ein Jahr später, 1709, verstarb Michael Müller. Die Fertigstellung der Kapelle wurde erst 1714 von seinem Sohn und Nachfolger Valentin Anton Müller beendet. Über der Eingangstür zur Kapelle ist eine Kartusche mit der Inschrift zur Ehre des Kreideglas-Erfinders zu sehen. Heute ist die Kapelle außen und innen renoviert. Im Inneren sind leider nur noch Reste der einstigen originalen Ausstattung zu sehen. Es sind dies barocke Malereien an der Empore gleich neben und über dem Eingang. Die Kapelle ist nur gelegentlich geöffnet. Der Schlüssel liegt im Rathaus der Stadt Vimperk.

## Lipka – Helmbachhütte

Heute finden wir in der Landschaft kaum noch Spuren der ehemaligen Helmbachhütte. Am ursprünglichen Standort der Hütte ist heute nur eine weite Weidewiese, ein Saum von Bäumen und Büschen entlang des Baches zu sehen. Die Helmbachhütte knüpfte da an, wo schon im Mittelalter bereits Glashütten betrieben worden waren. Michael Müller führte Helmbach bis zu seinem Tod im Jahre 1709, anschließend war sein Sohn Valentin Anton tätig, nach dessen tragischem Tod kam im Jahre 1720 der junge Enkel Michael. Dieser starb aber ebenfalls bald (1735) und seine Witwe heiratete dann den Glasmeister Johann Anton Eyler. Dieser war aber sehr erfolglos, ebenso sein Sohn Johann. Der Ruhm und der Bekanntheitsgrad der Helmbachhütte waren zerronnen und vorbei. Im Jahre 1771 wurde der Betrieb der Hütte geschlossen.

Erinnerungskartusche über der Kapellentür: „Michael Müller Glashüttenmeister in der Helmbach Hütten ein Urheber und Erfinder Anno 1683 des schönen Kreidenglas."

Der Innenraum der Grabkapelle.

Teil der Empore im Inneren der Grabkapelle mit Arkanthusranken.

## Die verlorenen Rezepte des Glasmeisters Michael Müller

Michael Müller war sicher ein sehr erfahrener Glastechnologe. Er kannte nicht nur die Herstellung von Kristallglas, sondern konnte auch das kostbare Goldrubinglas erzeugen. Leider sind seine Rezepte heute verloren. Wir kennen nur Reste und später bearbeitete Varianten seiner Glasrezepte. Das Originalrezept für das erste böhmische Kristallglas ist verloren gegangen. Sicher ist, dass es sich um ein Glas mit bedeutendem Anteil an Kreidekalk gehandelt hat. Durch Manganzugabe wurde das Glas entfärbt. Später finden wir in den jüngeren Rezepten auch kleinere Zutaten an Minium (Blei). Das ursprüngliche Rezept für Goldrubinglas wurde in der Glashütte Naliboki (heute Weißrussland) erhalten, wo Michael Müllers Enkel Wolfgang Landgraf tätig war. Das Privilegium für Goldrubin erhielt Michael Müller im Jahre 1688. Dieses Glas wurde immer als etwas besonders Wertvolles angesehen, denn das Edelmetall Gold gab dem Glas die schöne rote Farbe.

## Aktuelle Glaskunst in Vimperk und Annin

In Vimperk arbeitet heute nur noch die Glasschleiferei Jaroslav Zedník. Der Glasmeister Jiří Kozel hat seine eigene Produktion, die von der alten Tradition der Glasmacherstadt Winterberg inspiriert ist, in die neu erstandene Glashütte Annin/Annathal aus Vimperk hierher verlegt. Er stellt auch einige Repliken von den Barockpokalen des Michael Müller wieder her. Die Glasfabrik Annin/Annathal zählt seit 1796 zu den ältesten ununterbrochen arbeitenden Glasbetrieben in Europa.

Barocke Grabkapelle der Glasmacher-Familie Müller in Vimperk/Winterberg, 2017.

Deckelpokal mit Goldrubinfäden vom Fuß bis zum Deckelknauf.

Weinglas des Fürstbischofs Wolfgang Hannibal von Schrattenbach, Bischof von Olmütz/Olomouc ab 1711.

## Glas aus dem Böhmerwald – ein Teil der europäischen Kultur

Das Vordringen der Menschen aus allen Himmelsrichtungen in das ausgedehnte Urwaldgebiet des „Silva Gabreta" im 8. und 9. Jahrhundert hat zu sehr unterschiedlichen Nutzungsformen mit empfindlichen Auswirkungen auf die Ökologie geführt.

Wer die aktuelle Situation des Böhmerwaldes zusammen mit den beiden Nationalparks in Bayern und Südböhmen objektiv beurteilen will, muss die lange und bewegte Entwicklungsgeschichte dieses größten Waldgebietes in Mitteleuropa ausreichend kennen lernen.

Die hier vorhandenen Ressourcen in Form von unterschiedlichen Baumarten, das reichlich vorhandene Mineral Quarz und das Wasser der Böhmerwaldbäche bildeten die idealen Voraussetzungen für die Gründung zahlreicher Glashüttenstandorte. Damit beginnt die Geschichte des Böhmerwaldglases bereits im 14. Jahrhundert und erreicht eine Dichte an Hüttenstandorten wie kaum sonst in Europa (Glashüttenlandschaft).

Als Standorte für Glashütten wurde meist die Nähe von gut erreichbaren Handelswegen ausgewählt, um Zu- und Abtransporte von Glasprodukten zu erleichtern. Sobald der Holzvorrat im umliegenden Wald erschöpft war, übersiedelte die Hütte an einen neuen Standort. Um die Beschäftigten in der Glashütte auch ausreichend mit Grundnahrungsmitteln zu versorgen, wurden die abgeholzten Waldstücke in landwirtschaftliche Flächen umgewandelt und Siedlungen angelegt. Nach dem Abzug der Glasmacher bildeten sich an günstigen Stellen größere Dörfer. Die Namen einiger Siedlungen erinnern noch heute an ihre Glashütten-Vergangenheit.

Nach einer langen Zäsur, die der Dreißigjährige Krieg verursacht hatte, kam es in der Folge zu einer Wiederbelebung des Glashandwerks. Die Böhmerwaldregion entwickelte sich ab nun zum Gebiet mit der größten Dichte an Glashüttenstandorten in Böhmen. In dieser Zeit setzten die Hütten ihren Ehrgeiz daran, die Leuchtkraft und Härte des natürlichen Bergkristalls in der Glasmasse nachzuahmen.

Michael Müllers Helmbachhütte, nahe Winterberg/Vimperk, gelang 1683 die Erfindung des Kreideglases, das in seiner Qualität als ein Meilenstein in der Glaserzeugung in Böhmen zu sehen ist. Er schaffte es auch, das Goldrubinglas und Glas mit eingeschmolzenen Gold- und Rubinfäden zu produzieren. Mit dem Erfolg des Böhmischen Barockglases in ganz Europa und darüber hinaus erlebte auch der Glashandel einen nachhaltigen Aufschwung. Im

Pokale aus Kreideglas belegen die Vielseitigkeit der Helmbachhütte, 1690.

späten 18. Jahrhundert endete die Blütephase des Barockglases, bedingt durch Kriegswirren und Einfuhrbeschränkungen. Die Folge war eine Periode des Abstieges.

In den 30er-Jahren des 19. Jahrhunderts rückten erneut Glashütten aus Winterberg in den Vordergrund des Interesses. Josef Meyr und anschließend sein Sohn Johann entfachten im Kunststil des Biedermeier eine Formen- und Farbenpracht, die sehr schnell wieder die Entwicklung in anderen europäischen Ländern übertraf. 1816 lief die Glasproduktion in der Hütte Adolf/Winterberg/Vimperk an. 1834 nahm die Glasmeisterfamilie Meyr den Betrieb in der großen Glashütte in Eleonorenhain auf.

Ihre Glasproduktion hatte während der gesamten ersten Hälfte des 19. Jahrhunderts ein traditionell hohes gestalterisches und technisches Niveau. Die auf internationalen Messen ausgestellten Gläser der Firma Meyr wurden mit zahlreichen Auszeichnungen belohnt und damit in ihrem Wert deutlich hervorgehoben.

Karaffe mit zwei Bechern, 1835, Adolf Winterberg.

Die Glashütte Adolf wurde während des Zweiten Weltkrieges 1941 stillgelegt und nur noch die Glasschleiferei bis 1947 weitergeführt. Im Schloss Vimperk gibt eine Ausstellung einen guten Überblick über die breite Produktpalette dieser einstmals so gefragten Gläser aus Winterberg.

Das künstlerische Europa stand an der Wende vom 19. zum 20. Jahrhundert im Bann des Jugendstils. In dieser Kunstperiode treten die Glaserzeugnisse der Firma Lötz in Klostermühle Unterreichenstein/Rejstein mit ihren irisierenden und regenbogenartig schillernden Gläsern sehr erfolgreich am Markt auf. Auch diese Gläser konnten sich auf heimischen und internationalen Messen mit zahlreichen Preisen rühmen. Ab 1910 fand Lötz mit weiteren Glasprodukten auch im Art Deco nahtlos Anschluss an diese neue Kunstrichtung. Die Zusammenarbeit mit den Wiener Jugendstilkünstlern Josef Hoffmann, Otto Prutscher oder Michael Powolny, deren Entwürfe sowohl von Lötz als auch von Meyrs Neffe als hochwertige Gläser produziert wurden, konnten bei Weltausstellungen hohe Beachtung und Auszeichnungen erreichen. Die Firma Lötz wurde 1939 und deren Glasfabrik im Jahre 1947 stillgelegt. Damit endete die Firmengeschichte der berühmtesten böhmischen Glashütte.

In einem renovierten Ausstellungspavillon im Park des Dr.-Hostass-Museums der Stadt Klattau/Klatovy gibt eine Dauerausstellung einen fantastischen Überblick mit mehr als 600 Stück Gläsern der berühmten Glasfabrik Lötz.

Weltberühmt wurde auch die Glashütte Annathal/Annin nahe Schüttenhofen /Susice mit ihrem Glasmeister Eduard Schmid. Die hochwertigen und ästhetisch sehr ansprechenden Gläser wurden bis nach Übersee in die USA und an den russischen Zarenhof geliefert. Die Glashütte Annathal/Annin zählt zu den ältesten ununterbrochen arbeitenden Glasbetrieben in Böhmen. Diese wurde 1796 von August Müller gegründet. Der aktuelle Besitzer Petr Svrcula kaufte 2012 den Betrieb und baute die Glasarbeit schrittweise auf. Seit 2016 wird nun wieder die gesamte Produktion in Annin durchgeführt.

Im österreichischen Teil des Böhmerwaldes blieben die Glasprodukte aus den Hütten in Oberschwarzenberg und Sonnenwald auf bäuerliches und bürgerliches Niveau beschränkt. Die heute bekanntesten Gläser sind Relikte einer im 19. Jahrhundert populären Erinnerungskultur. Andenken und Erinnerungsstücke begannen bereits im frühen Biedermeier eine wachsende Bedeutung einzunehmen. Bei Taufen, Firmungen, Hochzeiten und als Freundschaftsbekundungen wurden zu diesen besonderen Anlässen Krüge, Flaschen, Karaffen und Becher mit Blumenmalereien in bunten Emailfarben als Andenken geschenkt und in den Gläserkästen als Erinnerungen sorgsam aufbewahrt. Die Glashütte Oberschwarzenberg wurde 1863 und die Hütte Sonnenwald nach einem schneereichen Winter 1900 stillgelegt.

Bedeutende Weingläser um 1912, Entwurf Josef Hoffmann für J. & L. Lobmeyr, Wien.

Freundschaftskrug, österreichischer Böhmerwald.

Rund um die Öko-Inseln

## Wichtige Jahre – gute Plätze

*„Wenn ein Kind nie einen Samen gesät und die daraus sprießende Pflanze gehegt hat; wenn es nie auf einen Baum geklettert, nie einen Bach gestaut, nie ein gefährliches und gefährdendes Feuer entfacht hat, nie einen Drachen gebaut und steigen hat lassen; wenn es nie erlebt hat, wie Erwachsene ein Insekt retten, die Vögel beobachten, auf die Laute der Natur horchen, eine Landschaft von Müll säubern, die Stille einer Landschaft genießen, wenn es nie ein Tier hat besitzen dürfen – wie soll ihm die Erhaltung der Artenvielfalt am Herzen liegen?"*

So fragt Hartmut von Hentig, einer der bedeutendsten Schulpädagogen Deutschlands.

Begreifen kann solche Bekenntnisse nur, wer Vergleichbares selbst erlebt hat. Aus meiner persönlichen Sicht ist die Bedeutung solcher biographischer und meist unpädagogisierter Erlebnisse für die Entwicklung des Zugangs zu der uns unmittelbar umgebenden Natur eine Grundvoraussetzung.

### Die Freiheit beginnt gleich hinter dem Haus am Ortsrand von Ulrichsberg

Meine Eltern, Martha und Karl Zimmerhackl, wurden im Juni 1946 aus Rosenberg an der Moldau in Südböhmen zusammen mit meinem älteren Bruder Otto (1944-1946) vertrieben. Da mein Vater die österreichische Staatsbürgerschaft besaß, wurde die Familie ins Mühlviertel abgeschoben.

In Ulrichsberg wurde meinem Vater die Leitung des Gendermariepostens angeboten. Das Leben nach dem Zweiten Weltkrieg bis in die Fünfzigerjahre war von materiellen Einschränkungen geprägt.

Gleich hinter unserer bäuerlichen kleinen Zweizimmer-Wohnung im ersten Stock des Hauses, Ulrichsberg 50, heute Markt 1, schloss sich ein mit zahlreichen Obstbäumen bestandener großer Garten an. Der Blick durch das Gartentürl ermöglichte eine freie Sicht in das breite Tal der Großen Mühl bis Aigen mit dem Böhmerwald und dem Zwischenmühlrücken mit dessen Heckenterrassen rund um Ödenkirchen, Mühlwald und Dietrichschlag. Diese Gartentür war der Übergang von der mütterlichen Nähe in eine uns noch unbekannte Natur. Von hier aus begannen wir Kinder aus dem „Unterörtl" von Ulrichsberg uns die Welt in den 1950er-Jahren schrittweise zu erschließen.

Ich hatte das Glück, im „obersten Mühlviertel" aufzuwachsen, einem Mekka für Naturbeobachtungen. Durch niemanden abgelenkt – schon gar nicht von irgendwelchen Medien – waren alle Naturbegegnungen abenteuerlich und anregend spannend. Wo sind die besten und sichersten Plätze für den Bau einer Hütte? Welche Naturkörper eignen sich für den Bau von Steinschleudern, Bogen und Pfeilen, Schwertern und Schildern? Wo finden wir die ersten Frühlingsboten? Welcher Wiesenbach eignet sich für die verschiedenen Experimente am fließenden Wasser? Wo und wie bauen wir Schiffe und kleine Wasserräder?

### Kindheit am Bach

Das „Wiesenbachei", wenige 100 Meter nahe der elterlichen Wohnung, war schnell entdeckt. Dieses schlängelte sich mit zahlreichen Windungen durch die blütenreichen Wiesen. Hier wurde ein kleiner Hafen für die in der Werkstätte des Nachbarhauses gebauten Boote angelegt und eine Bachstrecke für eine Wettfahrt abgesteckt. Besonders aufregend und spannend erwies sich bei jedem Rennen eine aus Granit gebaute kleine Brücke, die den Wiesenbach hier überquerte. Kommen alle Boote durch? Welches taucht zuerst nach der Brücke wieder auf? Bleiben Boote für immer in der Enge und Unzugänglichkeit der Feldweg-Brücke verschollen? Diese Bootsrennen konnten zu jeder Jahreszeit gestartet werden, Frühling und Herbst waren die geeignetsten Jahreszeiten dafür. Die Spielregeln wurden von Rennen zu Rennen den jeweiligen Gegebenheiten angepasst und mit dem Freundeskreis abgestimmt. Das kleine Wiesenbächlein mündete in den Hüttenbergerbach, dessen Quellen am Südhang des Böhmerwaldrückens entspringen. Ein schmales, sauberes und immer sehr kaltes Gewässer, in dem sich zu dieser Zeit noch beachtlich viele Bachforellen tummelten. Dieser Bach mündet, nachdem er zwei Mühlen und zwei Sägewerke mit seiner ständig nachfließenden Energie versorgt, in den Hauptfluss des Oberen Mühlviertels, die Große Mühl. Die Erfahrung, unsere unmittelbare Umgebung genau zu erforschen und als Abenteuerspielplatz in allen Facetten zu nutzen, die Grenzen zu erweitern und zu überschreiten, hat mein persönliches Interesse an der Natur entscheidend mitgeprägt.

Heute ist das „Wiesenbachei" längst verrohrt und damit als kostenloser und wertvoller Natur-Erfahrungs-Spielplatz für die nächsten Generationen unzugänglich.

### Gefühle der Verantwortung

Die Begegnungen mit der Tier- und Pflanzenwelt an den Bächen und an der Großen Mühl in der Landschaft des Oberen Mühlviertels haben dazu geführt, starke Gefühle der Verantwortung für die Natur und deren Besonderheiten meiner Heimat zu entwickeln.

Im zarten Alter von zehn Jahren wurde ich aus dieser Idylle herausgerissen und zur weiteren Bildung nach Linz an der Donau geschickt. Dorthin mitgenommen habe ich die Zwiebeln der Frühlingsknotenblumen (Leucojum vernum), um sie im weiträumigen Park der Schule einzupflanzen und auf deren erste Blüten im Frühjahr gespannt zu warten.

Sehr deutlich sind diese Gefühle während meines Studiums zur Lehrbefähigung für „Biologie und Umweltkunde" an Hauptschulen wieder in den Vordergrund gerückt. Bei meinem ersten Dienstantritt in der 3. Klasse der Volksschule Klaffer ist die Idee der aktiven Naturbeobachtung im Frühling entstanden.

Welche Tiere und Pflanzen verraten uns das Nahen des Frühlings? Wer entdeckt als Erster die Rückkehr der Stare aus dem Süden? Wer hat den ersten Zitronenfalter beobachtet? Wo blühen die ersten Frühlingsknotenblumen?

Diese intensive „Frühlingssuche" hat den Entdeckerdrang und das Interesse der SchülerInnen geweckt und damit auch die Artenkenntnis gefördert. In den folgenden Jahren entwickelte sich die Aktion „Erlebter Frühling", die einige Jahre in vielen Schulen Österreichs durchgeführt wurde.

## Kopf – Herz – Hand im Zusammenspiel

Der unmittelbare Umgang mit Natur im frühen Kindesalter ist entscheidend für die spätere Einstellung. Lebendige Erinnerungen stimmen uns auf eine positive Sichtweise auf die Natur ein. Diese Eindrücke sind stark von Gefühlen bestimmt. Positives Erleben von Naturschönheiten, zusammen mit Freundschaften zu anderen Menschen, sind die wichtigen Grundelemente für eine nachhaltige Umweltbildung.

Das gelungene Tun in Form von Projekten und das damit verbundene direkte Erleben sind unabdingbare Voraussetzungen dafür. Umweltbildung entfaltet die größte Wirkung, wenn sie frühzeitig einsetzt. Ihr Erfolg lässt sich meist nicht direkt, sondern nur indirekt und langfristig messen.

Heute werden unsere jungen Menschen von den Medien mit einem Überangebot an virtuellen Realitäten überflutet. Da bleibt weder ausreichend Zeit, noch wird die Lust geweckt, begleitet von einer kleinen Freundesschar an den nächsten Bach auf Entdeckungsreise zu gehen. Herz und Hand regieren unsere Beziehung zur Natur, der Kopf dient hier nur als Datenspeicher.

Die Möglichkeit für sinnliche Naturerfahrungen im freien Umfeld muss immer vorhanden sein, wenn Natur und Naturschutz als hochwertig in den Köpfen und Herzen der jungen Menschen verankert bleiben sollen. Werden die Generationen nach uns weiterhin den Verlust an Lebensräumen, von Tier- und Pflanzenarten hinnehmen? Oder werden sie dort weitermachen, wo wir von der Naturschutzjugend Haslach mit unseren Öko-Inseln und den zahlreichen Projekten Wege und Richtung vorgezeichnet haben? Umweltbildung wird auch weiterhin mit all ihren Facetten die Brücke von Generation zu Generation mit vielen Konstruktionsteilen sein.

**Karl Zimmerhackl,** Sommer 2022.

Ulrichsberg, 1960.

Ulrichsberg, 2015.

## Landschaftsschutzgebiet Ödenkirchen – Mühlwald / Gemeinde Ulrichsberg

Die historisch-landwirtschaftlich einzigartige Terrassenlandschaft zwischen den Dörfern Mühlwald, Ödenkirchen, Fuchslug und Kandlschlag, mit großem Strukturreichtum am Nordhang des Zwischenmühlrückens gelegen, gilt als Ausdruck eines besondern Verhältnisses zwischen Mensch und Natur. Die erste urkundliche Nennung von Ödenkirchen stammt aus dem Jahre 1303.

### Seehöhe:

zwischen 550 m und 745 m.

### Fläche:

gesamt 400 ha, davon als Landschaftsschutzgebiet 54 ha seit 2002 ausgewiesen.

### Geologie:

Pfahlstörung: Diese besteht aus weiß schimmerndem Quarz und ist etwa 275 Millionen Jahre alt. Der Pfahl durchzieht in einer Länge von 150 km den Bayerischen Wald und das Obere Mühlviertel bis kurz vor Linz.

### Klima:

atlantischer Einfluss mit ca. 850 mm Niederschlag.

### Ökologische Bedeutung:

Neben der ökologischen Wirkung der Heckenzeilen bis weit in die Feldflur hinein sind es eine Reihe von wiesen- und heckenbewohnenden Vogelarten, die es hier zu entdecken gibt.

Die Landschaftselemente, die diese Terrassenlandschaft auszeichnen, haben sich seit Beginn der entomologischen Forschungsarbeit in den 70er-Jahren des vorigen Jahrhunderts kaum verändert. Eine geplante Grundzusammenlegung wurde wie in anderen Dorfgebieten innerhalb der Gemeinde Ulrichsberg aus verschiedenen Gründen nicht realisiert, und die in den höheren Lagen des Mühlviertels üblichen Fichtenaufforstungen sind hier zum Großteil ausgeblieben. So wurden bisher bereits 371 verschiedene Schmetterlingsarten (Tagfalter, Spinner, Spanner und Eulen) nachgewiesen, dabei nehmen den Großteil des Artenspektrums die Nachtschmetterlinge ein.

### Veränderungen in der Bewirtschaftung:

Seit dem Franziszeischen Kataster, der zwischen 1817 und 1861 auf Kataster-Mappen-Blätter angelegt wurde, haben sich im Umfeld dieser Dörfer kaum Änderungen ergeben. Der Franziszeische Kataster diente dazu, die Grundsteuer als öffentliche Abgabe auf eine gerechte Basis zu stellen.

Heckenterrassen im Landschaftsschutzgebiet Ödenkirchen - Mühlwald, 1989.

Das Dorf Ödenkirchen hat sich seit dem Mittelalter auch nicht wesentlich vergrößert. Daher ist ein Vergleich mit den sich verändernden Flächenanteilen in der Feldflur aufschlussreich.

So hat sich der Anteil der Ackerfläche von 67 % auf 14 % verringert. Der Waldanteil ist von 2 % auf 12 % angestiegen. Wiesen- und Weideflächen haben sich von 29 % auf 74 % mehr als verdoppelt.

Flurwiese, 2016.

## Bedeutung der Terrassenlandschaft von Ödenkirchen und Fuchslug als Lebensraum für Schmetterlinge

Eine wesentliche Voraussetzung für eine möglichst vollständige Artenliste dieser Terrassenlandschaft ist der Forschungsarbeit zu verdanken, die Herr Anton Scheuchenpflug (geb. 26.1.1934, † 29.06.2020) aus Ulrichsberg seit 1970 in diesem Landschaftsabschnitt verfolgte.

### Die Methode

Das Erfassen der artenreichen Nachtschmetterlinge beginnt in den ersten frostfreien Nächten des Februar und endet im Oktober eines jeden Jahres. Eine große Leinwand lockt mit dem Licht eines Scheinwerfers alle vorbeifliegenden Schmetterlinge zur Landung an. Die Tagfalter werden durch Sichtbeobachtung erfasst. Mit dem Sammeln von Raupen im Untersuchungsgebiet und deren Beobachtung bis zum Schlüpfen in Raupenzuchtkästen kommt hier eine weitere Bestimmungsmethode zur Anwendung.

### Die Ergebnisse bisher

Die Landschaftselemente, die diese Terrassenlandschaft auszeichnen, haben sich seit Beginn der entomologischen Forschungsarbeit in den 70er-Jahren des vorigen Jahrhunderts kaum verändert. Eine geplante Grundzusammenlegung wurde aus verschiedenen Gründen nicht realisiert, und die in den höheren Lagen des Mühlviertels üblichen Fichtenaufforstungen, auf mit Maschinen schwer zu bewirtschaftenden Flächen, sind hier zum Großteil ausgeblieben.

So wurden bis zum Herbst 2016 bereits 371 verschiedene Schmetterlingsarten (Tagfalter, Spinner, Spanner und Eulen) nachgewiesen und in der Sammlung des Entomologen dokumentiert. Dabei nehmen den Großteil des Artenspektrums die Nachtschmetterlinge ein. Davon sind zirka 40 Tagfalterarten und mehr als 330 Nachtfalter.

Die traditionelle bäuerliche Landwirtschaft, die auf dieser kulturhistorisch interessanten Terrassenlandschaft betrieben wird, begünstigt den Artenreichtum an Pflanzen und damit auch den der

Terrassenfelder bei Ödenkirchen, 2011.

Schmetterlinge. Der Artenreichtum der Nachtschmetterlinge übertrifft den der Tagfalter auch in anderen Untersuchungsgebieten der Gemeinde Ulrichsberg, so etwa in der etwa 500 m (Luftlinie) entfernten Schmetterlingswiese oder in dem zirka 3 Kilometer entfernten Naturschutzgebiet Torf Au. Insgesamt gibt es wesentlich mehr Nachtfalter- als Tagfalterarten. In Oberösterreich stehen alle genannten Arten mit Ausnahme der Weißlinge unter gesetzlichem Schutz. Die von Anton Scheuchenpflug erstellten Artenlisten beziehen sich nicht nur auf das gesetzlich ausgewiesene Landschaftsschutzgebiet sondern schließt auch die weitere Umgebung bis in das im Westen gelegene Dorfgebiet von Fuchslug mit ein. Dieses Umland weist weitgehend ähnliche Biotopstrukturen auf und trägt damit zur Stabilität der Schmetterlingsvorkommen im Landschaftsschutzgebiet Ödenkirchen bei.

Die Berücksichtigung der weiteren Umgebung ist bei den Schmetterlingen deshalb von Bedeutung, da die Männchen in der Nacht kilometerweite Flüge zu den Weibchen unternehmen. Bemerkenswert ist bei dieser hohen Artenvielfalt, dass einige der genannten Arten nur periodisch festgestellt wurden. Seit einigen Jahren wird auch darauf geachtet, ob und wie sich die Klimaveränderung auf die Artenanzahl und die Artenzusammensetzung auswirkt.

Dieser relativ hohe Artenanteil der Schmetterlinge ist durch die Vielfalt der Strauchgehölze und Bäume in den Heckenbereichen und durch die artenreiche Bodenvegetation der dazwischen liegenden Trocken-, Halbtrocken- und Feuchtwiesen zu erklären.

Faulbaum (Frangula alnus), Schlehdorn (Prunus spinosa), die drei Weißdornarten (Crataegus lae-

Trauerspinner (Penthophera morio)

Schlehdornblüten

vigata, intermedia, monogyna), Hundsrose (Rosa canina), Roter und Schwarzer Holunder (Sambucus racemosa, nigra), Kreuzdorn (Rhamnus catharticus) und Haselnuss (Corylus avellana) bilden die Hecken. Durchsetzt werden sie von Birke (Betula bendula), Eiche (Quercus robur), Zitterpappel (Populus tremula), Vogelbeere (Sorbus aucuparia), Bergahorn (Acer pseudoplatanus), Vogelkirsche (Prunus avium) und den verschiedenen Weidenarten in Strauch- bzw. in Baumform.

Distelfalter
(Vanessa cardui)

Den Heckenunterwuchs und die vom Strauchbewuchs freien Terrassenstufen bilden neben vielen anderen Pflanzenarten die Fetthenne (Sedum telephium), der Mauerpfeffer (Sedum acre), die Walderdbeere (Fragaria vesca), die verschiedenen Labkrautarten (Galium), die Himbeere (Rubus idaeus), der Kälberkropf (Chaerophyllum temulum), die Zypressenwolfsmilch (Euphorbia cyparissias), der Wirbeldost (Clinopodium vulgare), die Veilchen (Viola odorata), verschiedene Kleearten, verschiedene Wicken und reichlich auch die Brennnessel (Urtica dioica) als Futterpflanze für vier der schönsten Tagfalterarten: Tagpfauenauge, Kleiner Fuchs, Distelfalter und Admiral. Auch einige Nachtfalterarten legen ihre Eier auf Brennnesselblätter.

Am Beispiel der Gelbbraunen Dickköpfe oder auch der Rostfleckigen Dickkopffalter lässt sich die Rolle der Hecken für die Schmetterlinge in diesem Gebiet gut darstellen. Die beiden Arten haben keine Mühe, mit ihrem Saugrüssel bei langröhrigen Blüten wie z. B. bei der Kartäuser-Nelke (Dianthus carthusianorum) den Nektar zu erreichen. So weit kann keine Biene vordringen, selbst viele andere Falterrüssel sind da noch zu kurz. Schmetterlinge sind wechselwarme Tiere wie alle übrigen Insekten. Ihre Körpertemperatur entspricht weitgehend der Temperatur ihrer Umgebung. Tagschmetterlinge sonnen sich, um sich für die Tagesaktivität aufzuwärmen. Jede Art strebt ihre optimale Körpertemperatur an. Zu große Hitze zehrt das Insekt aus, es verliert Wasser. In den heißen Mittagsstunden können die Falter den Verlust nur schwer über die Nektaraufnahme wettmachen. In der Mittagshitze fliegen sie daher auf die Schattenseite der Hecke. Auch viele Augenfalter verbringen die Mittagsstunden im Schatten der Bäume.

Kleiner Fuchs (Aglais urticae)
auf Arnika

Auf den mageren Halbtrockenwiesen und entlang der Heckensäume bieten die Doldenblütler, z. B. Wilde Möhre (Daucus carota), Bärenklau (Heracleum sphondylium), Hecken-Kälberkropf (Chaerophyllum temulum), Wiesenkerbel (Anthriscua syvestris) ..., für den Schwalbenschwanz und für viele weitere Schmetterlinge die verschiedenen Gräser für die Weißlinge, die Augen- und Scheckenfalterarten gute Lebensbedingungen.

In den feuchten Wiesenabschnitten sind die unterschiedlichen Sauergräser Futterpflanzen für eine Vielzahl an Schmetterlingsarten. Das Wiesenschaumkraut ist als Raupenfutter des wunderschönen Aurorafalters wichtig.

Für die über die Heckenpflanzen hinausragenden Bäume, die von den Schmetterlingen aufgesucht werden, sei stellvertretend der Gabelschwanz genannt, dessen Weibchen zur Eiablage meist freistehende Saalweiden oder Zitterpappeln auswählt. Den Namen verdankt der Schmetterling seiner auffallenden Raupe mit zwei langen Schwänzchen am Körperende.

## Diskussionsvorschläge für ein Heckenpflegeprogramm im Landschaftsschutzgebiet Ödenkirchen und Umgebung in Abstimmung mit den hier festgestellten Heckenfaltern

Ohne gelegentliche Nutzung oder Pflege würden die Hecken durchwachsen und vergreisen, damit an Dichte verlieren und im Bodenraum licht und kahl werden. Die Eigenart der Hecken und damit das Überleben der Heckenfalter lässt sich hier damit gut sichern, wenn sie von Zeit zu Zeit zwischen dem 1. Oktober und dem 31. März „auf Stock gesetzt" werden. Dann können sie wieder neu und dicht austreiben.

Es darf nur jeweils ein kleiner Teil der Heckenzeile, maximal ein Viertel des Bestandes, im gleichen Jahr abgeschlagen werden. Die Schmetterlingsfauna kann in die Nachbarschaft abwandern, und die nachwachsenden Heckensträucher werden von dort aus wieder von den Faltern besiedelt.

Die einzelnen Heckenfalter stellen teilweise an den Altersaufbau ihrer Biotope recht unterschiedliche ökologische Ansprüche, daher ist es zielführend, in diesem Heckengebiet alle Altersklassen an Gehölzen in enger Nachbarschaft aufzubauen. So kann die hier typische Heckenfauna auch in Zukunft in diesem Artenreichtum erhalten werden.

Alle sechs Jahre sollten rund 20 Prozent einer größeren Heckenzeile „auf Stock gesetzt" werden. Die günstigste Zeit für solche Arbeiten sind die Monate Oktober bis Ende März. Punktuell sollten aber durchaus auch einzelne Überhälter herangezogen werden, also vom periodischen Rückschnitt ausgenommen werden. Wichtig für die Falterfauna ist darüber hinaus, dass auch die Wildkrautsäume um die Hecken periodisch gemäht werden, da diese nur so ihre besondere Qualität und ihren Blütenreichtum bewahren können. Auch hier empfiehlt es sich, die Vegetation jeweils nur abschnittsweise und zeitlich versetzt im Turnus von ein bis zwei Jahren abzumähen und das Mähgut abzutransportieren.

Bei Einzelbäumen müssen im Interesse der Nachhaltigkeit der Lebensgrundlage für die Falter von Zeit zu Zeit einzelne junge Bäume nachgepflanzt werden, die mit den Jahren die ökologische Rolle der natürlichen Abgänge einnehmen können. Ein typischer Tagfalter an den Solitärbäumen ist in der Heckenlandschaft von Ödenkirchen der Trauermantel.

### Die Zukunft

Die Schmetterlinge sind die Profiteure dieser „ökologischen Infrastruktur" auf vielfache Weise. Es ist wohl die Schmetterlingsfauna, die als Gütesiegel für diese kulturhistorisch einzigartige Terrassenlandschaft im Mühlviertel steht.

Als Sympathieträger mögen die „Sommervögel" für die Grundbesitzer, die Landnutzer und für die Besucher dieser Landschaft dazu beitragen, den ökologischen Wert zu erkennen und die Zukunft des Landschaftsschutzgebietes Ödenkirchen zusammen mit der näheren und weiteren Umgebung auch aus der Sicht der Schmetterlingsvielfalt zu gestalten.

Kleinstrukturierte Kulturlandschaft bei Kandlschlag, 2011.

## Die Dreiländerregion – schützen und nutzen?

Wälder, Berge, Gewässer, Wiesen und Weiden verbunden mit Stille und Ruhe erhellen die Stimmung und tragen mit ihrer belebenden Wirkung zum allgemeinen Wohlbefinden bei. Emotional ausgeglichen und zufrieden kehren die Besucher aus der Dreiländerregion zurück.

Sonnenwald an der Grenze zu Südböhmen, 2011.

Solche Erlebnisse schaffen Verbindung zur Region und bleiben ein wichtiger und dauerhafter Identitätsfaktor. Wenn von der Liebe zur Böhmerwald-Landschaft die Rede ist, sind damit immer die Unversehrtheit und Schönheit gemeint. Der landschaftliche Reiz macht die Anziehungskraft für Erholungssuchende aus. Die vom Menschen über Jahrhunderte lange bäuerliche Bewirtschaftung hat eine abwechslungsreiche Kulturlandschaft entstehen lassen. Sie bietet in allen drei Ländern eine überwältigende räumliche Vielfalt. Diese intakte Bergregion stellt einen unvergleichlich hohen Wert und damit ein wichtiges ökologisches wie wirtschaftliches Kapital dar.

Deshalb sind die für Mitteleuropa besonders wertvollen Kerngebiete auf bayerischer und südböhmischer Seite großflächig durch zwei Nationalparks mit einer Fläche von 900 km² für die Natur gesichert. In das Netzwerk „Europaschutzgebiet Natura 2000" sind alle drei Länder eingebettet, nationale Naturschutzgebiete runden das Bild ab.

Doch dieser Schutz gerät immer mehr unter Druck. Es gilt also, vorsichtig zu beurteilen, wo wir die Böhmerwald-Landschaft schützen und wo wir sie nutzen wollen. Dazu braucht es immer eine angemessene Abwägung der Interessen. Eine weitere Zerschneidung und ein schleichender Ausverkauf würde von der Bevölkerung nicht mitgetragen. Dazu ist den Bewohnern ihre Böhmerwald-Landschaft zu kostbar.

Naturschutzgebiet Jasanky/Asang, Südböhmen, 2011.

# Zukunft Schwalben: Monitoring-Projekt „Rauch- und Mehlschwalben“ im Raum Haslach a. d. Mühl

*„Als der Mensch aus dem Garten Eden vertrieben wurde, stand da der Engel mit dem Flammenschwert. Nur den Schwalben gelang es, am wachenden Engel vorbei aus dem Paradies zu fliegen.“* – Seit dieser Zeit teilen sie mit uns Menschen die Mühsal des Erdenlebens, so die Legende. Schwalben sind zu gern gesehenen Glücksbringern geworden.

Das ist einmalig in der Vogelwelt. Die Rauchschwalbe ist jene Vogelart, die am engsten mit uns Menschen zusammenlebt. Ohne Scheu wählt sie für ihren Nestbau auch menschliche Wohnbereiche aus. In Vorhäusern, Schlafzimmern, Toiletten, ja selbst im Konferenzzimmer der Mittelschule Haslach an der Mühl wurden erfolgreich Junge aufgezogen.

Nichts war daher naheliegender als mit dem Thema „Zukunft Schwalben: Mit den Glücksbringern unter einem Dach“ im Schuljahr 1979/80 erste Projekterfahrung für den Unterricht und die außerschulische Umweltbildung zu sammeln. Außerdem sind Vögel beliebte Forschungsobjekte des Naturschutzes.

Das ist ebenfalls einzigartig, den Bestand und die Entwicklung von Mehl- und Rauchschwalben in fünf Dörfern rund um Haslach über so viele Jahre zu untersuchen. Es ist dies das bislang zeitlich und inhaltlich umfassendste Schwalben-Monitoring-Projekt Europas.

Hunderte Kinder haben sich beim Bauen, Anbringen und Säubern von Schwalben-Nisthilfen seit 1980 beteiligt. Eine große Zahl von Schülern ist Ende Juni eines jeden Jahres mit den Mitarbeitern des önj-Haslach-Teams mit Zettel, Bleistift und Fernglas durch die fünf Dörfer unterwegs, um alle Schwalbenbrutpaare zu zählen. Der Bayerische Rundfunk hat zusammen mit dem ORF einen ausführlichen Bericht zum Schwalbenprojekt der Naturschutzjugend Haslach gedreht. In einer Diplomarbeit wurde das Schwalbenprojekt evaluiert und von den befragten Personen als äußerst positiv beurteilt.

Aus den strahlenden Gesichtern der Dorfbewohner von Damreith, Ödt, Hörleinsödt, Hinternberg und Hartmannsdorf lesen wir das Glücksgefühl immer dann, wenn von den Schwalben die Rede ist. Menschen und Schwalben sind eine Schicksalsgemeinschaft. Helfen wir gemeinsam auch in Zukunft unseren Glücksbringern, die wir weiterhin beobachten wollen.

Die Schwalbendörfer Oedt (im Vordergrund) und Hörleinsödt (im Hintergrund) aus der Schwalbenperspektive, 2011.

Das Nest der Rauchschwalben ist mit reichlich Nachwuchs gesegnet, 2006.

Matthias, Laurenz und Severin Vierlinger, die drei eifrigen Storchendatensammler, bei den drei Jungstörchen in Dolni Dvoriste/Unterhaid, 17. Juli 2017.

Schwarzstörche

# Zukunft Störche: Weißstörche in der Dreiländer-Nationalpark-Region Mühlviertel – Südböhmen – Bayerischer Wald

## Die gemeinsame Vielfalt ist der wahre Reichtum unserer Nationalparkregion

Am Beginn des 21. Jahrhunderts gibt es eine Reihe von Tierarten, die ihren Weg in den Böhmerwald gefunden haben. Elche, Wölfe, Luchse, Biber, Weißstörche, Schwarzstörche, Kolkraben und Habichtskäuze, in den zurückliegenden Jahrhunderten ausgerottet oder verschollen, suchen eine neue Chance, mit den Bewohnern der Böhmerwaldregion eine gemeinsame und dauerhafte Zukunft zu finden. Ausgestattet mit dem aktuellen Wissen über die Lebensbedürfnisse dieser Tierarten wird die junge Generation hoffentlich die Bereitschaft aufbringen, das Zusammenleben neu und besser als bisher zu organisieren.

Im nördlichen Mühlviertel kannten wir die Weißstörche nur von gelegentlichen Beobachtungen während der Zugzeiten im Frühling und im Herbst. Erste Anzeichen einer beginnenden Besiedelung des Mühlviertels, ausgehend von der Weißstorchenpopulation in Südböhmen, waren zwei Horste ab 1993 in Freistadt. Groß war daher die Überraschung, als ein Weißstorchenpaar am 35 m hohen Schornstein der Firma Vonwiller, heute Tourismus- und Kulturzentrum Haslach (TuK), Ende April 1996 mit dem Bau eines Horstes begann. Die Weißstörche sind längst – über Haslach hinaus bekannt – ein beliebtes Gesprächsthema und in vielerlei Hinsicht eine Bereicherung für die Region. In diesen Gesprächen stellt die Haslacher Bevölkerung immer wieder einen Zusammenhang zwischen der langjährigen Arbeit der Österreichischen Naturschutzjugend Haslach und dem Kommen der Weißstörche her. Seit einigen Jahren wird auch am Schornstein der ehemaligen Molkerei in Bad Leonfelden erfolgreich gebrütet.

Meister Adebar lebt – wie auch die Mehl- und Rauchschwalben – im engen Kontakt mit den Menschen, braucht zugleich aber ökologisch intakte, strukturreiche Landschaften als Nahrungsgrundlage. Unsere „fliegenden Glücksbringer" sind damit auch als Qualitätssiegel für unsere heimische Kulturlandschaft zu sehen. Die Weißstörche, die wohl schon viele hundert Jahre in der Nähe von uns Menschen leben, zählen zu den bekanntesten Vogelarten. Auch die Wissenschaft hat sich schon sehr früh mit der Erforschung ihrer Lebensweise befasst. Heute wissen wir über das Leben der Weißstörche mehr als über das der meisten anderen Vogelarten.

Anders als die Graureiher und Silberreiher fliegen Störche immer mit ausgetrecktem Hals. Besonders gern segeln sie kreisend im Aufwind über der Landschaft. Das ist auch der Grund, warum sie bei ihrem Zug nicht über die Alpen und das Mittelmeer fliegen, sondern den Landweg über Spanien und Gibraltar oder über den Balkan, die Türkei, den Libanon, Israel und die Halbinsel Sinai als Ost-Flugroute nach Afrika wählen.

Im Laufe des Aprils treffen beide Storcharten bei uns in der Böhmerwaldregion ein. So wie die allseits bekannten Weißstörche sind auch die nahen verwandten Schwarzstörche schwarz-weiß-rot gefärbt. Durch ihr schwarzes Federkleid mit metallisch grünem Glanz, weißem Bauch und rotem Schnabel unterscheiden sie sich deutlich von ihren weißen Verwandten. Schwarzstörche errichten ihre Kinderstube in urwüchsigen Laub- und Mischwäldern und sind ganz selten zu beobachten. Dank großer zusammenhängender Waldgebiete mit klaren Gewässern und den beiden Nationalparks auf bayerischer und südböhmischer Seite finden sie in unserer Region einen idealen Lebensraum.

Trotz aller Unterschiede in der Lebensweise haben die beiden Verwandten leider eines gemeinsam: Sie gehen in ihrem Bestand durch die Klimakrise zurück. Heftige Stürme mit Windgeschwindigkeiten von über 100 km/h, Starkregen, die die Bäche und Flüsse in der Region zu reißenden Gewässern werden lassen, sowie Hagelgewitter mit tennisballgroßen Eiskugeln verursachen besonders bei Jungstörchen verheerende Schäden. So wurden z. B. 2021 in der Kreishauptstadt Grafenau beide Jungstörche von Hagelkugeln erschlagen.

Das Team der Österreichischen Naturschutzjugend Haslach beobachtet die Entwicklung der Storchenpopulation in einem Monitoring-Langzeitprojekt seit 1996. Aufgrund des jährlich wachsenden Datenmaterials lässt sich ein Populationsmodell erstellen, das nicht nur die Weißstörche des nördlichen Mühlviertels erfasst, sondern über die Grenzen, beginnend in Grafenau im Bayerischen Wald bis Malonty/Meinetschlag in Südböhmen, reicht. Dies ist nicht nur von wissenschaftlichem Interesse, sondern hat auch für die Zukunft des Artenschutzes in der Dreiländer-Nationalpark-Region besondere Bedeutung. Wesentlich schwieriger erweist sich das Erfassen der Schwarzstorch-Brutpaare. Die Horste der scheuen Vögel sind nicht leicht zu finden und müssen geheim bleiben, da Schwarzstörche sehr empfindlich auf Störungen in der Nähe ihrer Horstbäume reagieren. Das Zusammenleben mit „unseren" Störchen hat sich zu einem schönen Symbol für ein harmonisches Miteinander von Mensch und Natur entwickelt.

# Traditionelle Wiesen-bewässerung

## Eine wissenschaftliche Aufbereitung von DI Dr. Stefan Reifeltshammer und DI Karl Eder

# Vorwort & Einführung

Die Böhmerwaldregion hat sich mit der schrittweisen Urbarmachung durch acht Jahrhunderte von der geschlossenen Naturwaldlandschaft zur offenen Kulturlandschaft gewandelt. Den Beginn dieses Landschaftswandels können wir mit den Gründungen der Rodungsklöster des Stiftes Schlägl, Hohenfurth und Goldenkron in der Mitte des 13. Jahrhunderts urkundlich belegen. Die „weißen Mönche" brachten aus ihren Stammklöstern ihr besonderes Wissen und Können für Land- und Wasserwirtschaft in die Böhmerwaldlandschaft mit. Dieses Fachwissen bildete die Grundlage für die erfolgreichen Klostergründungen bei extremen klimatischen und wirtschaftlichen Bedingungen in der Böhmerwaldregion.

Jede Landschaft hat ein Gedächtnis gespeichert, das es zu entschlüsseln gilt. Klimaschwankungen lassen sich aus den Pollenarchiven der Moore des Böhmerwaldes ablesen. Auch das menschliche Handeln und Arbeiten können wir an vielen Stellen finden und mit dem aktuellen Wissensstand in Verbindung bringen. Vor allem im Offenland wurden durch die Jahrhunderte neue Lebensräume geschaffen und diese bildeten die Grundlage für die Entwicklung der Artenvielfalt. Die Biodiversität unterliegt bis heute einem stetigen Wandel, das heimische Arteninventar blieb über Jahrhunderte fast konstant. Mit dem Fortschreiten der landwirtschaftlichen Industrialisierung hat die Abnahme der Lebensraum- und Artenvielfalt eingesetzt. Im Lauf der Jahre haben wir erkannt, dass Entscheidungen über Naturschutzmaßnahmen nur mit Kenntnis der historischen Zusammenhänge bei der Kulturlandschaftsentwicklung zu treffen sind.

In der Tallandschaft der Großen Mühl, auf Waldwiesen und in Waldflächen des Böhmerwaldes, die einst als Wiesen genutzt wurden, sind an vielen Stellen noch erkennbare Gräben und Teiche zu finden. Diese sind als Indizien für die jahrhundertelange Tradition des Wiesenwässerns zu verstehen. Die überwiegenden Bewässerungsmethoden im Böhmerwaldgebiet waren die Berieselungsbewässerung in hängigen Bereichen und der Einstau von Gräben auf ebenen Flächen. Anhand der Wässerungsanlagen lassen sich historische bäuerliche Wirtschaftsweisen verstehen, deren Ergebnis die einstigen vielfältigen Grünlandbestände waren.

Ausreichender Dünger war ein limitierender Faktor. Weil auf den Wiesen Futter für das Vieh geerntet werden kann, bekam das Grünland einen zunehmend höheren Stellenwert. Das Vieh lieferte den Stallmist, der wiederum als wichtiger Dünger für den Acker verwendet wurde. Damit war die Bodenfruchtbarkeit auf den Äckern sichergestellt. Die Bedeutung der Wiesen unterstreicht in dem Zusammenhang folgender Spruch: „Die Wiese ist die Mutter des Ackers!" Dies in Zeiten, in denen die Selbstversorgung mit Lebensmitteln eine überlebensnotwendige Rolle für die Bevölkerung spielte. Das Wasser der Böhmerwaldbäche führt wertvollen Dünger mit. Diesen nicht ungenutzt vorbeifließen zu lassen und zur richtigen Jahreszeit und in der geeigneten Art und Weise auf die Wiesen zu leiten, daraus entstand die Kunst, Wiesen zu wässern, mit dem Ziel, deren Ertrags- und Futterwert zu steigern. Einen Einblick zum gutsherrschaftlichen Umgang mit der Wiesenbewässerung aus der Zeit der Aufklärung gibt die Wirtschaftsordnung „Instruction Umblowitz betref" des Grafen Joseph Gundacker aus dem Jahr 1756 für die Böhmerwaldregion wieder – Groß Umlowitz heißt heute Omlenice und liegt in Südböhmen. Hier werden sowohl die Anlage als auch der Betrieb von Wiesenbewässerungen beschrieben (vgl. ZIMMERHACKL 2018).

Die traditionelle Wiesenbewässerung diente nicht nur der Wasserversorgung der Vegetation oder der Düngung, sondern wirkte multifunktional und führte auch zur Bodenverbesserung durch Einfluss auf die Mineralisation und Nitrifikation, versorgte die Böden und Pflanzen mit Spurenelementen, verlängerte die Vegetationsperiode durch raschere Erwärmung des Bodens und wurde auch zur Bekämpfung von Engerlingen, Wühlmäusen oder anderen Schädlingen eingesetzt. Die schon vielfach untersuchten und publizierten Wirkungen der traditionellen Wiesenbewässerung sind am vollständigsten bei LEIBUNDGUT (2016) dargestellt, weshalb eine vertiefende Darstellung an dieser Stelle mit Verweis auf die genannte Arbeit unterbleibt.

Nachfolgend sollen exemplarisch die Ausdehnung der traditionellen Wiesenbewässerung im Böhmerwaldgebiet und damit verbundene Rahmenbedingungen dokumentiert werden. Die Bedeutung der traditionellen Wiesenbewässerung für die Sicherung der Biodiversität wird durch das Beispiel zweier reaktivierter Bewässerungsanlagen dargestellt. Der multifunktionale Nutzen historischer Wiesenbewässerungen mit dem historischen Ziel zur Sicherstellung guter Erträge hat auch heute nicht an Multifunktionalität verloren, wenngleich die Schwerpunkte auf der Erhaltung und Entwicklung der Biodiversität, der Verbesserung des Mikroklimas, der Trinkwassersicherung und dem passiven Hochwasserschutz liegen könnten – sofern die traditionelle Wiesenbewässerung ausgeführt wird bzw. würde.

Mit dem Aufkommen künstlicher Düngerformen in den 1950er-Jahren und außerbetrieblicher Futtermittel wurde das Prinzip der bäuerlichen Kreislaufwirtschaft an entscheidender Stelle durchbrochen. Die zunehmende Technisierung und der damit verbundene Arbeitskräfteabfluss erforderten rationelleres, großflächigeres Arbeiten. Pflege und Betrieb der Wiesenbewässerungssysteme wurde nur noch auf jenen Wiesen durchgeführt, die ohne großen Arbeits- und Zeitaufwand möglich waren, bis sie schließlich gänzlich eingestellt wurden.

Mit dieser Dokumentation soll die über Jahrhunderte betriebene Art der Wiesenbewirtschaftung in der Böhmerwaldregion wachgehalten werden. Gleichzeitig möchten wir eine weitere Grundlage für das angestrebte Ziel „Wiesenbewässerung – ein europäisches Kulturerbe" zur Verfügung stellen (INTWATER – UNIVERSITÄT FREIBURG: http://www.intwater.uni-freiburg.de, Abfrage vom 20.5.2020)

## Zur Gebietskulisse und genesen Landnutzung des Mühlviertler Böhmerwaldes im Kontext zur traditionellen Bewässerung

Das Untersuchungsgebiet umfasst den herzynisch streichenden Bergrücken zwischen dem Tal der Großen Mühl im Süden, der österreichisch-tschechischen Staatsgrenze im Norden und der österreichisch-deutschen Staatsgrenze im Westen. Im Osten wird das Untersuchungsgebiet durch den Iglbach und die Staatsgrenze begrenzt.

Der geologische Aufbau des Mittelgebirges wird durch praevariszische Schiefergneise und jüngere Granite (Weinsberger-, Eisengarner- und Sulzberggranit) gebildet (vgl. Dunzendorfer 1974 12f.). Der Böhmerwaldhauptkamm mit seinen Erhebungen des Plöckensteins (1.378 m), Reischlberg (1.240 m), Hochficht (1.337 m) und Bärnstein (1.077 m) ist auch Wasserscheide zwischen dem Abfluss über das Moldau-Elbe-System und dem Abfluss in die Donau über die Große Mühl. Klafferbach, Eidechsbach, Hintenbergerbach, Ramenaibach, Hammerbach, Galgenbach und Wurmbrandbach entwässern das Gebiet in die Große Mühl nach Süden. Auch der Schwarzenbergische Schwemmkanal, welcher ab 1789 künstlich angelegt wurde und der 1824 das erste Mal auf ganzer Länge geschwemmt wurde (vgl. Trapp 1995, 165f.), wird vom kanalisierten Zwettlbach (Světla) aufgenommen.

Teilweise den Schwemmkanal kreuzend fließen Kesselbach, Schrollenbach und Iglbach nach Norden Richtung Moldau. Eines vorweg: Alle diese Gewässer wurden über weite Strecken ihres Laufes für die Wiesenbewässerung genutzt.

Der Bergrücken des Böhmerwaldes bildet auch einen Übergangsbereich von der atlantisch beeinflussten Klimazone auf den Höhenrücken zur kontinental beeinflussten Klimazone in Tal- und Kessellagen (vgl. Dunzendorfer 1974, 26f.). Die süd- und südwestexponierten Hänge sind durchaus wärmebegünstigt, während die Tallagen von Kaltluftseen charakterisiert sind. Die Hochlagen des Böhmerwaldes sind zudem den Nord- und Nordwestwinden stark ausgesetzt. Der sogenannte Böhmwind,

Bäche des oberösterreichischen Böhmerwaldgebietes; grau hinterlegt sind Bäche, an denen Wiesenbewässerungen genauer untersucht wurden. (Darstellung: Stefan Reifeltshammer)

ein stürmischer Fallwind, der durch den Unterdruck im gegenüber dem Moldautal 200 Meter tiefer liegenden Mühltal entsteht, kann das Wetter zu allen Jahreszeiten stark beeinflussen. Insbesondere im Sommer ist er durch eine auftrocknende Wirkung charakterisiert (ÖSTERREICHISCHE NATURSCHUTZJUGEND HASLACH 2018, 11). Durch den Einstau des Moldaustausees (Lipno) entstand 1959 eine große Wasserfläche, die zur herbstlichen Nebelbildung in den Hochlagen beiträgt.

Die mittlere Jahrestemperatur beträgt im Tal der Großen Mühl bei Aigen etwa 7,1°C und in den Hochlagen des Böhmerwaldrückens etwa 3,8°C am Plöckenstein. Die mittleren Jahresniederschläge der Zeitreihe 1981-2010 liegen je nach Höhenlage zwischen 900 mm bei Aigen und bis zu 1.500 mm am Hochficht (DORIS.OOE.GV.AT, Abfrage vom 22.1.2020). Ähnliche mittlere Jahresniederschläge werden für die Zeitreihen 1876-1900 (WERNECK 1950, Tafel IX) und 1961-1990 (AUER et al., 1998, Karte 25) angegeben.

Die Böden des Böhmerwaldgebietes und des Mühltales sind silikatreich. Ihre Bandbreite erstreckt sich von unterschiedlich gründigen Felsbraunerden in Hang- und Kuppenlagen über mehr oder weniger vernässte Gleyböden in den Bachniederungen und entlang der Großen Mühl bis hin zu anmoorigen Böden in kesselartigen Senken.

Die Felsbraunerden sind gut wasserversorgt bis trocken und weisen geringe bis mäßige Wasserspeicherkraft bei hoher Durchlässigkeit auf. Auch die Gleyböden der Bachniederungen weisen geringe Speicherkraft und hohe Durchlässigkeit auf, haben aber aufgrund des Grund- und Hangwassereinflusses feuchte Bodenverhältnisse (ÖSTERREICHISCHE BODENKARTE 1984). Waldböden sind auf Verebnungsflächen mit hohen Niederschlägen und Fichtenbestand im Böhmerwald durch ausgeprägte Podsolierungserscheinung (DUNZENDORFER, 1974, 32) charakterisiert. Über Blockschuttmaterial entstehen Ranker mit geringer Humusauflage.

Die Landnutzung im Böhmerwaldgebiet war seit der Neuzeit einerseits durch die Waldwirtschaft in den Hochlagen und andererseits von einer gemischten Acker-Grünland-Wirtschaft im Bereich des Tales der Großen Mühl geprägt (WERNECK 1950, Tafeln). Waldwiesen und -weiden waren historisch im Waldgebiet, insbesondere entlang der Bachläufe, eingestreut. Die Waldgrenze verschob sich in den vergangenen hundert Jahren durch zunehmende Aufgabe der Grünlandwirtschaft in den Hochlagen Richtung Mühltal, wobei die Verwaldung auch zu einer Verdichtung der Waldbestände führte, wie der Vergleich der Waldanteile zeigt (s. Abb.).

Diese historischen Waldwiesen sind besonders in Hinblick auf Spuren der Wiesenbewässerungen interessant, da die Aufforstungen überwiegend ohne Geländeplanierung erfolgten und sich so in diesen Bereichen Gräben und Grabensysteme erhalten haben.

Im Gegensatz dazu wurden in nach wie vor landwirtschaftlich genutzten Bereichen die Spuren der Wiesenbewässerung durch Kommassierung oder Verbesserung der Bewirtschaftbarkeit unsichtbar gemacht. Nachfolgend werden Beispiele die Bandbreite der aktuellen und historischen Wiesenbewässerungen aus dem Böhmerwaldgebiet zeigen.

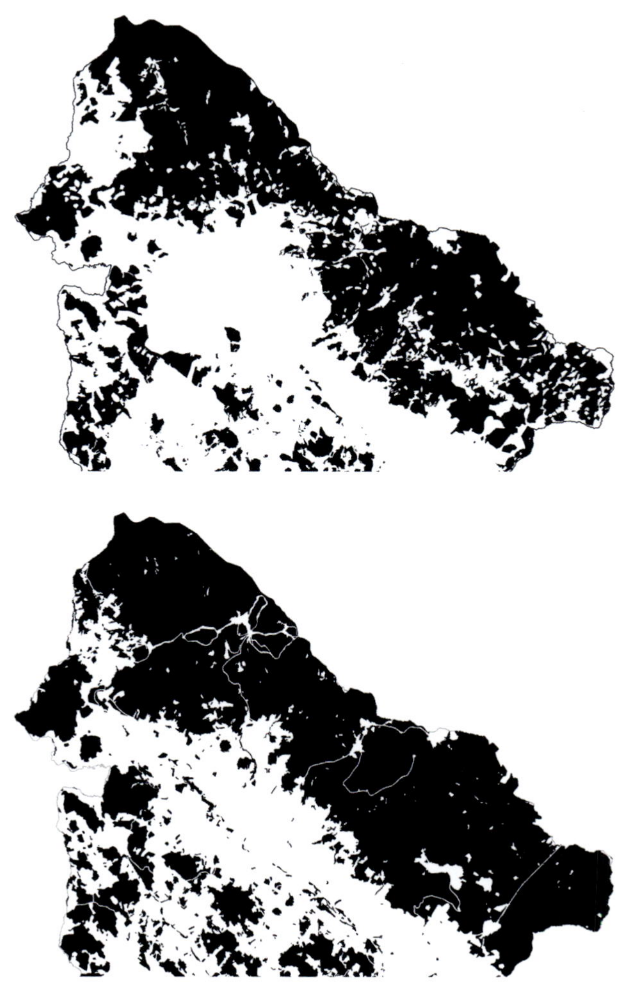

Vergleich des Waldanteiles im Jahr 1828, kartiert aus der Urmappe, und dem Jahr 2016 aus dem Orthofoto digitalisiert. (Darstellung: Stefan Reifeltshammer)

## Quellen und Methode

Anhand ausgewählter Beispiele von Gewässerabschnitten werden mittels Quellen- und Methodenkombination (REIFELTSHAMMER 2011, 2012) historische und aktuelle Wiesenbewässerungen dargestellt. Die Auswahl der Beispiele erfolgte einerseits nach den Kriterien der Quellenverfügbarkeit und dem Vorhandensein von Spuren in der Landschaft und andererseits nach dem Kriterium, eine möglichst große Bandbreite an Bewässerungstypen, Bewässerungsbauwerken und Wirtschaftsweisen zu zeigen.

Um diese Auswahl zu treffen, waren sowohl Quellenstudium als auch die Analyse und Interpretation von Orthofotos und Geländemodell notwendig. Schriftliche Quellen, insbesondere die Informationen der Urkundensammlung des Wasserbuches in den Akten der BH Rohrbach (OÖ. LANDESARCHIV), sind so detailliert, dass die Wiesenbewässerungen für einzelne Bäche unter Zuhilfenahme von Orthofotos, Urmappe, digitaler Katastermappe und Geländeschummerung des Digitalen Oberösterreichischen Raum-Informations-Systems (DORIS, ABFRAGEN 2019, 2020) kartographisch im Maßstab 1:1.000 dargestellt werden konnten. Die Urmappe war zum Auffinden der in der Urkundensammlung angeführten Grundstücke hilfreich, da die Nachvollziehbarkeit im aktuellen Grundstückskataster über weite Strecken aufgrund von Grundstückszusammenlegungen nicht mehr gegeben war. Mit der Geländeschummerung und Orthofotos konnten die Lage von Gewässerausleitungen und der Verlauf von Bewässerungsgräben in vielen Fällen mit einer Genauigkeit von mehreren Metern Abweichung kartiert werden. Ebenso wurde das Flurnamensgut aus den Urkunden des Wasserbuches kartographisch verortet. Jene Ausleitungen und Gräben, die nicht mehr eindeutig verortet werden konnten, wurden mit einer anderen Signatur als vermuteter Verlauf oder vermutete Lage unter Berücksichtigung der Topographie in die Karten eingetragen. Die Abweichung der Kartierung zur ehemaligen tatsächlichen Lage kann hier sehr groß sein, lediglich die Zuordnung zu einem Grundstück der Urmappe stimmt mit Sicherheit überein. Auf diese Weise wurden nachfolgende Bäche oder Bachabschnitte kartiert (siehe Tabelle), wobei die Jahreszahl das Jahr der Urkunden und Beschreibungen angibt. Die Kartierungen beschreiben somit den Zustand zum Jahr der Dokumentenerstellung. Da die überwiegende Anzahl der schriftlichen Quellen der Urkundensammlung des Wasserbuches im Zuge der Neuanlage derselben angelegt wurden und damit auch alte bestehende Anlagen aufgenommen wurden, kann überwiegend von einem Bestand der Bewässerung vor diesem Jahr ausgegangen werden. In den Urkunden liest sich dies mit Beschreibungen wie z. B. „seit jeher“, „von alters her“, „Altbestand“, „vor 1870“, „erloschen“.

| Gewässername | Jahreszahl des Dokumentenbezugs |
|---|---|
| Klafferbach | 1935, 1976, 1978 |
| Russ-, Rüll-, oder Nüllbach | 1884, 1932 |
| Hausbach | 1936 |
| Braueraubach | 1934 (Bestand vor 1870) |
| Hinten(berger)bach | 1933 |
| Ramenai- oder Romenaibach | 1932 |
| Bleicherbach | 1932 |
| Sonnleithenbach | 1936 |
| Hammerbach | 1907, 1935, 1936, 1970 (Bestand vor 1857) |
| Große Mühl | 1874, 1932 |
| Iglbach | 1933 |
| Schrollen- oder Bügelbach | 1924, 1933 |
| Landsknechtingerbach | 1924, 1933 |
| Wössenbach | 1933 |
| Kesselbach | 1933 |
| Pfarrerbachl | 1933 |
| Eidechsbach | 1936 |

Aus Quellen- und Methodenkombination rekonstruierte Wiesenbewässerungen .

Die Erkenntnisse aus schriftlichen Quellen wurden durch Geländebegehungen mit Kartierungen, graphischen und photographischen Aufnahmen von noch erkennbaren Indizien der Wiesenbewässerungen in der Landschaft ergänzt. Diese Kartierungen wurden in den Jahren 2018 und 2019 auf Flächen an der Großen Mühl im Bereich der Torf Au, entlang des Klafferbaches bachaufwärts von Freundorf, am Schröllenbach, im Unterlauf des Hammerbaches (REIFELTSHAMMER und ZIMMERHACKL 2019) sowie dessen Mündungsbereich in die Große Mühl und beim Naturschutzgebiet Orchideenwiese in Freundorf durchgeführt.

Bei den letzten beiden Beispielen wurden die Gräben mittels GPS eingemessen und Grabenprofile aufgenommen, ansonsten beschränkte sich die Feldarbeit auf die skizzenhafte Kartierung und Digitalisierung. Dem Vorangegangenen zufolge wurden bei der Kartierung „Gräben in der Natur vorhanden", „Graben schriftlich belegt", „Graben vermutet lagetreu" und „Graben vermutet nicht lagetreu" unterschieden.

Einzelne Exkurse wurden beigegeben, die das Ergebnis von Literaturrecherchen und Erhebungen der Österreichischen Naturschutzjugend Haslach sind (FUCHSHUBER et ZIMMERHACKL, 2016, 2018).

## Exemplarische Darstellung von Wiesenbewässerungsanlagen im Böhmerwaldgebiet

Heute umfassen die Wasserentnahmen aus Oberflächengewässern Nutzungen zur Beschneiung, Wasserversorgung, Teichwirtschaft und Bewässerung. Aktuell sind für das Gebiet (Abb. 3) im Wasserbuch der Bezirkshauptmannschaft Rohrbach 146 Wasserrechte für Bewässerungsanlagen mit Vermerk „in Betrieb" eingetragen (DORIS, Abfrage vom 30.1.2020). Wie viele davon tatsächlich noch ausgeübt werden, ist unbekannt. Anders war dies in den letzten zwei Jahrhunderten: Das Wasser sämtlicher Bäche im oberösterreichischen Böhmerwald wurde mehr oder weniger intensiv durch Ausleitungen zur Wiesenbewässerung und lokalen Wasserversorgung der Gehöfte genutzt.

Die Wiesenbewässerungen erfolgten sowohl in hängigen Bereichen mit Felsbraunerden als auch auf ebenen Flächen der Bachniederungen mit grund- und hangwasserbeeinflussten Gley-Böden, was auch darauf hinweist, dass die Verbesserung des Wasserhaushaltes nicht der einzige Zweck der Bewässerung war. Die Ausleitungen des Wassers aus den Bächen in die Bewässerungsgräben waren sehr unterschiedlich gestaltet. Welche Methode gewählt wurde, hing von der Gewässermorphologie und anderen Kriterien, wie der Dauer der Bewässerung und der Größe des Grabensystems, ab. Von der einfachen Ausleitung durch die Öffnung des Ufers, über temporär bei Bedarf eingelegte Stausteine oder -bretter, losen Steinwurf, bis hin zu im Bach-

Übersichtskarte zu den kartierten Bewässerungsanlagen. (Darstellung: Stefan Reifeltshammer)

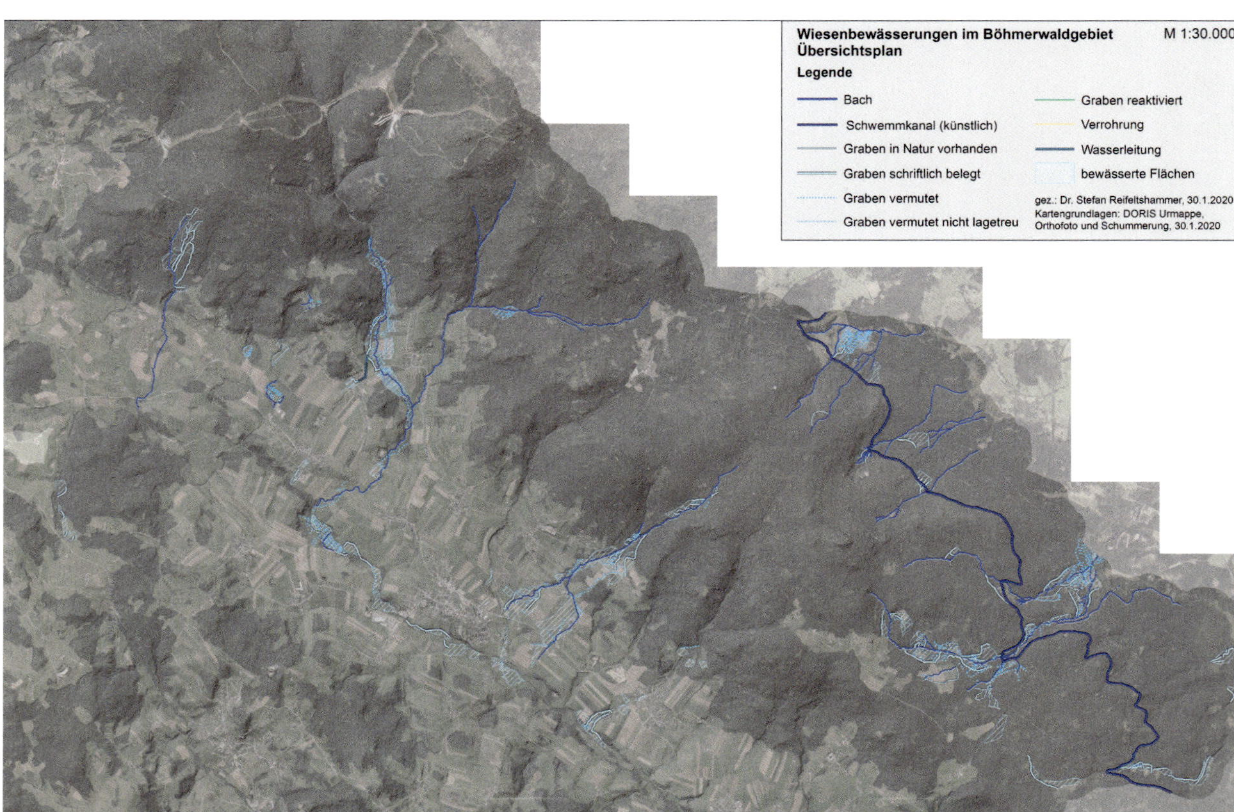

bett eingebauten Steinschwellen oder Schwellbäumen – sie ließen den Bach anschwellen – und sogar Wehranlagen sind für das Gebiet beschrieben. Andere Bewässerungsgräben wurden aus Quellen oder Sammelteichen dotiert.

Weiters können Bewässerungsanlagen einzelner Grundstücke von größeren Anlagen unterschieden werden, bei denen ganze Talabschnitte und Ortschaften versorgt wurden. Bei der Bewässerung einzelner Grundstücke versickerte das ausgeleitete Wasser zur Gänze auf der Fläche. Bewässerungen mit Unterliegern waren hingegen an strenge rechtliche Auflagen gebunden, damit sie für alle Beteiligten zufriedenstellend funktionierten.

Es wurden sowohl Zeiten der Bewässerung festgelegt als auch die Menge des Wassers, das genutzt werden konnte. Nicht selten führte die Nichteinhaltung zu Streitigkeiten, etwa wenn Wasser umgeleitet, zu viel ausgeleitet oder die Bewässerung nicht in den erlaubten Zeiten durchgeführt wurde. Zudem kam es vor, dass Ausleitungen aus den Bächen ohne Bewilligung erfolgten.

## Verschiedene Formen der Wasserausleitung

Der Hammerbach entspringt an der Südabdachung des Böhmerwaldes, in der Rosstauscherquelle am gleichnamigen Berg in etwa 1.000 m über Adria und hat bis zu seiner Einmündung in die Große Mühl auf 551 m. ü. A. ein Einzugsgebiet von 4,51 Quadratkilometern. An seinem Beispiel lassen sich Wasserausleitungen mittels kleiner Wehranlagen, vor allem im Unterlauf des Hammerbaches, beschreiben.

Etwa 25, 40 und 90 Meter unterhalb der alten Straße nach Ulrichsberg werden sub Postzahl 1084 des Wasserbuches (AKTEN DER BH ROHRBACH, Sch. 296) drei Ausleitungen mittels einzusetzender Staubretter als alter Bestand angeführt. Das Wasser wird in 0,4 m breiten und 0,25 m tiefen Gräben auf die zu bewässernden Flächen geleitet. Ausleitungen dieser Art werden noch an mehreren Stellen bachabwärts angeführt.

Ebenso als alter Bestand wird demnach im Einlageblatt PZl. 1085 des Wasserbuches (EBENDA) aus dem Jahr 1936 ein festes Überfallswehr aus Stein mit einem hölzernen Flachbaum angeführt. Um das Wasser aus dem Hammerbach in einen Bewässerungsgraben zu leiten, musste auf das Wehr mit einer Überfallslänge von 1,1 m und einer Höhe

Unterlauf des Hammerbaches mit verschiedenen Formen der Wasserausleitung in Bewässerungsgräben, sowie Dokumentation von Grabenprofilen im heutigen Zustand. (Darstellung: Stefan Reifeltshammer)

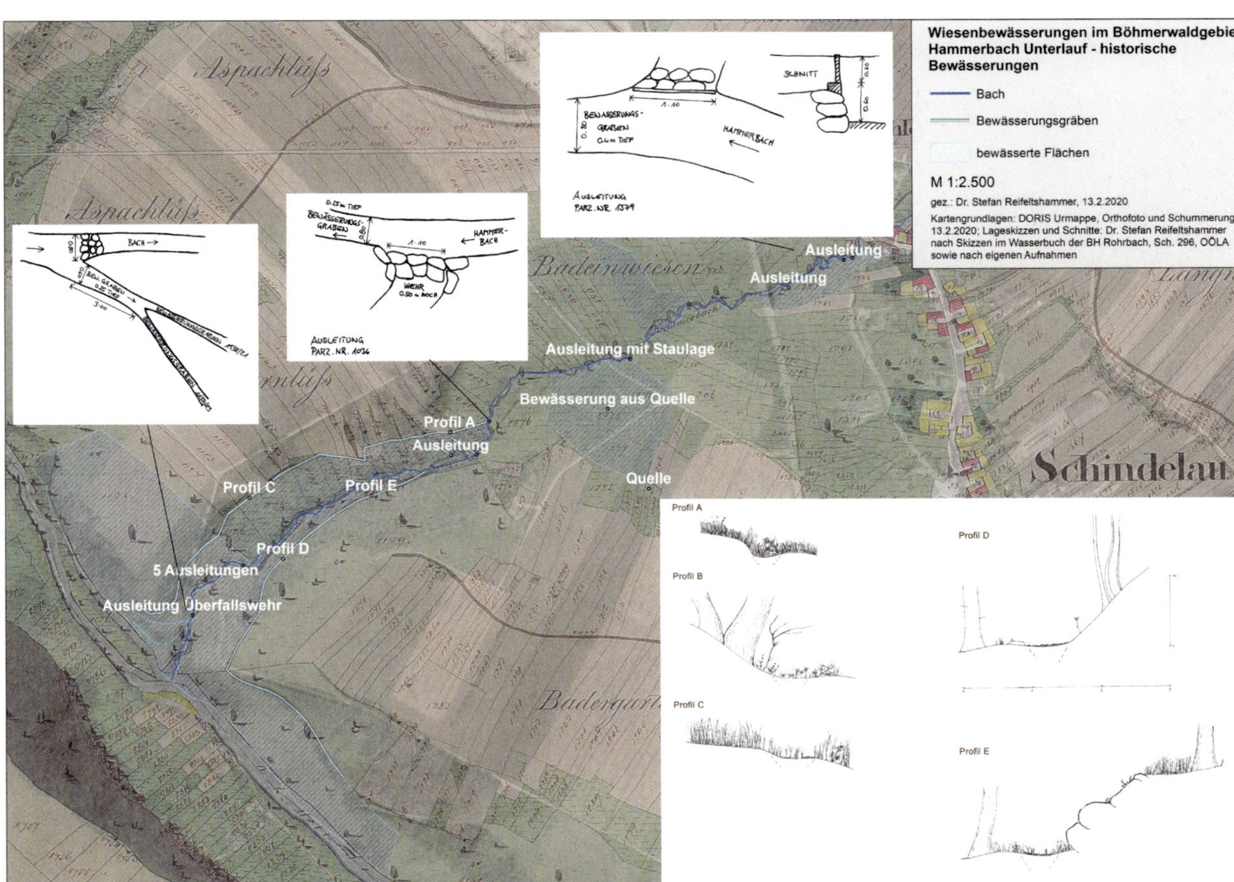

von 0,6 m noch ein 0,6 m hohes Staubrett aufgesetzt werden. Der Bewässerungsgraben hatte bei seinem Beginn eine Breite von 0,8 m und eine Tiefe von 0,4 m. Aus diesem Graben wurden mehrere Parzellen nach gewisser Vereinbarung bewässert.

Am Hammerbach ist auch die Bewässerung aus einer Quelle beschrieben. Demnach wurde das Quellwasser in einer Wasserschwelle – eine Mulde, in der man das Wasser „anschwellen" ließ – gesammelt und von dort über zwei Gräben auf die zu bewässernden Flächen zweier unterschiedlicher Grundstücksbesitzer geleitet. Der Besitzer der Quelle bewässerte seine Wiese 10 Tage in Folge, der zweite Grundstückseigentümer seine Fläche die darauffolgenden 4 Tage. Dieser Turnus wurde das ganze Jahr über beibehalten und erst im Zuge eines Streites zwischen den beiden Grundstückseigentümern im Jahr 1907 festgesetzt.

Die Bewässerung wurde laut damaligen Zeugenaussagen jedoch schon mindestens seit 50 Jahren betrieben, wobei die Gegenleistung für die Wassernutzung in Form von Fuhrdiensten erbracht wurde.

Bachabwärts der Quelle folgt eine weitere Ausleitung mittels Überfallswehr aus dem Hammerbach. Mittels einer 0,5 m hohen und 1,1 m langen Überfallslage konnte das Bachwasser rechtsufrig in einen Bewässerungsgraben von 0,8 m Breite und 0,25 m Tiefe geleitet werden. Dieser Graben lässt sich auch heute noch abschnittsweise in der Landschaft auffinden (REIFELTSHAMMER et ZIMMERHACKL 2019) und bewässerte mehrere Wiesen. Mehrere einfache Ausleitungen, das waren solche, die durch die Positionierung von Brettern, Steinen oder mittels Grabenblech dotiert wurden, lagen zwischen den festen Überfallwehren.

Die letzte Ausleitung aus dem Hammerbach vor seiner Mündung in die Große Mühl war wiederum ein Überfallwehr, das einen Graben dotierte, der sich nach wenigen Metern auf zwei Hauptäste teilte, um möglichst große Bewässerungsflächen zu schaffen. Gerade im Unterlauf des Hammerbaches wurden die Bewässerungsgräben durch mehrere hintereinander liegende BewirtschafterInnen genutzt, was auch gewisse Absprachen zur Nutzung und Bewirtschaftung voraussetzte. Die Gräben wurden einmal jährlich gemeinschaftlich instand gesetzt. Wer sich nicht an der Instandhaltung beteiligte, verlor bis zum nächsten Jahr die Rechte, den Bewässerungsgraben zu nutzen. Das Recht zur Wiesenbewässerung wurde durch einen Haselnussstock, der von einer unabhängigen Person an die Bewirtschafter verliehen wurde, symbolisch weitergereicht (REIFELTSHAMMER et ZIMMERHACKL 2019).

Neben Wehranlagen und einfachen Wasserausleitungen wurden auch Wasserleitungen indirekt für Wiesenbewässerungen genutzt, wie das Beispiel einer Ausleitung aus dem Klafferbach bei Freundorf belegt.

Der etwa 11 Kilometer lange Klafferbach ist einer der größeren Bäche, die den Böhmerwaldrücken nach Süden entwässern. Auf etwas weniger als der Hälfte seiner Länge wurde sein Wasser nach dem Austritt aus den Wäldern zur Wiesenbewässerung, aber auch als Nutzwasser für Haus und Stall, so-

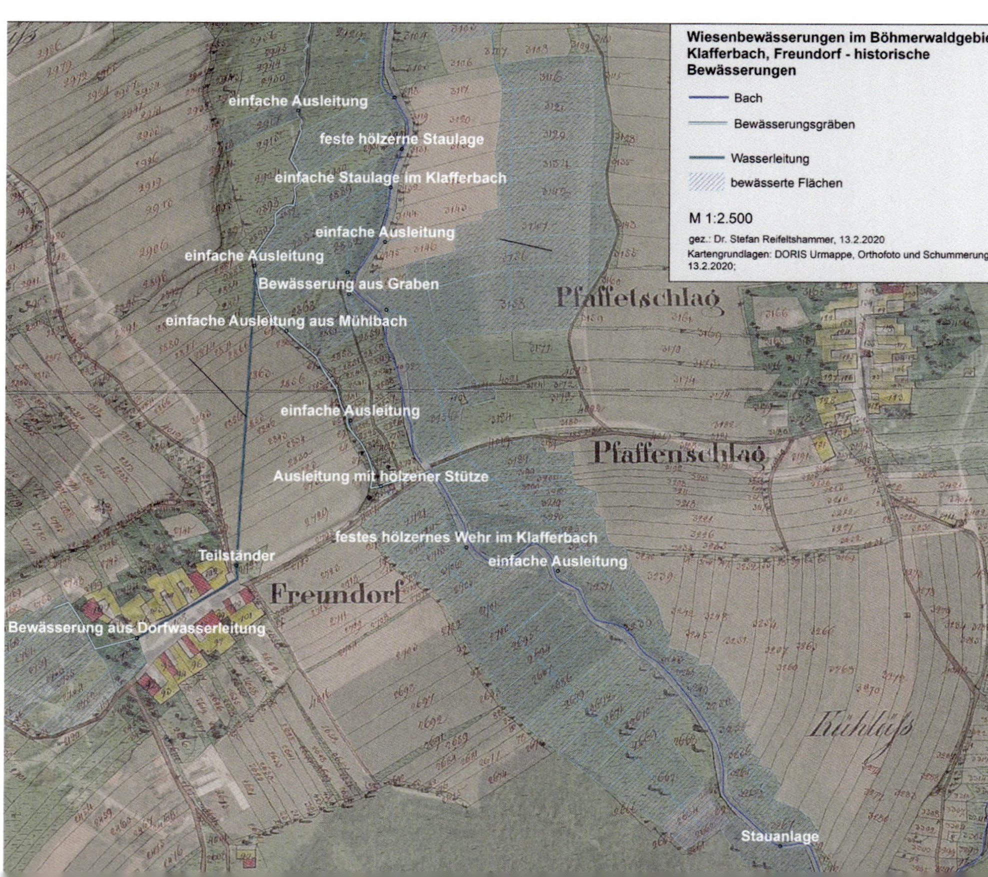


Ausleitung der Freundorfer Dorfwasserleitung aus dem Klafferbach zur Wiesenbewässerung. (Darstellung: Stefan Reifeltshammer)

wie für den Antrieb von Wasserrädern genutzt. Eine größere Ausleitung, die sich in der Landschaft auch heute noch abschnittsweise auffinden lässt, wurde zum Betrieb der Freundorfer Dorfmühle, zur Wiesenbewässerung und für die Freundorfer Dorfwasserleitung, die in weiterer Folge wieder zur Wiesenbewässerung genutzt wurde, angelegt. Die Wasserleitung zweigt als Holzwasserleitung aus dem Werksgraben der Mühle ab und führte zu einem wenige Meter neben der Dorfkapelle stehenden „Ständer", einer Art Teilstock (AKTEN DER BH ROHRBACH, Sch. 287). Dieser Ständer teilte das zufließende Wasser auf sechs Teile auf, sodass einem Hausbesitzer 1/6 des Wassers für die Bewässerung seiner drei Wiesengrundstücke über einen offenen Wassergraben zufloss und die restlichen 5/6 die Wasserleitungen von vier anderen und dem schon genannten Hausbesitzer dotierten.

Das Überwasser der Nutzwasserleitungen wurde seit „altersher" in Wasserschwellen gesammelt, deren Abläufe wiederum in den offenen Graben zur Wiesenbewässerung mündeten. Von einer gewissen Nährstoffanreicherung des Bewässerungswassers kann ausgegangen werden. Die Wasserschwellen wurden zweimal am Tag abgelassen.

Nachdem die Wasserführung des offenen Grabens unter anderem durch die Zuleitung aus den Wasserschwellen ergiebig war, nutzten auch andere HauseigentümerInnen das Wasser zur Bewässerung ihrer Wiesen. Mittels einer Kastenrinne und Steckschützen wurde das Wasser umgelenkt. Einige Hauseigentümer haben die Steckschütze nach Entleerung ihrer Wasserschwelle nicht mehr umgesteckt, was zu Streitigkeiten und folglich auch zur Dokumentation dieser Anlage führte (AKTEN DER BH ROHRBACH, Sch. 287).

Ausleitung aus dem Klafferbach kurz vor der Einmündung in die Große Mühl. Der Schwellbaum quer im Gewässerbett lässt den Bach „anschwellen" und durch die geöffnete Ausleitung Wasser entnehmen. (Foto: Karl Zimmerhackl)

## Exkurs: Hofnahe und hofferne Wässerwiesen

Der Mangel und damit die verbundene Suche nach ausreichendem Dünger war ein immerwährendes Problem der traditionellen Landwirtschaft.
Dünger konnte damals nur über organische Substanzen eingebracht werden. Laub aus den nahen Buchenwäldern als Einstreu im Stall, Mist, Erntereste, Mistlacker und Abwässer aus den Bauernhäusern standen zur Verfügung.

In der von uns beschriebenen Region des Oberen Mühlviertels/Böhmerwald gab es in jedem Bauernhof eine ständig fließende Wasserstelle mit einem Stein- oder Holzgrander, in dem das kühle Quellwasser gesammelt wurde. Das überschüssige Wasser wurde über einen Graben einem hausnahen Teich zugeleitet. Vom Teichufer aus erreichte man über einen kurzen Steg ein aus Brettern gezimmertes kleinräumiges „Häusel". In seiner Funktionsweise wurde es als „Plumpsklo" tituliert.

Für den im Teich gesammelten Dünger wurde die Transportkraft des fließenden Wassers eingesetzt und über Wassergräben, je nach Reichweite des fließenden Wassers, den hofnahen Wiesen zugeführt. Die düngende und bodenerwärmende Wirkung des Wassers garantierte frühes frisches Grünfutter und war nach den langen und schneereichen Wintern sehr begehrt.

Unter hoffernen Wiesen sind jene Grundstücke gemeint, die in Bach- oder Flussnähe liegen oder als Waldwässerwiesen bewirtschaftet wurden. Der weite Weg zu diesen Wiesen ermöglichte nur eine periodische Bewässerung. Von der „Orchideen Waldwiese" wissen wir, dass der Sohn des Bauern im Abstand von drei Tagen zu den dort angelegten Wiesenteichen geschickt wurde, um den „Schwözapfen" zu ziehen und das gesammelte Wasser über die Gräben abschnittsweise auf die Hangwiese rieseln zu lassen. Die Düngewirkung dieses Wassers war natürlich bescheidener als bei hofnahen Wiesen. Die Heuernte begann auf diesen Wiesen erst ganz zuletzt: von Mitte bis Ende Juli. Der Ernteertrag dieser Wiesen war zwar geringer, der Gesundheitswert der darin enthaltenen Kräuter jedoch sehr hoch. „Wenn ich mit diesem Heu in den Stall gekommen bin, dann haben die Kühe das andere Futter liegen gelassen!", so Viktor Grininger, ein Bauer aus Freundorf. Er bezeichnete dieses Heu als „Medizinheu", dessen Qualität für die Gesundheit der Tiere im Stall sehr förderlich war.

Wässerwiesen wurden nicht beweidet. Einen Großteil des Jahres blieb das Vieh in den engen, dunklen Ställen angebunden. Die Herbstbeweidung war weit verbreitet, aber nur auf jenen Wiesen, die aufgrund der Bodenfeuchte nicht trittempfindlich waren.

Vor allem an den Bächen, die den Böhmerwald nach Norden entwässern, etwa am Bügel- oder Schröllenbach, oder dem Landsknechtingerbach, wurden die Wasserausleitungen in die Bewässerungsgräben durch Staulagen aus losen Steinwürfen oder Erdanschüttungen mit quer gelegten Baumstämmen, dem sogenannten Schwellbaum, errichtet. Da die ehemaligen Wiesen an diesen Bächen, die heute durchwegs Wald sind, sehr abgelegen von den Höfen lagen, wurden für die Errichtung der Staubereiche vor Ort vorhandene Baumaterialien verwendet: Steine, Erde und Baumstämme.

Zwischen diesen Querbauwerken lagen auch viele einfache Ausleitungen, die Bewässerungsgräben dotierten. Während die einfachen Ausleitungen oft mit zeitlichen Beschränkungen versehen waren, werden bei den festen Querbauwerken keine Vorgaben angegeben. Die Vermutung liegt nahe, dass mit diesen Ausleitungen ständig bewässert wurde; Belege dazu fehlen allerdings.

Für den Bügel- oder Schröllenbach und den Landsknechtigerbach wird beschrieben, dass das Überwasser von Bewässerungsgräben durch unterliegende Bewässerungsgräben weiter genutzt wurde. Wie auch der Bildausschnitt in Abb. 6 zeigt, wurden die Wiesen mittels Wasser berieselt.

Einen Sonderfall von Wasserausleitungen für Bewässerungen stellen Querungen des künstlich angelegten Schwarzenbergischen Schwemmkanals dar. Dieser wurde ab 1789 hangparallel verlaufend angelegt, sodass er die Wasserscheide zwischen Donau- und Moldausystem überwindet. Dadurch werden die natürlich abfließenden Bäche und auch Bewässerungsgräben gekreuzt. Um das Wasser, insbesondere von den Bewässerungsanlagen, über den Schwemmkanal zu leiten, wurden neben normalen Durchlässen auch den Schwemmkanal überführende Rohrleitungen errichtet, wie z. B. bei der „oberen Sonnleitenwiese" am Wössenbach. Das Wasser wurde mittels einfacher Ausleitung aus dem Wössenbach zur Bewässerung der damaligen Parzelle Nr. 43 geleitet. Für die „Bewässerung der Parzelle Nr. 42/1, Kat. Gem. Aigen, (...) (sogenannte obere Sonnleitenwiese) (...) werden die 4 sekundären Bewässerungsgräben von Par. 43 (...) in Holzrinnen über den Schwemmkanal Parz. Nr. 42/2 auf die Parzelle Nr. 42/1 ausgeleitet, wo dann die einzelnen Bewässerungen abzweigen. Beide Wasserbenutzungen sind bisher im alten Wasserbuche des Grdbch. Aigen nicht eingetragen gewesen, werden jedoch seit jeher (vor dem Jahre 1870) ausgeübt. Die Bewässerung erfolgt durch das ganze Jahr hindurch ohne Beschränkung. Die Rinnen werden vom Stift Schlägl erhalten" (AKTEN DER BH ROHRBACH, Sch.

Bewässerte Flächen am Bügel- oder Schröllenbach und am Landsknechtingerbach. (Darstellung: Stefan Reifeltshammer)

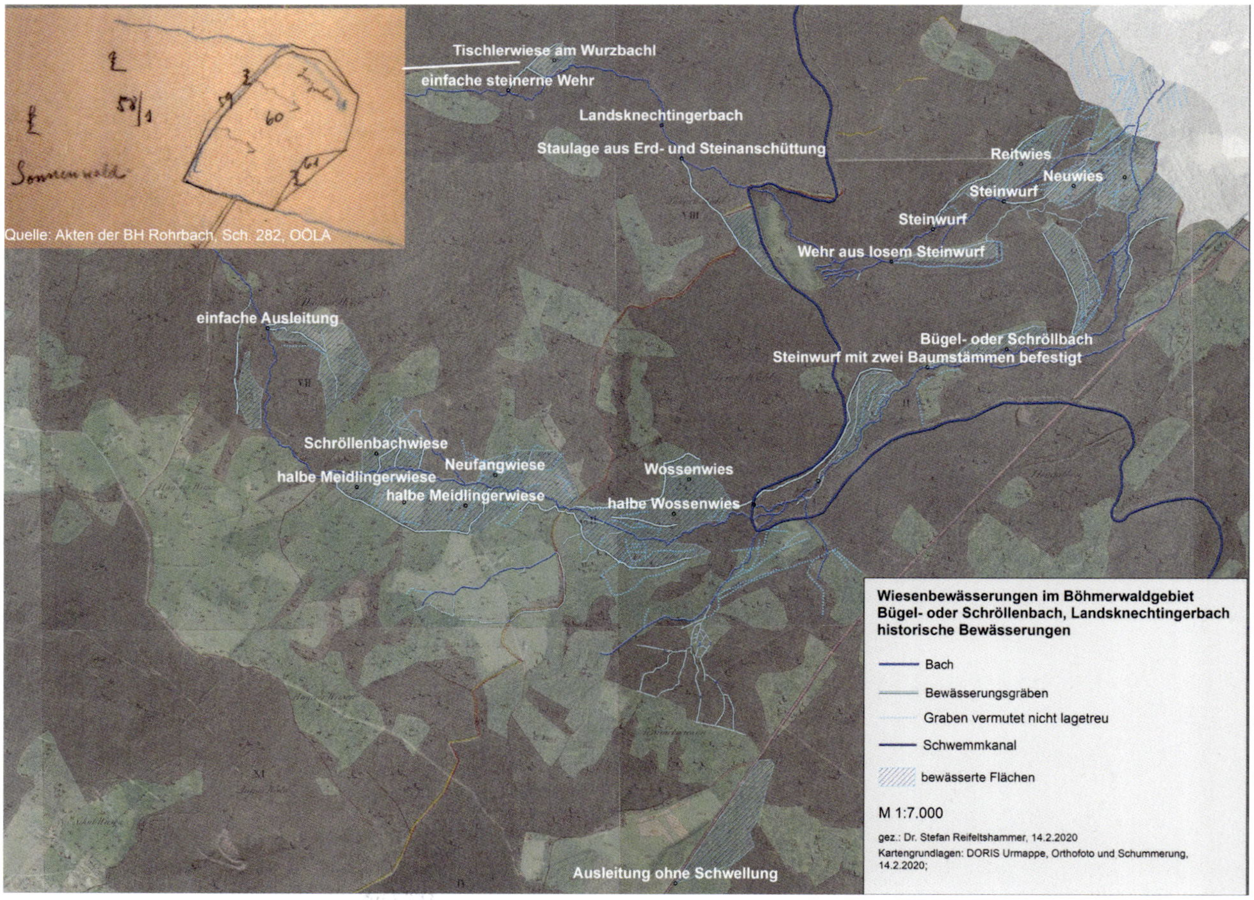

282, Pzl. 5/1, OÖLA). Für die Ausleitung aus dem Wössenbach wird im Jahr 1933 die Höchstmenge von zwei Dritteln des vorhandenen Bachwassers festgelegt (EBENDA, Pzl. 5/3).

Eine andere Form der Wasserquerung ist die Durchleitung von Bachwasser durch den Schwemmkanal, wie dies beim Pfarrerbachl in der Ortschaft Sonnenwald der Fall war:

„Die Parzelle Nr. 33/1, Kat. Gem. Aigen, (...). Die Bewässerung dieser Parzelle erfolgt nut (*Anm.: nur?*) insoweit mit dem Wasser des Pfarrerbachl, als dieses in dem Schwemmkanal weiterfliesst und sich im Schwemmkanal mittels eines 50 cm i.L. weiten Holzrohres, welches die Straße neben dem Schwemmkanal unterfährt, nach links auf die Parzelle Nr. 33/1 ausgeleitet. Die Bewässerung ist zeitlich nicht beschränkt. Sämtliche 3 Wiesenbewässerungen werden schon seit undenklichen Zeiten ausgeübt ..." (AKTEN DER BH ROHRBACH, Sch. 282, Pzl. 3/1, OÖLA). Andere Bewässerungen durften nur außerhalb der Schwemmzeit zeitlich ohne Begrenzung ausgeführt werden, wie dies bei der „unteren Sonnleitenwiese" am Kesselgrabenbach der Fall war ... (AKTEN DER BH ROHRBACH, Sch. 282, Pzl. 4/1, OÖLA).

Über- und Durchleitungen des Schwarzenbergischen Schwemmkanals mit Bewässerungswasser am Pfarrer-, Kesselgraben- und Wössenbach. (Darstellung: Stefan Reifeltshammer)

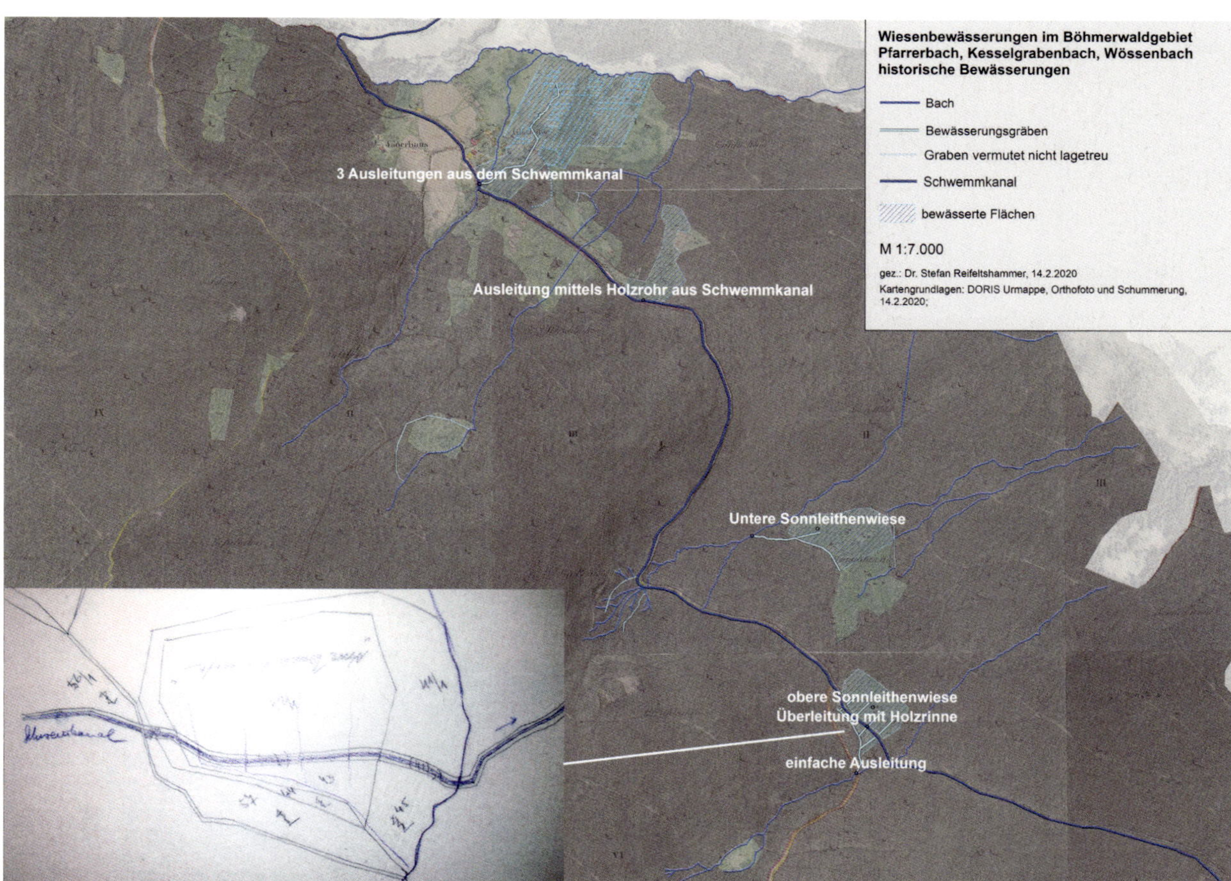

## Zeitliche Beschränkungen der Wiesenbewässerungen

Zu den zeitlichen Begrenzungen der Wiesenbewässerung gibt es höchst unterschiedliche Angaben, und es lassen sich diesbezüglich keine Gesetzmäßigkeiten für die Region festmachen. Viele einfache Ausleitungen, insbesondere jene, die „seit jeher" bestanden oder wo nur einzelne oder wenige Grundstückseigentümer betroffen waren, wurden nicht mit zeitlichen Begrenzungen belegt. Andere Bewässerungen wurden wiederum begrenzt. Es fällt jedoch auf, dass zeitliche Beschränkungen, vor allem zur Lösung von Streitigkeiten, oftmals nachträglich auf bestehende unbegrenzte Bewässerungsrechte behördlich auferlegt wurden. Um die Bandbreite der verschiedenen Zeitbeschränkungen darzustellen, werden nachfolgend einige Beispiele dargestellt:

Die zeitlichen Regelungen der Wässerwiesen im Bereich des Semmlauer-, Schrollen- und Landsknechtinger Baches (Abb. 6) auf Höhe der österreichisch-tschechischen Grenze werden in einer Vereinbarung aus dem Jahr 1924 (AKTEN DER BH ROHRBACH, Sch. 282, Pzl. 7/1, OÖLA) beschrieben. Demnach „wird als Bewässerungszeit der Zeitraum von Georgi, d. i. 24. April bis Johanni, d. i. 24. Juni jedes Jahres festgesetzt. II. Das Winterwasser kann nur in der Zeit vom Martini, d. i. 11. November bis zur Frühjahrsschneeschmelze auf die Wiesen geleitet werden. Die bisherige Art der Nutzungseinteilung des Winterwassers zwischen zwei verschiedenen Grundbesitzern, das heißt dass sie z. B. jeden zweiten Winter abwechseln, bleibt aufrecht. III. Nach der Heuernte kann jeder Wiesenbesitzer, um das Anwachsen des Grummets zu fördern, während höchstens drei Tagen den notwendigsten Wasserbedarf auf seine Wiesen leiten. Eine Zeiteinteilung kann diesbezüglich nicht getroffen werden, da dies von den jeweiligen landwirtschaftlichen Bedürfnissen abhängt. IV. Die Abkehr des Wassers dergestalt, dass nicht der gesamte Überfall wieder in das Einzugsgebiet der genannten Bäche zurückfliesst, ist den Wässerungsberechtigten untersagt." (EBENDA).

Frühjahrsbewässerung in der Torf Au, ca. 1990, Gemeinde Ulrichsberg; Wässerwiese 2,5 Hektar. (Foto: Karl Zimmerhackl)

Die Unterlagen des Wasserbuches geben aber auch Fälle wieder, bei denen die Bewässerungszeit auf die Stunde geregelt war. Am Sonnleitenbach erfolgte die Bewässerung einer Wiese etwa „mittels zweier Ausleitungen nach rechts ohne besondere Stauvorrichtungen. Laut Vergleich im Protokoll vom 11. Mai 1877 erfolgt die Bewässerung gemeinsam mit jener der Parzellen Nr. 404, 413 und 426 in der Zeit zwischen Dienstag 11 Uhr vormittags bis Freitag 6 Uhr früh" (AKTEN DER BH ROHRBACH, Sch. 287, Pzl. 391/3, OÖLA). Bei anderen Wiesen an diesem Bach wurden ebenso Bewässerungszeiten mit Wochentagen und Stunden angegeben. Am Russ-, Rull- oder Nullbach wurden unterschiedliche Bewässerungsturni festgelegt: „Bewässerungszeit wöchentlich 3 Tage, abwechselnd mit dem Besitzer der Parzellen 3995/2 und 1951, welche wöchentlich zusammen 4 Tage bewässern können" (AKTEN DER BH ROHRBACH, Sch. 285, Pzl. 289/3, OÖLA).

Faktisch unbegrenzte Bewässerungsrechte wurden dennoch für die Zeit der Holzschwemme beschränkt, wie eine Niederschrift den Iglbach betreffend dokumentiert: „Im alten Wasserbuch eingetragen bei Post 2, S. 191, Bd. I. Bewässerungszeit unbeschränkt. Während d. Dauer d. Holzschwemme nur mit dem halben Bachwasser" (AKTEN DER BH ROHRBACH, Sch. 282, Pzl. 34, OÖLA) oder allgemeiner gehalten „Durch diese Wasserbenützung darf die Benützung des Bachwassers zur Trifft im Schwemmkanale nicht beeinträchtigt werden" (EBENDA, PZl. 5/3, OÖLA).

Zuletzt sei noch ein Beispiel für Bewässerungsrecht angeführt, das mehrjährig alternierend festgelegt wurde. Dieses betrifft das Hummelberger Wasser, eine Quelle und Wasseransammlung auf Parzelle Nr. 527 der Urmappe bei der Ortschaft Klaffer, welche aufgrund einer Geländeplanierung nicht mehr den Weg zu den unterliegenden Wässerwiesen fand. In der Verhandlungsschrift wurde die Wiederherstellung des Grabens angeordnet und einem Wieseneigentümer „...das Hummelberger Wasser vom 1. April bis 11. November jeden Jahres, an jedem Montag und Dienstag und an jedem siebenten Winter, derer erster im Jahre (187) auf 1878 eintritt, ..." (AKTEN DER BH ROHRBACH, Sch. 286, Pzl. 345, OÖLA).

## Grabenherstellung und Instandhaltung

Grabenwerkzeuge: verschiedene Hacken und Stockhaue. (Fotos: Karl Zimmerhackl)

Die Bewässerungsgräben wurden in früheren Zeiten mit bäuerlichen Handwerkzeugen gegraben und instand gehalten. Dabei kamen verschiedene Grabenhauen, Hacken und Schaufeln zum Einsatz. Mit der Grabenhaue konnten die Wurzeln der bodenbedeckenden Vegetation sauber geschnitten werden und die Wände der Bewässerungsgräben vorgezeichnet werden. Mit Stockhaue und Schaufeln wurde das Erdmaterial dann aus dem Graben auf die angrenzenden Flächen verbracht. Auch bei der Instandhaltung wurde ähnlich vorgegangen. Eine andere Möglichkeit zum Vorziehen der Gräben war die Verwendung eines Grabenpfluges. Dieser musste von zwei Personen gezogen bzw. geschoben werden, wobei das beidseitig geschärfte U-förmige Messer den Waasen im Boden vorgeschnitten hat.

Das Ausheben erfolgte wiederum mit Haue und Schaufel. Die händische Arbeit war körperlich sehr anstrengend, der maschinelle Einsatz bei der Herstellung und Räumung von Gräben in heutiger Zeit hingegen sehr kostenintensiv und alleine auf die Grünfutterwerbung reduziert – auf die düngende Wirkung des Bewässerungswassers ist man aufgrund der Gülleüberproduktion nicht mehr angewiesen – wirtschaftlich unrentabel. Wässerwiesen haben jedoch auch in heutiger Zeit einen Mehrwert, der unabhängig von der ausschließlichen landwirtschaftlichen Produktivität gesehen werden muss, wie Beispiele aus dem angewandten Naturschutzgebietsmanagement zum Umgang mit den Folgen aus dem Klimawandel zeigen.

Dieser Grabenpflug stammt aus Oberfeuchtenbach, zwischen Arnreit und Altenfelden im Bezirk Rohrbach. Das Messer hat eine Höhe von 20 cm und eine Breite von 14 cm. Geschenk von Martina und Johann Schramm/ Haslach.

## Reaktivierte Wiesenbewässerung im Naturschutzgebiet Orchideenwiese in Freundorf

Die artenreiche nährstoffarme Streuwiese auf Grundstück Nr. 4563/2 in der Katastralgemeinde Klaffer wurde im Jahr 1994 als Naturschutzgebiet Orchideenwiese Freundorf verordnet. Schutzzweck ist der Erhalt zahlreicher regional gefährdeter Pflanzenarten. Die Fläche befindet sich, wie das unterliegende Grundstück Nr. 2027/6 KG Klaffer, im Eigentum der Österreichischen Naturschutzjugend Haslach und liegt in einer mit der in der österreichischen Karte versehenen Ortsbezeichnung Freundorfhäuseln Waldlichtung am südlichen Abhang des Böhmerwaldes in der Gemeinde Klaffer am Hochficht. Die 1,3 Hektar große Wiesenfläche ist nach Westsüdwest exponiert und weist Inklinationen zwischen 10 und 20 Prozent auf, in den östlichen Randbereichen auch 25 Prozent.

Diese steileren Randbereiche sind aufgrund des anstehenden Gesteins durch seichtgründige Braunerdeböden charakterisiert, während die überwiegenden Bereiche des Hanges mit tiefgründigeren typischen Gleyböden unter Hang- und Grundwassereinfluss stehen. Die Hangform ist, abgesehen von einigen wenigen kleinflächigen Verebnungen, sehr homogen lateral gerade ausgebildet. Die Fläche wird durchwegs als ein- bis zweimähdriges Grünland genutzt. In den Randbereichen sowie an der gemeinsamen Grenze der beiden Grundstücke befinden sich Gehölzgruppen, meist im Bereich der Teiche. Entlang der nordwestlichen Grenze des Grundstückes Nr. 2027/6 befinden sich ein Lesesteinhaufen, der an mindestens zwei Stellen unterbrochen ist, und dahinter ein kleiner Bach.

Die Urmappe von 1828 weist für die Flächen feuchte Wiesen mit Gehölzbestockung aus. Damals war der Grünlandanteil der umliegenden Flächen, welche heute verwaldet sind, noch größer. Dies ist auch der Grund dafür, dass in der südlich an die beiden Grundstücke angrenzenden Waldparzelle auch noch Spuren ehemaliger Wiesenbewässerungen zu finden sind.

Stefan und Karl mit dem Grabenpflug.

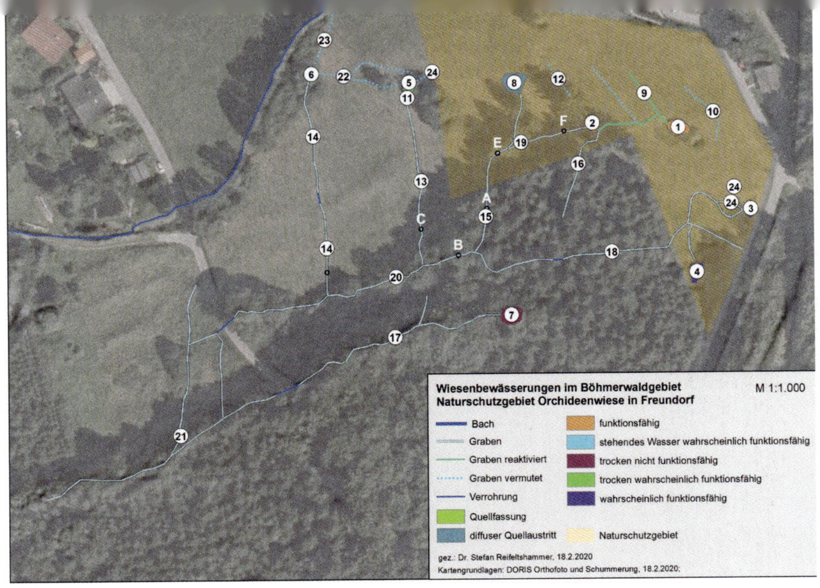


Das teils reaktivierte Wiesenbewässerungssystem auf der Orchideenwiese Freundorf. (Darstellung: Stefan Reifeltshammer)

Die Wiesenbewässerungsanlage der Orchideenwiese ist nur noch zum Teil intakt. Die Anlage besteht aus Quellaustritten, Sammelteichen, hangparallelen Gräben und Verbindungsgräben. Insgesamt konnten sieben Sammelteiche über den Hang verteilt festgestellt werden. Drei davon wurden von der Österreichischen Naturschutzjugend Haslach im Jahr 2015 und erneut 2021 reaktiviert – die Verordnung des Naturschutzgebietes lässt die Instandsetzung der bestehenden Teich- und Bewässerungsanlagen zu. Ein Teich wurde mit einem Mönch instand gesetzt und dotiert im Bedarfsfall einen reaktivierten hangparallelen Graben sowie einen Abflussgraben. Die Dotation der Teiche erfolgt im Frühjahr durch Schneeschmelzwasser und Hangwasseraustritte. In den letzten Jahren zeigte sich dabei, dass sich mehrere Warmphasen im Winter negativ auf die Wassermenge im Frühjahr auswirkten.

Das mehrmalige Abschmelzen von Schnee im Laufe des Winters kann durch neuerliche Schneefälle nicht mehr kompensiert werden, sodass im Frühjahr weniger Wasser zur Verfügung steht. Die weiteren sechs Sammelteiche sind entweder nicht oder nur nach Reparaturmaßnahmen funktionstüchtig. Sie werden aus Quellfassungen mit Wasser dotiert. Im Fall des Sammelteiches mit der Nr. 6 liegt die Vermutung aufgrund des unterbrochenen Lesesteinhaufens nahe, dass dieser auch aus dem nahen Bach gespeist wurde (Nr. 23).

Der Sammelteich Nr. 7 liegt gänzlich trocken und befindet sich heute im Wald. Seine Konturen zeichnen sich noch durch eine lose Schüttung von gerundeten Steinblöcken ab, die einst den Kern des Dammes bildeten. Im mittleren Hangbereich wird ein Graben durch einen diffusen Quellaustritt (Naßgalle; Nr. 8) gespeist.

Von den Sammelteichen führen Gräben nahezu hangparallel, aber dennoch leicht abfallend in die Wiese. Einer dieser Gräben wurde 2015 ebenfalls revitalisiert und mit ihm wird seither jedes Frühjahr gewässert. Zwei hangparallele Gräben im unteren Bereich des Hanges sind mäßig zugewachsen, aber durchaus noch funktionstüchtig (Nr. 13 und 14). Durch Bewuchsmerkmale lassen sich noch mindestens drei weitere hangparallele heute verlandete Gräben lokalisieren (Nr. 10-12). Im angrenzenden Waldbereich konnten zum Zeitpunkt der Erhebung trocken gefallene Gräben vorgefunden werden (Nr. 16 und 17). Die Gräben Nr. 17-21 hatten bzw. haben die Funktion, Wasser abzuleiten. Daneben dürften auch Verbindungsgräben zwischen den Sammelteichen bestanden haben (Nr. 22). Die Teil-Reaktivierung der Wiesenbewässerung wurde durchgeführt,

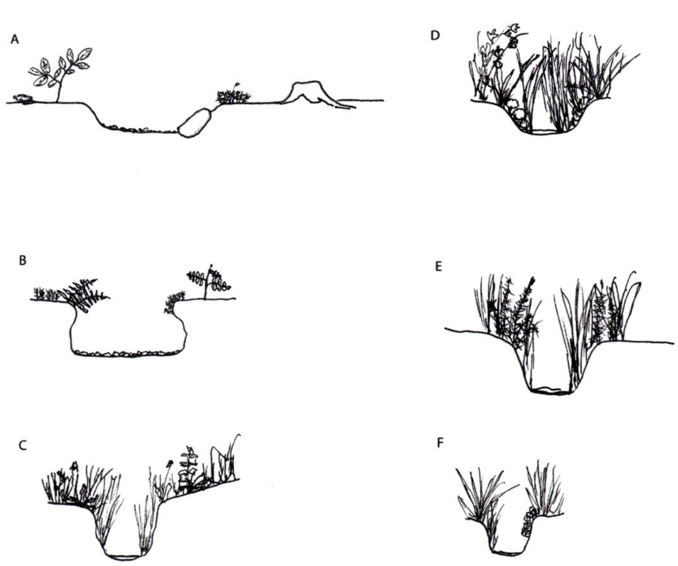


Profile temporär inaktiver (A) und aktiver (B-F) Gräben im Bereich der Orchideenwiese Freundorf (Lage der Profile vgl. Abb. 10) in unterschiedlichem Pflegezustand. A und B im Wald gelegen und nahezu ohne krautigem Bewuchs, C gut ausgemäht, D nicht ausgemäht und verbrachend mit Gehölzkeimlingen (Alnus spec.) und Mädesüß (Filipendula ulmaria), E mit Wald-Schachtelhalm (Equsetum sylvaticum) und F mit Wald-Soldanelle (Soldanella montana) im Einfluss der Beschattung des angrenzenden Waldes.
(Darstellung: Stefan Reifeltshammer)

Spuren einer einst ausgedehnteren Bewässerungsanlage: ein inaktiver Graben angrenzend an die Orchideenwiese Freundorf. (Foto: Stefan Reifeltshammer)

Reaktivierung von zwei Wässerungsgräben auf der Orchideen-Waldwiese nahe Freundorf in der Gemeinde Klaffer am Hochficht. (Foto: Severin Zimmerhackl)

weil in den letzten zehn Jahren eine Abnahme der Individuen-Zahlen des Holunder-Knabenkrautes (Dactylorhiza sambucina) festgestellt wurde (PATERNOSTER, PRÖLL, ZIMMERHACKL 2019, 2). „Die hiesigen Bestände des Holunder-Knabenkrautes sind aus heutiger Sicht gefährdet und es besteht akuter Handlungsbedarf für eine Verbesserung der Lebensraumsituation und eine langfristige Sicherung dieser gefährdeten Pflanzenart" (EBENDA). Da vermutet wird, dass die Ursache für den Rückgang in einer Kombination aus Spätfrösten und niederschlagsarmen Wintern und Frühjahren bestehen könnte, wurde die Wiesenwässerung in Teilbereichen wieder reaktiviert. Die Maßnahmen unterliegen einem wissenschaftlichen Monitoring, um die Zielerreichung zu dokumentieren.

Holunder-Knabenkraut (Dactylorhiza sambucina) (Fotos: Karl Zimmerhackl)

Die Wiesenwässerung konnte bisher nur im Jahr 2016 über den gesamten April in regelmäßigen Abständen erfolgen. Die Wiesenwässerung im Herbst ist heute schon fast unmöglich, da die Wasserführung der Böhmerwaldbäche zu dieser Jahreszeit besonders gering ist. Aufgrund der Trockenheit stand auch kein Hangwasser zur Verfügung. Auch in den Jahren 2017 und 2018 konnte aufgrund der mehrmals im Winter abschmelzenden Schneedecke nicht genug Wasser für eine ausreichende Wiesenwässerung gesammelt werden. Im Jahr 2018 blieb der Zufluss des hangparallelen Grabens ständig geöffnet, die Wassermenge war allerdings bescheiden. Die Bestandsentwicklung des Holunder-Knabenkrautes war ab 2016 mit einer leichten Erholung 2018 negativ (vgl. PATERNOSTER, PRÖLL, ZIMMERHACKL 2019). Die klimatischen Veränderungen der letzten Jahrzehnte erschweren die Wiesenbewässerung zunehmend.

Mücken-Händelwurz (Gymnadenia conopsea) ebenfalls eine Rarität auf der Orchideen-Waldwiese

Aber auch positive Aspekte der Wiesenbewässerung konnten beobachtet werden. So blieben im Jahr 2019 die Wässerwiesen vom Engerlingbefall weitgehend verschont, während in angrenzenden Flächen die Grasnarbe durch die Fraßtätigkeit weitgehend zerstört wurde.

Wirkung der Wiesenbewässerung bei Engerlingbefall: Links nicht bewässerte etwas seichtgründigere Fläche, rechts durch Rieselbewässerung im Frühjahr bewässerte Fläche. (Foto: Stefan Reifeltshammer; Aufnahmedatum 26.8.2019)

## Exkurs: Wiesenwässern – ein Erfahrungsschatz mit hoher regionaler Wertschöpfung

Zeitintensive Grabenräumung in Handarbeit im Jahr 1983 in der Torf Au; Franz Grinninger mit Sohn Josef.

Die Torf Au, das erste Großschutzgebiet der Österreichischen Naturschutzjugend Haslach im Flächenausmaß von über 20 ha mit der Großen Mühl, hat viel mit dem Thema lokaler Energiegewinnung zu tun. Erst beim zweiten Blick auf die gesamte Fläche sehen wir diese verborgenen Energiepunkte. Es waren die zwei ehemaligen Bauernmühlen für die Bewohner der Dörfer Seitelschlag und Berdetschlag.

Mit der Kraft des fließenden Wassers setzten die Bauern die Mahlsteine in Bewegung, um das auf den umliegenden Feldern geerntete Getreide in Brot-, Kern- und Saumehl zu verarbeiten. Die Torfschicht im Zentrum des Feuchtgebietes lieferte die Energie für die Feuerung des Dampfkessels, der die Dreschmaschine in Bewegung setzte und damit die Arbeiten mit den Dreschflegeln ablöste.

Das Wasser des Klafferbaches enthält auch heute noch düngenden Schlamm aus dem Böhmerwald. Die Aufgabe des Bewirtschafters der 2,5 ha großen und ebenen Wässerwiese bestand darin, ein Grabensystem anzulegen, das es ermöglichte, die Gesamtfläche mit dem Bachwasser zu überrieseln. Diese Düngerfracht wurde besonders im Herbst sehr geschätzt und mit dem Begriff „Laubertgieaß“ bezeichnet. Am Beginn jeder Wässerung stand die Kontrolle der Funktionstüchtigkeit und, wenn notwendig, die Instandsetzung des gesamten Grabensystems.

Kurz vor der Mündung des Klafferbaches in die Große Mühl leitet ein 250 m langer Hauptgraben das düngende Wasser zu den drei Seitengräben mit einer Gesamtlänge von 240 Metern. In unterschiedlichen Abständen wurde mit Steinplatten das leicht strömende Wasser gestaut und über die jeweiligen Wiesenabschnitte geleitet, bis es im Boden versickerte und damit das Grundwasser speiste. Der feine Schlamm legt sich als dünne Schicht über die Halme der Gräser und Blütenpflanzen und entfaltet im Frühjahr und Sommer seine düngende Wirkung. „Da führt man nichts hin und so viel weg!“, so der ehemalige Besitzer der Wässerwiese, Rupert Löffler, aus Seitelschlag. (Er hat auch einmal versucht, dem modernen Trend folgend, seine Wässerwiese mit Kunstdünger zu düngen. *„Do hats ma ois vabrennt!“*) Der Grundwasserstrom transportiert auch lebenswichtige Nahrungsteile für die Jungmuscheln mit, die ihre ersten fünf bis sechs Lebensjahre vergraben im Sediment der Großen Mühl verbringen.

Von dem Hauptgraben aus, der entlang der Böschung führt, war es möglich, das Wasser innerhalb mehrerer Tage in Etappen über die Seitengräben auf die Wiese zu leiten. So wurde Seitengraben für Seitengraben geöffnet bzw. wieder geschlossen. Gefürchtet war – und hier war man zum raschen Handeln gezwungen – wenn durch Regen und Schneeschmelze der Klafferbach und die Große Mühl Hochwasser führten. Schnell wurde der Hauptgraben mittels eines Brettes verschlossen. Hochwasser würde die dünne, düngende Schlammschicht sogleich wieder wegschwemmen.

Kostenintensive maschinelle Grabenräumung im Jahr 2015 in der Torf Au, Josef Sonnleitner/Klaffer und Rudolf Löffler/Seitelschlag (Fotos: Karl Zimmerhackl)

Luftaufnahme Natur- und Europaschutzgebiet Torf Au mit der Großen Mühl, 2013 (Foto: Veronika Fuchshuber)

Torfspaten und Torfmesser, ab 1920 und bis kurz nach dem Zweiten Weltkrieg für den Torfabbau in der Torf Au. (Foto: Karl Zimmerhackl)

Ein sogenanntes „Torfkastl" zum Abtrocknen des Torfes vor Ort. (Foto: Karl Zimmerhackl)

Rekonstruierte Berdetschläger Bauernmühle aus dem Jahr 1870 im Naturschutzgebiet Torf Au. (Foto: Karl Zimmerhackl)

Wasserrad der Berdetschläger Bauernmühle. (Foto: Markus Krenn)

Inneneinrichtung mit der Goss, den beiden Mahlsteinen Läufer und Leger und dem Mehlgang. (Foto: Karl Zimmerhackl)

Die Biber haben entlang des Hammerbaches die Aktivitäten des Wiesenwässerns von den Dorfbewohnern übernommen. Auf diese Weise düngen die Biber ihre Sommerweide, um ausreichend Frischfutter in Form von Gräsern und Kräutern zur Verfügung zu haben. (Foto: Karl Zimmerhackl)

## Wirkung der Wiesenbewässerung auf das Mikroklima

Die Begriffe Klimawandel und Klimawandelfolgen subsummieren eine Vielzahl von wechselwirkenden natürlichen und anthropogen verursachten Schwankungen von Lufttemperatur, Niederschlägen und anderen Klimagrößen und deren Auswirkungen. „Die ökonomischen Auswirkungen extremer Wetterereignisse in Österreich sind bereits jetzt erheblich und haben in den letzten drei Jahrzehnten zugenommen" (APCC 2014, 30). Umgekehrt hat das menschliche Handeln nachweislich Einfluss auf die Klimaveränderung, wie das Forschungsprogramm „StartClim – Forschung zu Klimawandel und seinen Auswirkungen in Österreich" mit zahlreichen Studien belegt. Zur Minderung der Auswirkungen des Klimawandels auf die Landwirtschaft werden als mittelfristig umsetzbare Anpassungsmaßnahmen „unter anderem Boden- und Erosionsschutz, Humusaufbau, bodenschonende Bewirtschaftungsformen, Wasserrückhaltestrategien, Verbesserung von Bewässerungsinfrastruktur, ..." (APCC 2014, 35) angeführt.

Während früher die düngende Wirkung und die Verlängerung der Vegetationsperiode prioritäre Ziele der Wiesenbewässerungen waren, können es heute die Verbesserung des Mikroklimas, die Ertragssicherung in Trockenzeiten und der passive Hochwasserschutz sein. Die mikroklimatische Wirkung durch die Wiesenbewässerung ergibt sich vor allem daraus, dass schon in den Einzugsgebieten Oberflächenwasser als pflanzenverfügbares Wasser verdunstet wird oder der Abfluss über Umwege der Rieselbewässerung gebremst und länger im Einzugsgebiet gehalten wird.

„Die Auswirkungen des Klimawandels auf die Landwirtschaft sind regional unterschiedlich" (APCC 2014, 35). Die langfristigen Szenarien in Hinblick auf die Wasserversorgung gehen von einem ganzjährigen Erwärmungstrend mit zunehmenden Winter- und abnehmenden Sommerniederschlägen aus (vgl. EITZINGER 2010, 2). „Im Vergleich zur Periode 1961-1990 ist demnach ein deutlicher Trend zu mehr Wasserstress in den nächsten Dekaden und verstärkt bis zum Ende dieses Jahrhunderts zu erwarten, wobei dieser natürlich immer wieder durch ‚feuchtere' Zwischenperioden unterbrochen werden kann" (EBENDA, 2). Langfristige Trends der temperaturbedingten Pflanzenproduktivität gehen von zunehmender Trockenheit und Hitzestress im Sommer aus, sowie von längeren Vegetationsperioden (EITZINGER 2010, 5; APCC 2014, 35).

Damit einhergehend kommt es zur Veränderung des Wasser- und Nährstoffhaushaltes. Beobachtungen der vergangenen Jahre zeigen, dass sich auch das mehrmalige Abschmelzen des Schnees während des Winters oder die Verteilung der Niederschläge über den Winter, aufgrund fehlender Schneedecke und -akkumulation, auf den Wasserhaushalt im Böhmerwaldgebiet negativ auswirkt (vgl. PATERNOSTER, PRÖLL, ZIMMERHACKL 2019).

Früher durchfloss der Schrollenbach eine Wiesenlandschaft, heute fließt er gänzlich im Wald. Die veränderten Verhältnisse haben auch Auswirkungen auf das Kleinklima.
(Foto: Stefan Reifeltshammer)

Das Prinzip der Kühlungsfunktion durch Verdunstung liegt darin, dass der Boden Wasser pflanzenverfügbar speichert und die Pflanze dieses mittels Sonnenenergie verdunstet. Der Luft wird dadurch Wärme entzogen und es entsteht Verdunstungskälte. Steht aufgrund von Hitzeperioden zu wenig oder kein pflanzenverfügbares Wasser zur Verfügung, vermindert sich die Verdunstungskühlung oder wird bei Dürre überhaupt abgebrochen (GEIGER 1950, 289f.). Ein mit lückigem Rasen bedeckter Boden verdunstet das Zweifache des nackten Bodens, bei anderer Vegetation bis zum Achtfachen (vgl. GEIGER 1950, 290). Noch deutlicher: „Die Summe aller auf 1 qm Wiesenboden stehenden, Wasserdampf abgebenden Boden- und Pflanzenoberfläche beträgt 20 bis 40 qm. Dementsprechend ist die Wasserabgabe gesteigert, die nach neuesten Versuchen proportional zur Dichte des Bestandes anwächst" (Geiger 1950, 290). Ab Temperaturen von über 32 °C im Wurzelraum entstehen erste Schäden an Gefäßpflanzen – die meisten mikrobiellen Prozesse steigen an, die Nitrifizierung nimmt ab – und ab 40 °C Temperatur im Wurzelraum beginnt das Absterben höherer Pflanzen (vgl. BLUME, STAHR, LEINWEBER 2011, 206). Wiesen auf Böden mit geringer nutzbarer Feldkapazität oder mit lückiger Vegetation sind besonders durch die Erwärmung des Wurzelraumes betroffen.

Zur Verbesserung des Mikroklimas und zur Sicherung des Ertrages ist langfristig auf die Tendenz zu höheren Sommertemperaturen und häufigeren Hitzeperioden mit dichten Vegetationsbeständen

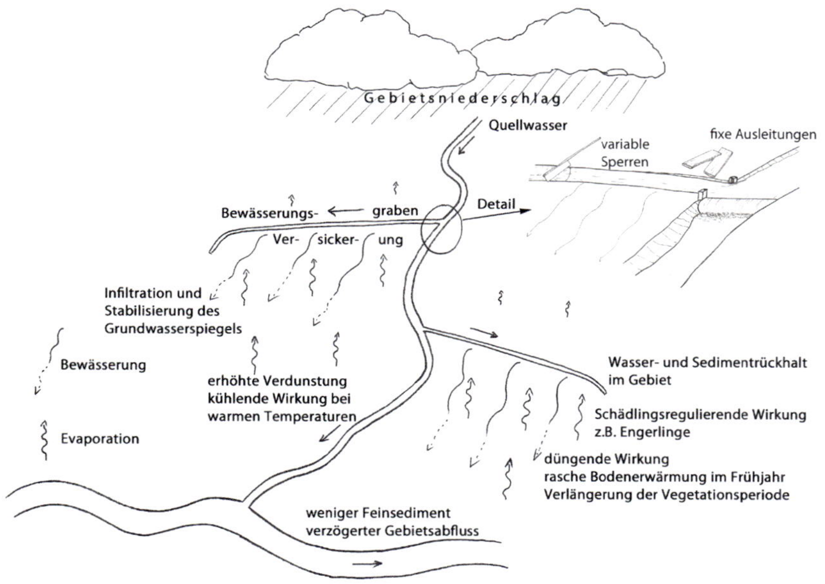


Schema der Wirkungen der traditionellen Wiesenbewässerung.

im Dauergrünland auf Böden mit ausgeglichenem Wasserhaushalt zu reagieren. Die Etablierung artenreicher stabiler Pflanzengesellschaften mit dichter Grasnarbe und mäßiger Düngung, die maximal zweimal, auf stark wüchsigen Standorten auch dreimal, gemäht werden kann, so wie die historischen Vorbilder in der Böhmerwaldregion zeigen, durch Bewässerung gefördert werden (FUCHSHUBER ET ZIMMERHACKL 2018, 54f). Durch die Bewässerung wird einerseits die notwendige nutzbare Feldkapazität für die Verdunstungskühlung der Vegetation bereitgestellt, andererseits erfolgt die Erwärmung des Wurzelraumes durch das kühle Wasser langsamer, wodurch die Vitalität des Pflanzenbestandes erhöht wird. Auch wenn die düngende Wirkung des Bewässerungswassers aufgrund der Nährstoffüberproduktion heute nicht mehr notwendig ist, so werden dennoch notwendige Spurenelemente zugeführt.

Zu berücksichtigen ist, dass nicht das ganze Bewässerungswasser pflanzenverfügbar wird. Verluste entstehen etwa durch Verdunstung im Zufluss oder ungleichmäßige Verteilung. „Nicht pflanzenverfügbare Bodenfeuchteüberschüsse entstehen durch (lokale) Überbewässerung; nicht vorhergesehene Naturniederschläge nach Bewässerung oder Restfeuchten am Ende der Bewässerungsperiode" (BLUME 1992, 233). Das Bewässerungswasser, das nicht von den Pflanzen verdunstet werden kann, wird länger im Einzugsgebiet zurückgehalten als dies der Fall durch den Abfluss im Oberflächengewässer wäre. Die Wiesenwässerung trägt so zu einem passiven Hochwasserschutz und zur Verbesserung der kontinuierlichen Wasserversorgung bei. Wasser, das nicht aus dem Einzugsgebiet abfließt, sondern dort wieder in die Flächen ausgeleitet wird, kann wiederum versickern, als Trinkwasser gespeichert und gefiltert werden (MACHATSCHEK 2007, 4). Auf der anderen Seite richtet Wasser, das im Einzugsgebiet zurückgehalten werden kann, woanders keinen Schaden an. Auf gleiche Weise wird auch die Feinsedimentfracht in unterliegende Gewässer minimiert.

Dies wirkt sich ökologisch positiv auf die Gewässerökosysteme aus, da die Lebensräume vieler aquatischer Tierarten durch den in den letzten Jahrzehnten stark erhöhten Feinsedimenteintrag, vor allem aus Drainagen, beeinträchtigt werden.

Bei der Neuerrichtung von Wiesenbewässerungen im Böhmerwaldgebiet wäre sicher die traditionelle Rieselbewässerung anderen moderneren oder technisierten Bewässerungsmethoden vorzuziehen, da die sich gegenseitig bedingenden positiven Effekte für Wasserspeicherung, Boden, Pflanzenbestand und Mikroklima überwiegen. Jedenfalls ist die Wasserentnahme aus Oberflächengewässern bewilligungspflichtig und soll nur soweit erfolgen, dass das ökologische Gleichgewicht der Bäche nicht gestört wird.

Die restlichen verbliebenen Waldwiesen im Böhmerwald sind ökologische Hotspots und sollten mit extensiver Bewirtschaftung erhalten bleiben. (Foto: Stefan Reifeltshammer)

# Ökologie, Technik und Geschichte einer alten Kulturform

Dipl. Ing. Karl Eder

## Geleitwort

In der Dreiländerregion Nationalparkregion Böhmerwald/Bayerischer Wald/Sumava haben Wässerwiesen eine jahrhundertelange Tradition. An manchen Stellen kann das geschulte Auge noch ehemalige Grabenvertiefungen an Hängen in Bachnähe erkennen. Vor wenigen Jahrzehnten (bis in die 1950er-Jahre) in unserer Region noch praktiziert, ist die Wiesenbewässerung heute jedoch schon fast vergessen.

In Zeiten der Eigenversorgung, da Stalldünger dringend für den Acker gebraucht wurde, war das Wasser ein wichtiger Faktor zur Ertragssteigerung auf den Wiesen. In einem sehr arbeitsintensiven Verfahren wurde dabei im Frühjahr und Herbst jeweils drei bis vier Wochen lang das Wasser der Waldbäche mit möglichst viel Schlammfracht und organischen Substanzen mittels Grabensystem großflächig über die Wiesen geleitet. Zum einen verhalf man damit den Wiesenpflanzen im Vorfrühling zu einem Startvorteil, zum anderen erzielte man mit dem auf der Wiese abgelagerten feinen Schlamm (im Mühlviertel „Muchat" = Schlamm genannt) gerade so viel an natürlichem Mineralstoffdünger, um den Nährstoffentzug durch die Mahd auszugleichen.

Am linksufrigen Teil der Torf Au in der Gemeinde Ulrichsberg hat die Österreichische Naturschutzjugend Haslach eine 2,5 ha große Wiese gekauft und das Bewässerungssystem rekonstruiert. So wird jetzt wieder jeden Frühling und Herbst, mit dem Wasser des Klafferbaches, der Böhmerwalddünger wieder nachhaltig auf unserer Wässerwiese geleitet.

Wirtschaftlich heute eher bedeutungslos dient sie den durchziehenden Wattvögeln, z. B. den Bekassinen, als wichtiger Trittstein während der Zugzeiten. Libellen, Frösche und Kröten nutzen die Wassergräben an der Hangseite als „Kinderstube". Auch Weiß- und Schwarzstörche suchen hier nach Nahrung für ihren Nachwuchs in der Dreiländer-Nationalpark-Region Böhmerwald.

**Dipl. Ing. Karl Eder, Prof. Karl Zimmerhackl**
Haslach an der Mühl, Sommer 2020

## Geschichte

Die ersten Hinweise auf eine Bewässerung in Europa gehen auf die Römer zurück.

Der Siedlungsraum im Mühlviertel musste über viele Jahrhunderte dem Urwald abgerungen werden. Dörfer entstanden zum Schutz vor Fremden und den Naturgewalten auf Hügelkuppen oder Hängen. In den Anfängen konzentrierte sich die Bewirtschaftung nur um dorfnahe Flächen.

Durch den geringen Viehbestand und die kurze Zeit der Stallfütterung herrschte lange Zeit ein chronischer Düngermangel.

Im 19. Jahrhundert kam es zu gravierenden Änderungen im Bewirtschaftungssystem. Einer Verminderung der Beweidung folgte vermehrt der Kreislauf „Futteranbau/Heuernte – Stallfütterung – mehr Dünger – höhere Erträge auf Äckern und Wiesen". Die Waldweiden wurden allmählich in Mähwiesen umgewandelt. Eine weitere Maßnahme war die Gewinnung von Wiesenflächen durch die Rodung von Auwäldern und die Errichtung von ausgeklügelten Be- und Entwässerungssystemen für die Kultivierung dieser flussnahen Sumpfflächen. Es mussten trockene Areale bewässert, vernässte Flächen entwässert werden. Wässerwiesen wurden einerseits an den flachen Strecken der Mittel- und Oberläufe der Mühlviertler Bäche und Flüsse, anderseits dort angelegt, wo das Wasser durch kleine „Schwöllen" oder Teiche zurückgehalten und gespeichert werden konnte. Der Mangel an technischen Geräten und das geringe Gefälle der Niederungen erforderte großes Können im Anlegen von langen seichten Gräben mit ausreichendem Zu- und Abfluss.

Eine zusätzlich wichtige Bedeutung der Bäche und Flüsse erlangte die Bereitstellung von Wasserkraft für die zahlreichen Mühlen und Sägen.

## Ziele der Wiesenwässerung

Das Hauptziel der Wiesenwässer bestand in der Verbesserung der **Nährstoffversorgung**. Mit der Wässerung ließ sich ein ausgewogenes Stickstoff-Phosphor-Kalium-Verhältnis erreichen oder auf Moor- und sauren Streuwiesen auch Kalk einbringen. Eine weitere positive Auswirkung auf das Pflanzenwachstum konnte durch das mit Sauerstoff angereicherte Wasser erzielt werden (Bodenbelüftung).

Bei Frosttemperaturen hat das fließende Wasser auf den Boden einen **Erwärmungseffekt**. Bodenfröste, wie sie in den Bachniederungen häufiger vorkommen, dringen nicht oder weniger tief in das Erdreich ein. Im Frühjahr konnte mit dem Fließwasser die Eis- oder eine hohe Schneedecke abgetaut werden.

In trockenen und heißen Sommern verhinderte eine Wässerung das Austrocknen oder Verdorren der Grasnarbe, es ließ sich ein Wachstumsschub nach dem Mähschnitt erreichen.

Als Nebeneffekt bewirkte die Flutung eine einfache **Schädlingsbekämpfung**. Mäuse sowie Insektenlarven der Wiesenschnake oder des Maikäfers wurden abgetötet. Bedauerlicherweise hatte damit auch der nützliche Maulwurf keine Überlebenschance.

## Wässerzeiten

Besonders bei Trockenheit im Sommer erfolgte auf wasserhaltenden Aulehmböden nach der Heuernte eine Wässerung (**Sommerwässerung**).

Bei durchlässigen sandigen Böden herrschte die **Frühjahrs-** oder **Herbstwässerung** vor.

Bei Wasserüberschuss konnte für eine Verbesserung der Nährstoffversorgung oder der Verlängerung der Vegetationsperiode auch im Winter gewässert werden (**Winter-/Trübwässerung**). Als Trübwässerung bezeichnete man die Wässerung bei Hochwässern, wenn das Wasser durch Schweb- und Schwimmstoffe aus Erosionen eingetrübt war. Bei dieser Methode ließen sich Mineralstoffe sowie Humus (Laubstreu) in den Boden einbringen oder die Flusssedimente dienten zum Aufschwemmen und Erhöhen des Geländes.

## Die Technik des Wiesenbaues

### Staubewässerung

Die Staubewässerung ist die einfachste Wässerungsmethode. Durch das Verschließen von Bächen und Gräben staute das Wasser hoch und drängte in das Umland. Diese Methode war besonders bei der Trübwässerung von Bedeutung. Hier wurde eine eingedämmte Fläche etwa 30 cm überflutet. In dem ruhenden Wasser konnten sich die Trübung oder Schwimmstoffe absetzen.

### Aufschwemmen

Das Aufschwemmen ist eine Methode der Trübwässerung, bei der durch die Verlandung Geländesenken aufgefüllt und Geländeunebenheiten ausgeglichen werden konnten. Diese Art der Überflutung ersparte früher den Materialtransport durch Mensch und Tier.

### Hangbau

Im Hügelland war es möglich, Gräben an Hängen entlang zu führen, aus denen man einzelne tiefer liegende Flächen wässern konnte. Um eine gleichmäßige Überströmung der Wiesen zu erreichen, war ein genaues Nivellement erforderlich.

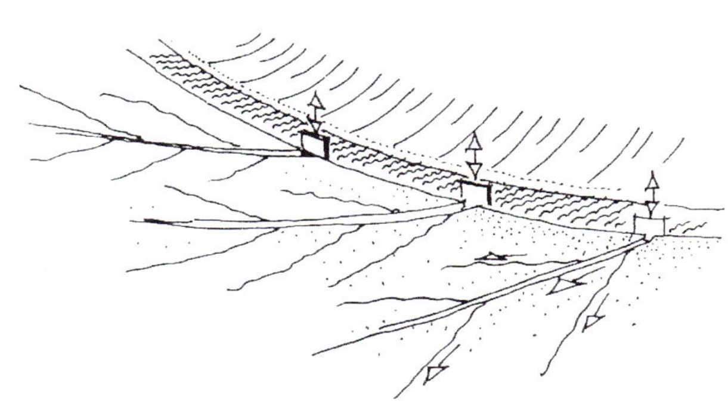

Schema des Hangbaues, bei dem das natürliche Gefälle ausgenutzt wurde, um das Wasser optimal auf die Wiesen zu verteilen. Die Zuleitungsgräben konnten mit Stellbrettern abschnittsweise aufgestaut werden.

Traditionelle Wiesenbewässerung

#### Rückenbau

Auf natürlichen oder künstlich angelegten Geländerücken zog man Gräben, von denen sich seitlich die Wiesenflächen wässern ließen. Damit alle Bereiche mit Wasser erreicht werden konnten, verlangte diese Wässerungsmethode die genaueste Geländenivellierung. Aufgrund des hohen Aufwandes beim Anlegen des Systems und später bei der Erhaltung setzte sich der Rückenbau nur in Gebieten durch, wo kein Hangbau möglich war.

### Regeln zur korrekten Wiesenbewässerung

Um die Vorteile der Wässerung auszunützen oder die Standortbedingungen keinesfalls zu verschlechtern, sind einige wichtige Regeln einzuhalten:

- Maßhalten in der Wassermenge und in der Wässerdauer!
- Das Wasser soll rieseln, nicht stagnieren, also für guten Abzug, namentlich bei bindigen Böden, sorgen!
- Auf kurzfristiges Wässern ausreichende Pausen folgen lassen!
- Während der Wachstumszeit oder gar bei warmem Wetter nie lange überstauen!
- Nie rieseln, wenn das Wasser kälter ist als Boden und Luft, nie bei starkem Frost Eisdeckenbildung zulassen!
- Mit Grabenanstau und -einstau nicht bis zu stärkerem Absinken des Grundwassers warten!
- Instandhalten der Anlagen nicht vernachlässigen!

### Die Bewirtschaftung des Wassers

Wasser für die Bewässerung bedeutete ein kostbares Gut. Besonders wenn bei allgemeiner Trockenheit eine große Fläche oder viele kleine Wiesen verschiedener BesitzerInnen zu fluten waren.

Damit ein reibungsloser Ablauf während der Wässerungszeit gewährleistet war, bestellte die Dorfgemeinschaft einen Wässerwart. Diese soziale Tätigkeit führte häufig eine nicht mehr im Arbeitsleben stehende arme, alte Frau (sogenannte „I-Frau“) aus. Die aufgrund eines fehlenden Grundbesitzes eher neutrale Person hatte die Aufgabe, mit einem Holzstab am Bewässerungsgraben anzuzeigen, welchem Landwirt ein Wässern seiner Fläche zustand. Die Ableitung durfte erst am Abend nach der Stallarbeit begonnen werden und nur einen Tag je Fläche dauern. Für diese Verwaltungstätigkeit erhielt der Wässerwart (die I-Frau) eine Naturalienabgeltung in Form von ¼ hl Getreide (das entsprach etwa 30 kg). Diese Entlohnung war in Zeiten ohne Renteneinkommen lebenswichtig.

Bestand die Notwendigkeit einer Erneuerung des Grabensystems, etwa durch Zuwachsen oder Schäden nach Hochwässern, so musste jeder Wassernutzer mithelfen. Wer dies nicht tat, bekam keine Wasserzuteilung mehr. Da die Gräben an der Grundgrenze verliefen und jeder Wiesenbesitzer angehalten war, jeweils auf seiner Seite die Grabenbreite zu erhalten, konnten die Besitzverhältnisse nicht verschoben werden. Außerdem verteilte man in Zeiten eines ständigen Düngermangels die nährstoffreiche abgegrabene Erde auf den eigenen Grundflächen.

Die önj Haslach Jugendgruppe bei der Grabenkontrolle und -sanierung unter dem Motto „Ländliche Wasserspiele“. (Foto: Karl Zimmerhackl)

## Werkzeuge

Für die Arbeiten am Grabensystem standen zwei besondere Werkzeuge zur Verfügung: Die Stockhaue und die Grabenhacke, „Rasenschneider" genannt.

Die Grabenhacke besteht aus einem langen schmalen Schild mit einer scharfen Schneide, ihre Form ähnelt der eines Henkerbeiles. Mit diesem Arbeitsgerät trennten die Landwirte die Grasnarbe durch.

Die Stockhaue, eine Haue mit breiterem Schild und gerader, ebenfalls scharfer Schneide, diente anschließend zum „Heraushauen" der Wiesensoden sowie zum Eintiefen der Gräben bei Neuanlage oder Räumung.

Drei verschieden gebaute Grabenhacken oder Rasenschneider und eine Stockhaue. (Foto: Karl Zimmerhackl)

# Landschaft

Das Obere Mühlviertel ist aus einem hohen Gneis- und Granitgebirge vor Jahrmillionen entstanden. Im Laufe der Zeit hat sich durch Verwitterung und Erosion die heutige Region mit sanftgerundeten, überwiegend bewaldeten Hügeln, plateauähnlichen Verebnungsflächen sowie flach aufgeweiteten Tallagen gebildet.

Im Norden wird die Landschaft durch das Mittelgebirgsmassiv mit dem Böhmerwaldrücken (bis 1378 m am Plöckenstein), im Süden durch den Einschnitt des Donautales (Seehöhe um 300 m) begrenzt. Im Westen stößt das Wegscheider Bergland aus Bayern in das Mühlviertel vor (höchste Erhebung ist der Ameisberg mit 940 m). Nach Osten hin ist die Landschaft hochplateauartig geöffnet.

Nehmen Gerinne auf größeren Erhebungen ihren Anfang, haben sie sich kerbtalartig eingegraben (z. B. Klafferbach). Die Mittelläufe befinden sich meist auf flacheren Talböden aus Ablagerungsmaterial. Wo der Mensch Fließgewässern noch freien Lauf gelassen hat, haben sich ausgeprägte Mäanderstrecken gebildet und erhalten. Die Tallandschaften sind überwiegend als Wiesen landwirtschaftlich genutzt, die Gewässerränder sind meist von Streifen aus Uferbegleitgehölzen begleitet. An der Südkante zur Donau hin durchschneiden die Unterläufe einzelner Flüsse das Kristallin, es finden sich enge Schluchttäler mit steilen Hangwäldern.

## Böden in Wässerwiesen / Bodentypen

Böden werden von Klima, Wasser, der Oberflächengestalt (Hangneigung und Lage), Vegetation sowie von Mensch und Tier gebildet und umgestaltet.

### Auböden

Auböden sind Böden der Fluss- oder Bachauen, welche bei Hochwasser oder vom Grundwasser überstaut werden. Der Grundwasserspiegel ist stark schwankend und besonders im Sommer niedrig.

Die Bodenbildungen sind jung und hängen vorwiegend von den Überflutungen und den damit verbundenen Ablagerungen von Bodensubstrat ab (lehmig-sandiges Material, organische Substanzen wie z. B. Laub oder Bodenstreu).

Der **Aurohboden** stellt das Anfangsstadium der Bodenbildung dar. Er besteht aus jungen Aufschüttungen aus vorwiegend unverwittertem Material. Eine Humusbildung ist kaum vorhanden.

Der **Junge Auenboden** verfügt bereits über einen humosen Oberboden.

Der **Braune Auboden** ist ein gut verwitterter häufiger Auboden. Er kann entweder vor Ort verbraunen oder aus braunem angelandeten Bodenmaterial entstanden sein.

Auböden sind im Allgemeinen fruchtbar, allerdings schränken die Wasserverhältnisse die Nutzung ein. Das Anlegen von Äckern ist wegen der Hochwassergefahr nicht möglich, als Grünland oder Weiden sind sie jedoch gut geeignet.

### Pseudogley
Der Pseudogley entsteht durch die Einwirkung von gestautem Niederschlagswasser. Die Versickerung wird durch einen dichten Untergrund aus Schluff- und Tonschichten aufgehalten, es staut in den oberen Boden hinein und führt zu dessen Vernässung. Im Sommer kann dieser Bodentyp mehr oder weniger austrocknen, er wird dann sehr hart. Meistens ist der Pseudogley sauer bis stark sauer.

Ohne Dränagen war Ackerbau auf Pseudogleyböden nicht möglich. Grünland ist dagegen gut geeignet, auch Gehölze der Hartholzau gedeihen gut.

### Stagnogley
Dieser Bodentyp ist ein fast das ganze Jahr über staunasser Boden mit dichtem Untergrund. Oft ist er durch eine stark anmoorige Auflage gekennzeichnet. Stark saure Reaktionen und Reduktionsprozesse sind die beherrschenden chemischen Eigenschaften. Dieser Boden bildet den typischen Standort für Pfeifengras- bzw. Streuwiesen.

### Echter Gley
Der Echte Gley ist ein durch hochanstehendes Grundwasser geprägter Boden. Bei nicht zu hohem Wasserstand ist Wiesennutzung möglich, sonst eignet sich der Gley nur für wasserverträgliche Pflanzengesellschaften wie Bruchwälder u.a.

### Moorböden
Moore entstehen teils unter Wasser und teils zwischen Wasser und Land auf einem Gleyboden. Die Pflanzen des Moores bauen das Bodenmaterial selbst auf. Unter Luftmangel bilden sich aus organischen Substanzen zunehmende Torfschichten.

Die **Niedermoore** bilden sich in stehenden Gewässern (Randniederungen oder abgeschnittene Altarme) aus abgestorbenen Pflanzen, wie z. B. Rohrkolben, Seggen, ...

Wenn sich die Moorbildung über dem Grundwasserspiegel fortsetzt, spricht man von einem **Hochmoor**. Jetzt bauen anspruchslose Torfmoose die weiteren Bodenschichten auf.

Der Nährstoffmangel bietet nur wenigen spezialisierten Pflanzen eine Lebensgrundlage (Moorbirke, Wollgras, Sonnentau u.a.). Die Nutzung der Hochmoore bestand für die Menschen im Abbau von Torf.

## Pflanzengesellschaften in Wässerwiesen

### Braun-(Klein-)Seggensümpfe
In Flachmoorsenken mit stabil hohem Grundwasserspiegel wächst die Pflanzengesellschaft der Braunseggensümpfe. Diese bestenfalls einmähdigen Wiesen sind Lebensraum von bereits sehr seltenen Pflanzenarten wie dem Fieberklee, Sonnentau, Knabenkraut oder einzelnen Seggen- und Binsenarten. Neben den dominierenden Moosen sind charakteristische Pflanzenarten in diesem Nassbiotop Braunseggen, Blutwurz, Fadenbinse, Sumpf-Dotterblume, Sumpf-Veilchen, Kleiner Baldrian, Wollgras oder Sumpf-Blutauge.

### Nasswiesen
Nasswiesen bilden sich dort, wo durch Wässerung hoher Feuchtigkeits- und mäßiger Düngereintrag stattfinden.

### Kohldistelwiesen
Kohldistelwiesen deuten auf einen Feuchtwiesentyp mit guter Nährstoffversorgung hin. Neben der namensgebenden Kohldistel sind Wald-Simse oder Sumpf-Vergissmeinnicht zu finden.

Blumenwiese bei Klaffer.

## Pfeifengraswiesen

Auf wechselfeuchten Standorten gehen die Braunseggensümpfe in die mageren und sauren Pfeifengraswiesen über. Neben der spät blühenden Charakterart, dem Pfeifengras, finden sich in solchen Wiesen einerseits seltene trockenliebende Pflanzenarten wie Heidekraut, Arnika, Böhmischer Enzian, Heidenelke oder Kuckucks-Lichtnelke, andererseits aber auch feuchteliebende Pflanzen wie verschiedene Orchideenarten.

## Bürstlingrasen

Wo der Wassergehalt des Bodens niedrig ist bzw. durch Bodendurchlässigkeit das Wasser rasch versickert, bilden sich nährstoffarme zum Teil trockene Pflanzengesellschaften, wie der Bürstlingrasen aus. Die Charakterart ist der horstbildende, drahtige und kleinwüchsige Bürstling. Im Frühjahr prägen vor allem das Läusekraut und die Schwarzwurzel den Pflanzenbestand. Im weiteren Verlauf der Vegetationsperiode kommen Knabenkraut, Kuckucks-Lichtnelke, die Heidenelke, der Thymian, die Teufelskralle oder die Kreuzblume hinzu.

## Glatthaferwiesen

Die Glatthaferwiese ist der häufigste Wiesentyp der Region. Sie findet sich auf gut nährstoffversorgten durchlässigen Böden mit ausgeglichenem Wasserhaushalt.

Die Artenzusammensetzung der Pflanzen variiert jedoch stark mit den kleinräumig vorhandenen Standortfaktoren. Bei geringem Nährstoffangebot wachsen Hochgräser und -kräuter schlecht, es herrschen genügsamere niederwüchsige Gräser und Kräuter vor. Ist die Nährstoffversorgung besser, dominieren die Obergräser, die Artenvielfalt ist geringer. An Gräsern überwiegen neben dem namensgebenden Glatthafer noch Knäuelgras, Rotschwingen, Rispengras oder Ruchgras. Die häufigsten Kräuter in Glatthaferwiesen sind der Rot- und Weißklee, Bärenklau, die Schafgarbe, der Wiesen-Pippau, Wiesen-Glockenblume, Labkraut, Gänseblümchen, Löwenzahn und Ferkelkraut. Auf trockeneren Standorten finden sich im Sommer die violetten Blüten der Acker-Witwenblume oder der Wiesen-Flockenblume.

Ein „natürlicher" Blumenstrauß aus Wiesen-Glockenblumen und Wiesenmargeriten in einer Glatthaferwiese.

## Hochstaudenfluren

Auf Flächen, auf denen keine Mahd durchgeführt wird (z.B. Bachufern), entwickeln sich überwiegend großwüchsige Doldenblütler, sogenannte Hochstauden. Diese Pflanzengesellschaften sind Übergangsstadien zu Gehölzstreifen und später Wald. Charakteristisch sind Arten wie Mädesüß, Engelwurz, Gilbweiderich, Bärenklau, verschiedene Distelarten oder Bittersüßer Nachtschatten.

## Röhrichte

Auf aufgegebenen Nass- und Streuwiesen entstehen relativ langlebige Übergangsgesellschaften, sogenannte Röhrichte. Diese können einerseits hochwüchsige Bestände aus Rohrglanzgras oder Mädesüß, andererseits mittel- bis niederwüchsige Bestände aus Seggenriede sein.

Charakteristisch an den Röhrichten ist das großflächige Auftreten einer oder weniger dominanter Arten. Der sich bildende dichte und sich verfilzende Bestand verhindert das Aufkommen von anderen Kräutern oder Gräsern, selbst Bäume und Sträucher werden lange Zeit verhindert.

## Großseggensümpfe

Großseggensümpfe sind geprägt von Horstbeständen einzelner Seggenarten. Diese bilden dichte Bestände, welche ein Aufkommen anderer Pflanzenarten weitestgehend verhindern.

## Gehölze

Im Laufe der Sukzession gehen unbewirtschaftete Flächen allmählich in mit Bäumen und Sträuchern bewachsene Feuchtwälder über. Es bildet sich wieder der ursprünglich von Natur aus vorhandene Auwald mit seiner Gliederung in Weich- und Hartholzau.

Die **Weichholzau** ist durch immer wiederkehrende Überschwemmungen gekennzeichnet. In unmittelbarer Ufernähe befinden sich Gehölzstreifen aus Bruchweide und Schwarzerle. Zwischen den Gehölzen liegen Bestände von Rohrglanzgras, wo vereinzelt der Blaue Eisenhut anzutreffen ist.

In der **Hartholzau**, die kaum von Hochwässern berührt wird, stocken vor allem Esche, Bergahorn, Stieleiche oder Ulme.

## Tiere auf Wässerwiesen

### Säugetiere

In jeder intakten Wiese ist der Maulwurf zu finden. Immer wieder sind seine Hügel zu sehen, welche er beim Verlegen seiner Gänge aushebt. In diesem Röhrensystem sucht der Fleischfresser ständig nach Würmern und Insekten, pflanzliche Kost rührt er nicht an. Obwohl auch der Regenwurm auf seinem Speiseplan steht, gefährdet er dessen Bestand nicht. Nützlich ist der Maulwurf neben dem Verzehr von Schädlingen durch sein Röhrensystem, das die Bodendurchlüftung verbessert, Niederschlagswasser und Nährstoffe rasch in tiefere Bodenschichten transportiert und somit einen wesentlichen Beitrag für die Bodenbildung liefert.

Auch verschiedene Mausarten sind für Wiesen typisch. Die Schermaus ist ursprünglich ein Bewohner von Feuchtflächen und Ufern; sie kann unter Wasser Nahrung aufnehmen.

Durch das gute Angebot an Kleintieren sind Wässerwiesen für viele andere Säugetiere ein wichtiges Nahrungs- und Jagdbiotop: Igel, Fuchs, Iltis oder Marder sind regelmäßig anzutreffen.

Weitere Besucher auf Wässerwiesen sind die Biber. Das ganze Jahr über sucht er bei seinen weiten Ausflügen Grünfutter in den nahen Uferbereichen. Erst bei Nahrungsmangel stellt sich dieser gute Schwimmer mit seinem paddelförmigen Schwanz auf Rinden und Knospen um. Dann fällt er besonders in der Herbst- und Winterzeit als Vorrat Ufergehölze.

### Vogelwelt

Für die Vogelwelt kann eine Wässerwiese Balzplatz, Brutplatz, Rastplatz, Schlafplatz oder Jagdplatz sein.

Große, floristisch artenreiche Wiesenflächen werden auch von Nichtbrütern als Nahrungsbiotop genutzt. Dabei handelt es sich um Vögel, die noch nicht geschlechtsreif sind oder die kein Brutrevier besetzen konnten bzw. bei denen es zu keiner Paarbildung gekommen ist. Diese Vögel übersommern in geeigneten Lebensräumen bis zur Zugzeit oder, sofern sie nicht zu den ziehenden Arten gehören, streifen bis zur nächsten Brutzeit umher. Ein auffälliges Beispiel hierfür sind sommerliche Trupps von **Rabenkrähen**, die bei der Wiesenmahd ein vielseitig nutzbares Futterangebot finden.

Häufig sind zu dieser Zeit auch schon **Starfamilien** mit ihren flüggen Jungen auf den gleichen Flächen anzutreffen. Auch das Wässern der Wiesen ruft die Krähen auf den Plan. Dann erbeuten sie wie die **Graureiher** die vor dem Wasser fliehenden Mäuse und Maulwürfe.

Für den **Weißstorch** sind bewässerte Wiesen während der Jungenaufzucht ein wichtiges Nahrungsmittelreservoir. Hier findet er ein breites Beuteangebot von Regenwürmern, Insekten, Amphibien, Reptilien bis hin zu Kleinsäugern. Neben brütenden Altvögeln sind sogenannte „Junggesellentrupps" den Sommer über im gesamten Brutareal. Diese Junggesellentrupps bestehen überwiegend aus noch nicht geschlechtsreifen Individuen – beim Storch im Allgemeinen bis zum dritten Lebensjahr.

Weißstorch auf Nahrungssuche.

Bewässerte Wiesen haben auch für übersommernde, durchziehende und überwinternde Arten eine große Bedeutung. Für alle Zugvögel ist besonders wichtig, dass sie vor Antritt des Zuges ihr Gewicht durch Anreicherung von Depotfett erhöhen können, um genügend Energiereserven für die Zugstrapazen zu bilden. Dazu bedarf es schon ergiebiger Nahrungsflächen, die gerade Wiesen bei entsprechender Qualität mit der Vielseitigkeit von Säugern, Amphibien, Insekten usw. darstellen können.

Für die durchziehenden Zugvögel sind diese ergiebigen Nahrungsbiotope wichtige „Trittsteine" auf ihren oft langen Zugstrecken; sie dienen zum Sammeln neuer Kräfte vor dem Weiterflug. Eine dieser Vogelarten ist die **Bekassine**, die auf ihrem Zug von den gefluteten oder noch nassen Wiesenflächen angezogen wird.

Die Wiesen haben auch noch im Winter als Nahrungsbiotop eine wichtige Funktion. Zwar gibt es dann kein amphibisches und kein Insektenangebot, doch dafür können sie wichtige „Reservate" für Kleinsäuger sein. Dann kommt den Wiesen neben Feld- und Waldsäumen eine besondere Bedeutung als Mäusebiotop zu, denn auf die Feldmaus sind unsere **Tag- und Nachtgreifvögel** (Eulen, Falken, Bussarde) als Nahrungsgrundlage angewiesen.

In normalen Wintern sehen wir regelmäßig die **Mäusebussarde** als Ansitzjäger im Wiesengelände auf Masten und Pfählen oder etwas erhöhten Maulwurfshaufen nach ihrer Beute spähen. Turmfalken stehen im Fluge rüttelnd über den Wiesen.

Es gibt aber noch einen anderen Mäusejäger, der gerade im Winter auf Wiesen aktiv ist: der **Graureiher**. Wenn sich seine bevorzugten Beuteobjekte im Winter in tiefen Wasserschichten aufhalten oder die seichten Gewässerränder bereits zugefroren sind, weicht der Graureiher auf Wiesen aus und lauert dort bewegungslos auf das Erscheinen eines Erdbewohners.

**Rebhuhn und Wachtel**
Falls die Flächen vor Brutbeginn abgetrocknet sind, nutzen diese beiden Hühnervögel Wässerwiesen als Brutbiotop. Wenn Wiesenareale durch Linienelemente wie Hecken, Grabenränder, Brachestreifen oder Raine untergliedert sind, fördert dies die Bestandesdichte des Rebhuhnes durch die Ausbildung mehrerer kleinräumiger Reviere. Das Rebhuhn, das ganzjährig bei uns bleibt, kann mit etwas Geduld regelmäßig beobachtet werden.

Anders verhält es sich mit der wesentlich kleineren Wachtel: Wegen ihres Tarnkleides ist sie sehr schwer zu erkennen. Am leichtesten ist dieser Zugvogel durch seinen markanten Ruf wahrzunehmen.

Die Nahrung dieser beiden Vögel besteht aus Insekten für die Küken und überwiegend aus Sämereien (im geringen Maß tierische Nahrung wie Ameisen) für die erwachsenen Tiere.

**Braunkehlchen**
Ein Charaktervogel von feuchten Wiesen ist das Braunkehlchen. Wenn es im späten Frühjahr aus dem Winterquartier zurückkehrt, benötigt es eine vielschichtige Wiesenstruktur mit dichten Pflanzengruppen, Altgras, höheren Stauden, Stängeln oder Pfählen als Brutstandort. Von höheren Standorten aus wird das Revier überblickt oder in der niedrigeren Kraut- und Grasschicht sowie im Flug nach Insekten gejagt.

Braunkehlchen-Männchen auf Sitzwarte. (Foto: J. Limberger)

Hat man den eher unauffälligen Sänger, der sich gerne in Bodennähe aufhält, einmal wahrgenommen, können aus einiger Entfernung Balz, Gesang, Jagd oder Jungenaufzucht mitverfolgt werden.

**Wiesen- und Baumpieper**
Der Wiesenpieper stellt an den Lebensraum ähnliche Anforderungen wie das Braunkehlchen. Mit seinem gut getarnten Federkleid ist er schwer in der Landschaft auszumachen. Charakteristisch ist sein mit Rufreihen ausgeführter steil aufsteigender und anschließend wieder steil abwärtsgleitender Balzflug.

Der Baumpieper, eher ein Vogel des Waldrandes, wandert vereinzelt auch auf Wässerwiesen ein.

**Feldlerche**
Wenn die Feldlerche trockene Flächen vorfindet, nutzt sie Wässerwiesen besonders für die zweite Brut. Die späte Mahd der Wiesen kommt ihr dabei entgegen.

**Sumpfrohrsänger**
Diese Vogelart stellt sich ein, wenn verkrautete Wassergräben vorhanden sind.

Eine Wässerwiese bietet sogar Spezialisten wie dem **Baumfalken**, der über den Grasflächen nach Fluginsekten wie Libellen oder Großkäfern jagt, einen Lebensraum.

**Neuntöter, Grasmücken, Goldammer, Elster**
Diese Vogelarten sind in bewässerten Wiesen zu finden, wenn zusätzlich Baum- und Strauchstrukturen, wie etwa entlang von Flüssen, Bächen oder Gräben, vorhanden sind.

Von angrenzenden Gehölzen aus fliegen **Wacholderdrossel, Stiglitz** und **Feldsperling** zur Nahrungssuche auf die Wiesen. Die ersteren suchen Würmer und Insekten nach der Mahd, die anderen nehmen die Samen der Wiesenpflanzen bzw. Stauden.

Stoßen die Wiesen an Waldränder, kommen von dort weitere Arten hinzu, die temporär die Wiesen in ihr Nahrungsrevier einbeziehen. Dazu zählen z. B. **Kuckuck, Eichelhäher, Kleiber**, verschiedene **Meisenarten** oder die **Waldohreule**.

**Hohltaube**, **Mauersegler**, **Rauch-** und **Mehlschwalben** sind regelmäßige Gäste auf Futtersuche.

## Insekten

### Schmetterlinge

Wird eine Wässerwiese nur einmal oder spät gemäht, stellt sich ein großer Artenreichtum an Schmetterlingen ein. Die lange bestehende Vegetation ermöglicht es zahlreichen Arten, die Entwicklung vom Ei über die Verpuppung bis zum Falter abzuschließen.

**a) Die Grasfresser:**
Zahlreiche Arten haben sich auf die Verwertung von Gras spezialisiert.

- Bei den Tagfaltern gibt es z. B. **Schachbrett, Aurorafalter.**
- Bei den Nachtfaltern gibt es zahlreiche Vertreter aus der Gruppe der **Erdeulen.**
- Auch unter den Spinnern gibt es Arten mit einer Spezialisierung auf Grasarten.

**b) Die Bärenspinner:**

- Viele Wiesenschmetterlinge leben nicht an Gräsern sondern an „niederen Pflanzen" (kleine Kräuter wie Wegerich-Arten oder Löwenzahn usw.). Typisch sind darunter vor allem die Bärenspinner, wie der **Braune Bär**, eine Gruppe von großen Faltern mit leuchtenden Warnfarben und stark behaarten Raupen. Bei den Bärenspinnern sind die Weibchen sehr schlechte Flieger und sie leben nur sehr kurz. Stattdessen breiten sich die sehr agilen Raupen über einen großen Bereich aus.

  Da Raupen aber die benötigten Futterpflanzen nicht aus größerer Distanz erkennen und gezielt aufsuchen können, besitzen Bärenspinner die Fähigkeit, viele verschiedene Pflanzenarten zu verwerten.

**c) Spezialisten:**

- Der prächtige **Schwalbenschwanz** ist eine Schmetterlingsart, die auf Doldengewächsen lebt. Er braucht für sein Balzspiel offene, exponierte Plätze wie z. B. Hügelkuppen und bis in den Frühsommer ungemähte Wiesen, damit sich die Raupen der ersten Generation entwickeln können.
- Die **Goldene Acht** ist in Wiesen häufig, besonders wenn Wilder Majoran als Nektarpflanze vorhanden ist. Die Raupen leben jedoch an verschiedenen Schmetterlingsblütlern.
- Die **Bläulinge** (seltene Ameisenbläulinge) sind typische Tagfalter in Wiesen. Ihre Raupen leben fast immer an verschiedenen Schmetterlingsblütlern.
- Die rot-schwarz gemusterten **Widderchen** leben ebenfalls an Schmetterlingsblütlern. Sie sind auf eine späte Mahd angewiesen, da die Kokons an die Stängel der Futterpflanzen angeheftet werden.

### Heuschrecken und Grillen

Keine andere Insektengruppe ist für Wiesen so typisch wie Heuschrecken und Grillen. Die Graslandbiotope sind vor allem den am Boden oder in niedriger Vegetation lebenden braunen oder grünen „Kurzfühlerschrecken" (den eigentlichen „Grashüpfern") vorbehalten, während die langfühlerigen, meistens größeren Laubheuschrecken („Heupferd"), auf Gebüschen oder Bäumen leben.

Heuschrecken sind agile, bewegliche Tiere und können bei einer langsamen Mahd der Wiesen vor den Mähgeräten ausweichen.

Am lautesten in einer Wiese sind die Grillen zu hören. Ihre unterirdischen Gänge erinnern an kleine Mauslöcher.

### Bienen und Wespen

Von Bedeutung sind Wässerwiesen als Nahrungsbiotop und Jagdrevier für zahlreiche Bienen und Wespen. Die Wiesen bieten den pollensammelnden Arten genügend Blüten. Als Brutfläche sind Wässerwiesen nur für wenige spezialisierte Arten geeignet. Nur ein trockener Boden oder Pflanzenstängel bieten Nistmöglichkeiten.

Nach der Mahd ist es wichtig, dass an Wiesen- und Grabenrändern, Gebüschsäumen oder Wegrändern noch genügend blühende Pflanzen als Ausweichquartiere verbleiben. Besonders wichtig werden im Hoch- und Spätsommer die Doldenblütler wie Bärenklau oder Engelwurz, auf denen sich ganze Trauben von Blütenbesuchern sammeln können.

### Schwebfliegen

Die Larven von Schwebfliegen leben meistens von zerfallenden Pflanzenstoffen; manche Arten leben aber auch an Pflanzen selber. Einige Schwebfliegenarten entwickeln sich im Wasser. Sie sind meistens auch tolerant gegenüber schlammigem, sauerstoffarmem Wasser. Ihre schnelle Entwicklung lässt auch zu, dass sie in temporären Gräben oder Tümpeln überleben können. Die Häufigkeit der Schwebfliegen nimmt daher in Feuchtbiotopen stark zu; sie ersetzen hier meistens die Bienen als Hauptbestäuber der Pflanzen.

Alle Schwebfliegen sind ungiftig, ihre Fleckung soll an Bienen oder Wespen erinnern und dadurch einen gewissen Schutz gewähren.

Im Sommer und Herbst können Schwebfliegen an den Doldenblütlern der Grabensäume und Hochstaudenfluren in Massen beobachtet werden.

**Schnecken**
Der dichte Grasbestand bietet nur kleinsten Gehäuseschnecken und Nacktschnecken einen Lebensraum, große Gehäuseschnecken fehlen in Wässerwiesen fast zur Gänze. Schnecken ernähren sich überwiegend von lebenden und abgestorbenen Pflanzenteilen, Algen oder niederen Pilzen. Sie liefern in einer Wiese einen bedeutenden Beitrag zum Biomasseabbau und Stoffumsatz.

**Spinnen**
Wässerwiesen und deren Umgebung bieten Spinnen einen idealen Lebensraum. Die zahlreichen Halme gewähren ihnen Möglichkeiten zur Befestigung ihrer verschieden großen Netze. Die jagenden, nicht netzbauenden Spinnen können am Boden zwischen den Grashalmen umherlaufen oder aber große Blüten besteigen und dort auf Beute lauern.

Spinnen sind generell Räuber und abhängig von einer hohen Dichte und einer möglichst hohen Anzahl verschiedener Beutetiere. Eine hohe Pflanzen- und damit Kleintiervielfalt ist daher für eine große Spinnenzahl Vorbedingung.

Eines der Hauptprobleme der Anpassung an das Wiesenbiotop ist für Spinnen die Stabilisierung der Netze in dem instabilen „Graswald" mit flexiblen, stark schwankenden Grashalmen. Dafür gibt es mehrere Strategien:

- Zahlreiche Arten spinnen nur wenig kunstvolle, bei Beschädigung schnell wieder errichtete Netze.
- Andere Arten weben ein sehr dichtes, dreidimensional verankertes Netz und stabilisieren so eine ganze Gruppe von Grashalmen. **Kugelspinnen** ziehen Grashalme herunter und verankern sie mehrfach mit dem (stabilen) Boden.
- Eine weitere Möglichkeit ist die Bindung an größere Pflanzen: Die **Kräuselspinnen** „wohnen" vorwiegend an großen Doldenblütlern. Sie legen ihre Netze an der Unterseite von großen Blättern an und benutzen die insektenreichen Dolden als Jagdbiotop.

Auf dem Boden selber leben in Wiesen zahlreiche Arten, darunter viele gut laufende Räuber.

Die größeren Spinnenarten mit großen Netzen sind dagegen auf Lebensräume mit hochwüchsiger, längerfristig stabiler Vegetation angewiesen. In der Nähe von Wiesen sind dies Sträucher, Grabenränder, Schilf und Röhrichte usw.

**Sackspinnen** sind Jäger, die keine Fangnetze bauen, aber dichte Wohngespinste aus Seide anlegen. Eine ähnliche Lebensweise zeigen auch **Wolfsspinnen**, große Arten, die fast immer auf Feuchtigkeit angewiesen sind und regelmäßig in Wassernähe oder an Ufern gesehen werden können – einige Arten sind sogar typische Moor- und Sumpfarten.

Eine sehr häufige, auffällige Art ist die veränderliche **Krabbenspinne**, die in Blüten aller Art auf Beute lauert. Manchmal ist das weiße, gelbe oder blassgrünliche Weibchen mit typischer Krabbenform in Blüten zu beobachten. Die Art kann allerdings nicht etwa ihre Farbe verändern, sondern die Weibchen suchen sich eine zu ihrer Färbung passende Blüte aus. Die Männchen sind dunkel und sehr viel kleiner als die Weibchen.

Sonniges Grasland bevorzugt auch die sehr flinke und sprunggewaltige **Ameisenspringspinne**, die wie andere verwandte Arten einer Ameise täuschend ähnlich sieht und auf diese Weise Räuber abschreckt.

Wiesen sind aber die vor allem bevorzugten Biotope der zahllosen Arten der **Zwergspinnen** und **Baldachinspinnen**. Diese nur ein bis drei Millimeter großen Arten treten hier in ungeheurer Vielfalt auf. Sie weben kein Radnetz, sondern ein horizontales, baldachinartiges Netz (daher der Familienname), das mit zahlreichen Stabilisier- und Stolperfäden an die umgebende Vegetation angeheftet wird. Einige Zwergspinnen breiten sich als „Luftschiffer" aus, indem sie einen langen Faden spinnen, der dann vom Wind aufgenommen wird und die Spinne fortträgt.

# Ökologie

## Ökologie der Wässerwiesen

Wiesen sind von Menschenhand entstandene Ökosysteme. Auf gerodeten Waldflächen sind über Jahrhunderte Pflanzenarten eingewandert, welche sich an eine regelmäßige Nutzung (Mahd bzw. Weide) in einer dauerhaft geschlossenen Grasnarbe anpassen konnten. So haben sich je nach Standortfaktoren typische Wiesengesellschaften mit unterschiedlichen Artenzusammensetzungen gebildet.

Eine Wiese kann wie ein Wald in einzelne Schichten eingeteilt werden:

Unmittelbar über dem Boden befindet sich eine Moos- und Streuschicht. Darüber folgen dann drei Stockwerke höherer Pflanzen. Das unterste Stockwerk nehmen die Rosettenblätter und niederliegende Teile ein, speziell Löwenzahn, Wegerich- und Kleearten. In das mittlere Stockwerk der relativ niederwüchsigen Gräser, wie etwa Rotschwingel oder Rispengras, schicken die Pflanzen des unteren Stockwerkes ihre Blüten (Hahnenfuß, Wiesen-Pippau, ...). Den Abschluss bildet das lockere und stark durchsonnte obere Stockwerk. Es wird von hochstehenden Gräsern, wie dem Glatthafer oder Knäuelgras und den Blüten der höherwüchsigen Kräuter gebildet.

Durch unterschiedliche Standortbedingungen (Licht, Feuchte, Temperatur, Windgeschwindigkeit) bilden die einzelnen Stockwerke des Graslandes unterschiedliche Lebensräume für Pflanzen und Tiere.

### Eine Nische für jeden

Mit den Lebensbedingungen in einer Wiese kommen viele Tierarten zurecht; jede besetzt ihre eigene Nische. Dem Stockwerksaufbau der Pflanzen entsprechend, besiedeln und nutzen bestimmte Tiergruppen oft spezifisch Teilbereiche des Lebensraumes. Bakterien und Strahlenpilze spielen als Zersetzer der Streu eine wichtige Rolle in den oberen Bodenschichten. Regenwürmer, zwischen 70 und 1.000 Exemplare pro Quadratmeter (!), sind Erdfresser und daher ihr ganzes Leben lang mit Durchbohren, Durchmischen und Umlagern des Bodens beschäftigt. Ihre unterirdischen Gänge lockern den Boden auf, dienen als „Luftschächte" für die Sauerstoffversorgung und bieten leicht erschließbaren Raum für Pflanzenwurzeln. Die mineralreichen Ausscheidungen der Regenwürmer (Ton-Humus-Komplexe) sind als Bodenverbesserer bekannt. Engerlinge und Drahtwürmer, die Larven der Schnellkäfer sowie andere grabende Tierarten wie beispielsweise die Maulwurfsgrille sind zumindest zeitweise weitere Bewohner des Erdreichs.

Auf der Oberfläche des Wiesenbodens leben im unteren Stockwerk räuberische Gruppen wie Laufkäfer und Wolfsspinnen, aber auch einige Nacktschnecken, die mit ihrer Raspelzunge vermodernde Pflanzenteile abschaben.

Günstige Lebensbedingungen in der Wiese finden vor allem jene Tiere, denen frischwachsende Pflanzen – vor allem Gräser – als Nahrung dienen, so Stängelminierer und Pflanzensaftsauger. Die wichtigsten Pflanzenfresser sind Insekten. Heuschrecken, Blattkäfer, Rüsselkäfer, Schmetterlingsraupen, Blattläuse, Zikaden, Wanzen und Pflanzenwespen können erhebliche Mengen an Biomasse konsumieren, was auf den ersten Blick aber gar nicht auffällt. Feldheuschrecken und Schmetterlingsraupen fressen teilweise pro Tag mehr als ihr eigenes Körpergewicht. Die natürliche Beweidung des Grünlandes durch Säugetiere (z. B. Rehe) ist unerheblich.

Gräser besitzen nur wenig giftige sekundäre Inhaltsstoffe, mit denen sich manche Kräuter gegen Fraß schützen. Diese Aufgabe kommt dem hohen Silikatgehalt ihrer Zellwände zu. Die Verdickung der Zellwände durch Silikat, eine typische Eigenschaft von Sonnenpflanzen, hat ursprünglich keine defensive, sondern eine Stützfunktion. Trotz des hohen Silikatgehaltes bieten auch Gräser eine Nahrungsgrundlage für zahlreiche Wiesentiere.

Blütenbesucher finden während des Wiesen-Hochstandes einen reich gedeckten Tisch. Langrüsselige Tagfalter saugen Nektar an Röhrenblüten, Schwebfliegen besuchen Blüten mit einem breiten Landeplatz, Hummeln und andere Wildbienen sammeln Pollen.

### Blüh-Aspekt und Arteninventar

Im Frühling gelangen in einer „normalen" Glatthaferwiese zuerst die niedrigwüchsigen Gänseblümchen zur Blüte, bevor der Löwenzahn einen gelben und das Wiesenschaumkraut einen ins Hellviolette tendierenden Blüh-Aspekt bringen. Es folgen eine gelbe Welle des Scharfen Hahnenfußes, eine rote Welle aus Sauer-Ampfer, roter Lichtnelke und Acker-Witwenblume, bis der Hochstand der Wiese vor dem ersten Schnitt erreicht ist. Der namensgebende Glatthafer und andere Obergräser wie Knäuelgras oder – auf feuchteren Standorten – Wiesen-Fuchsschwanz überragen die meisten Kräuter und geben reichlich wertvolles Futter. Der Wiesen-Bocksbart, der seine gelben Blüten nachmittags schließt, Wiesenkerbel, Margerite und Labkraut verstärken den weiß-gelben Frühjahrs-Aspekt.

Nach der Mahd kommen in der lichtreichen Phase Kräuter aus der unteren und mittleren Schicht zum

Zuge. Storchschnabel-Arten und Unter- und Mittelgräser erholen sich von der dichten Beschattung, bis sie erneut von Obergräsern und hohen Kräutern übergipfelt werden. Der Rotklee, eine seit dem Mittelalter angebaute, gute Futterpflanze, einige andere Leguminosen sowie der Löwenzahn blühen in jeder Tiefstands-Periode. Vor dem zweiten Schnitt können neben den Doldengewächsen auch Wiesen-Pippau, Großer Wiesenknopf sowie Wiesenglockenblume und Zaunwicke mit ihren blauen und violetten Blüten zur Geltung kommen.

Sibirische Schwertlilie (Iris sibirica)

### Besondere Eigenschaften der Wiesenpflanzen

Um nach der Mahd wieder austreiben zu können oder rechtzeitig vorher Nachkommen zu bilden, müssen typische Wiesenpflanzen Eigenschaften besitzen, die sie von Arten aus anderen Lebensräumen unterscheiden. Ihr Entwicklungszyklus muss in den Bewirtschaftungsrhythmus eingepasst sein; zumindest gelegentlich müssen sie Samen bilden. Die meisten Arten blühen zunächst vor dem ersten Schnitt und später erneut zwischen dem ersten und zweiten Schnitt und bringen innerhalb weniger Wochen einige Früchte zur Reife.

Eine einfache Möglichkeit, der Sense zu entgehen, ist niedriger Wuchs und bodennahe Beblätterung. So gewinnen bei häufiger Mahd Pflanzen wie der Weißklee, die normalerweise von Ober- und Mittelgräsern und hochwüchsigen Kräutern unterdrückt werden, die Oberhand. Auch Rosettenpflanzen wie Wegerich und Löwenzahn werden durch Mahd wenig oder kaum geschädigt. Ein besonderer Überlebenskünstler ist das Ferkelkraut, dessen breite Rosetten sich nur wenige Millimeter über den Boden erheben.

In allen Wiesen fällt die Dominanz der Gräser auf. Ein Viertel der typischen Wiesenpflanzen sind Süßgräser, ihr Anteil an der Biomasse liegt sogar deutlich über fünfzig Prozent. Warum sind Gräser im Lebensraum Wiese so „erfolgreich"? Eine Antwort ist, dass Gräser sehr regenerationsfähig sind. An ihrer Blattbasis haben sie zeitlebens ein wachstumsfähiges Gewebe, das ständig Blätter nachschieben kann. Die meisten Kräuter können dies nicht, da ihnen dieses Gewebe verloren geht. Überdies machen viele Gräser den Verlust des Sprosses durch Ersatzsprosse wett. Sie bilden Seiten- oder Adventivwurzeln aus, wodurch sich der Rasen verdichtet.

Pflanzen in Wiesen müssen lichtliebend sein. Auch niedrigwüchsige, lange Zeit beschattete Arten werden durch die Mahd zeitweilig voller Sonnenbestrahlung ausgesetzt. Sie tragen vor allem im Frühjahr und während der Tiefstände nach den Schnitten, wenn ihnen mehr Licht zur Verfügung steht, wesentlich zur Ertragsbildung bei.

## Der Einfluss der Bewirtschaftung und ökologischer Faktoren

### Die Mahd

Einschneidendstes Ereignis für pflanzliche wie tierische Besiedler der Wiese ist die Mahd. Plötzlich ändern sich die Lebensbedingungen dramatisch: Wo vorher ein dichter „Graswald" Schutz und Nahrung bot, nur wenige Sonnenstrahlen den Erdboden erreichten und der Wind nur gedämpft blasen konnte, bleiben nach dem Schnitt nur Stoppeln und Rosetten zurück. Das Mikroklima hat sich völlig verändert: Tag- und Nachttemperaturen schwanken auch am Grund in weiten Amplituden, die Luftfeuchtigkeit in den unteren Bereichen ist stark zurückgegangen und ebenfalls großen tageszeitlichen Schwankungen unterworfen. Den filigranen Stockwerksaufbau mit Moos- und Streuschicht zuunterst, den Unter-, Mittel- und Obergräsern gibt es nicht mehr – für alle Wiesenbewohner zunächst eine ökologische „Katastrophe".

Durch die Mahd wird das Angebot auf einmal eingeschränkt; auf Nektar und Pollen angewiesene Tiere gehen stark zurück. Mit ihrem Verschwinden wird die Situation auch für Insektenfresser, wie Libellen und manche Wiesenvögel, kritisch.

Die Brut- und Nestlingszeiten der wiesenbrütenden Vögel sind eng mit dem Mahd-Rhythmus vernetzt. Auf häufig gemähtem Intensiv-Grünland besteht keine Möglichkeit für Braunkehlchen oder Wiesenpieper sich erfolgreich fortzupflanzen. Weil der Schnitt die meisten Pflanzen vor Abschluss ihres Lebenszyklus trifft, werden Tiere besonders beeinträchtigt, die reife Blütenköpfe oder Samen benötigen. Auch für Überwinterer, die auf oberirdische Pflanzenteile angewiesen sind, kommt die Wiese nicht in Frage. Große Verluste durch die Mahd erleiden Blattläuse, deren ungeflügelte Stadien nicht in der Lage sind, durch Abwanderung auf Pflanzenstümpfe ihre Entwicklung fortzusetzen.

Viele kleine, flugfähige Insekten werden weit verweht, weil der Wind voll angreifen kann: Auch die tierische Wiesenbesiedlung ist in weiten Bereichen von der Mahd abhängig.

Trotzdem: Gerade die Mahd sorgt für den Fortbestand der Wiese, da sich dennoch viele Tiere und Pflanzen an die massiven Eingriffe anpassen konnten, manche Arten sind sogar auf diese Bewirtschaftungsart angewiesen.

Pflanzen bilden einen großen Wurzelstock als Speicherorgan aus und blühen ein zweites Mal, Insekten ziehen sich entweder in die Grasnarbe oder auf angrenzende Wegraine zurück und besiedeln die Wiese nach der Mahd neu.

Erst bei einer intensiv genutzten, mehrmalig geschnittenen Wiese gehen die Artenzahlen deutlich zurück, weil die verbleibenden Intervalle nicht mehr zur Entwicklung einer neuen Generation ausreichen. Vor allem wiesenbrütende Vögel reagieren höchst empfindlich auf verfrühte Mahd-Termine.

Die extensivste Art der Bewirtschaftung sind einschürige Wiesen. Pfeifengraswiesen, die auf nährstoffarmen Untergründen meist in nassen oder wechselfeuchten Niederungen liegen, werden einmal – spät im Jahr – zwischen Ende August und Oktober gemäht. Dann sind die Pflanzenstängel strohig und geben eine gute Stalleinstreu. Weil auch die meisten Nährstoffe wieder in unterirdischen oder bodennahen Speicherorganen gebunden sind, kommt eine solche Streuwiese lange Zeit ohne Düngung aus. Heutzutage wird keine Einstreu von Wiesen mehr gebraucht, weshalb sich Streuwiesen aus landwirtschaftlicher Sicht nicht mehr lohnen. Vielerorts wurde die Nutzung aufgegeben oder verändert.

Ohne Bewirtschaftung würden sich auf Wiesen zunächst hochwüchsige Stauden wie Wiesenkerbel, Wiesen-Platterbse, Bärenklau und Mädesüß oder kletternde Pflanzen wie die Vogelwicke durchsetzen. Die Sukzession würde zu einer Versaumung, schließlich mit den ersten Holzgewächsen über eine Verbuschung zu einem lichten Wald führen. Auf durchlässigen Böden kommt es nach der Einstellung der Wässerung zu einer Austrocknung und Ausmagerung der Wiesenflächen. Es nehmen Trockenheitszeiger und Pflanzen mit geringem Nährstoffbedarf zu (z. B. Heidekraut, oder Bürstling). Insgesamt nimmt die Artenvielfalt allmählich ab.

**Beweidung**
Eine eigene, selektive Auswirkung auf Grünlandpflanzen hat die Beweidung. Gegenüber der Mahd treten dabei charakteristische Unterschiede auf:

- Die Trittbelastung durch das Vieh führt zu einer Bodenverdichtung, was auf entsprechenden Böden einen Wasserstau begünstigt.
- Der verdichtete Boden ist weniger gut mit Sauerstoff versorgt und weniger einfach zu durchwurzeln.
- Der Verbiss durch das Vieh ist je nach Weideart selektiv, wodurch stachelige, giftige oder flach am Boden anliegende Pflanzen einen Wettbewerbsvorteil haben, da sie vom Vieh verschmäht werden.
- Die Grasnarbe wird stellenweise aufgerissen, was eine Ansiedlung von Pionierarten ermöglicht (z. B. der seltene Böhmischer Enzian).
- Dennoch ist die Zahl der Pflanzenarten auf einer Weide in der Regel geringer als auf einer Wiese, auch weil der Nutzungstermin normalerweise früher liegt.
- Eine plötzliche „Katastrophe" wie die Mahd tritt nicht auf. Beweidete Wiesen werden nicht wie bei der Mahd auf einmal stark beeinträchtigt, sondern ständig mehr oder weniger intensiv genutzt.
- Die Art des weidenden Viehs ist von großem Einfluss. Die Eingriffe bei der Beweidung verlaufen generell fließender als bei einer Mahd. Besonders die Schafweide gilt als relativ schonender Eingriff und ist aus ökologischer Sicht eine erstrebenswerte Nutzungsform.

**Der Wasserhaushalt**
Der Wasserhaushalt einer Wiese ist ein wesentlicher Standortfaktor. Der Wiesentyp hängt unter anderem vom Niederschlag ab, von eventuellen Überschwemmungen und Bewässerungen, vom Flurabstand des Grundwassers und von der Menge des pflanzenverfügbaren Wassers in den mittelgroßen Bodenkapillaren. In engen Grenzen können sich Bewässerung und Düngung in ihrer positiven Wirkung auf die Biomasseproduktion des Grünlandes sogar ersetzen. Als es noch keinen industriell hergestellten Mineraldünger gab, galt die Wiesenwässerung daher als „Düngung des kleinen Mannes". Im Wasser mitgeführte Trüb- und Schwebstoffe sollen den Nährstoffentzug durch Mahd wieder ausgleichen. Da die Wiesen früher nur wenig und oft wohl gar nicht im heutigen Sinne gedüngt werden konnten – vor der Einführung der Handelsdünger wurde der Stallmist vor allem zur Düngung der Äcker gebraucht – waren die Bäche Hauptquelle der Nährstoffversorgung und boten so Ersatz für den Stoffentzug durch die Mahd. Über Jahrhunderte war allein diese Nährstoffquelle

verfügbar und machte eine geregelte Bewirtschaftung erst möglich.

Das Grundwasser steht in der Regel hoch an. Kleinste Schwankungen in der Höhe des Standorts und in der Wasserdurchlässigkeit des Untergrunds machen enorme Unterschiede in der Vegetation aus.

**Der Nährstoffhaushalt**

Ein weiterer wichtiger Faktor für das Pflanzenwachstum ist der Nährstoffgehalt des Bodens.

Bei geringem Nährstoffgehalt gedeihen Obergräser und Hochkräuter schlecht. Mittelgräser wie Goldhafer oder Wolliges Honiggras und genügsame Untergräser wie Wiesenrispengras oder Rotschwingel breiten sich aus und herrschen zusammen mit Spitzwegerich und anderen niederen Kräutern fast allein in mageren Wiesenflächen.

Phosphat ist meistens Mangelfaktor, da die Ionen im Boden schwer beweglich sind.

Stickstoff liegt häufig organisch gebunden und nicht in pflanzenverfügbarer Form vor. Erst nach der Mineralisierung durch Mikroorganismen in Nitrat oder Ammoniak kann er von den Pflanzen aufgenommen werden. Nur die Leguminosen haben bei Stickstoffmangel keine Probleme, weil sie an ihren Wurzeln symbiontische Knöllchenbakterien (Rhizobium) beherbergen, welche Stickstoff aus der Luft binden und zugänglich machen können. Ein dritter limitierender Stoff ist Kalium.

**Naturschutzziele in der Wiesenbewirtschaftung**

Wiesen sind nicht nur wertvoller Lebensraum für Tiere und Pflanzen, sondern auch kulturhistorisches Zeugnis. Durch intensive Düngung und Bewirtschaftung, Nutzungsaufgabe oder Umbruch in Ackerland sind eine Reihe von Wiesentypen selten geworden und drohen in der nächsten Zeit ganz aus der Landschaft zu verschwinden.

Wiesen mit regionalen Eigentümlichkeiten, auf besonderen Standorten oder mit einer ungewöhnlichen Bewirtschaftungsweise fallen der gut gedüngten Einheitsfettwiese zum Opfer – und mit ihnen speziell eingenischte Tier- und Pflanzenarten, wie etwa das Braunkehlchen, Charaktervogel extensiv genutzter Wiesenflächen, oder nährstoffmeidende Orchideenarten. Streuwiesen werden fast gar nicht mehr betrieben, die früher weit verbreiteten Wässerwiesen sind heute nur noch reliktartig vorhanden. Zu einer extensiven Bewirtschaftung gehört neben höchstens mäßigen Düngergaben ein nur ein- bis zweimaliger Schnitt, bei dem aus Rücksicht auf die Tierwelt stets nur Teilbereiche des vorhandenen Grünlandes erfasst werden sollten.

Für ein vielfältiges Landschaftsbild, dem man seinen Erholungswert nicht abstreiten kann, und eine vielfältige Fauna und Flora, ist eine extensive Wiesennutzung wünschenswert. Wiesenkorridore entlang von Bächen oder flächenhafte Trittsteine sind wichtige Stationen für Ausbreitungs- und Wanderbewegungen und essentiell für den Austausch zwischen benachbarten Populationen.

Nicht zuletzt sind – extensiv genutzte – Wiesen Rückzugsräume für selten gewordene Tier- und Pflanzenarten unserer Heimat.

Das Bach-Greiskraut ragt als gelber Farbtupfer aus der Wasseroberfläche, umgeben von düngendem Schlamm am Grund der Wässerwiese. (Foto: Karl Zimmerhackl)

## Ökologie der Bäche und Gräben

Natürliche und naturnahe Bäche und die meisten der kleineren Ent- und Bewässerungsgräben kommunizieren mit dem Umland über den Kontakt zum Grundwasser – anreichernd bzw. entwässernd, je nach Wasserstand und Grundwasserspiegel – und über das Oberflächenwasser nach Starkniederschlägen und Hochwasserereignissen. Es finden, zeitlich verschoben, Stoffein- und -austräge statt. Die speziellen physikalischen und chemischen Standortverhältnisse am und im Fließgewässer erfordern von allen Organismen ein hohes Maß an Anpassungsvermögen.

Funktionierende Gewässersysteme sind vernetzte Feuchtlebensräume, in denen oder entlang derer aktiv und passiv Wanderungsbewegungen oder Transporte stattfinden; Bäche und Gräben sind also Ausbreitungslinien für Pflanzen- und Tierarten.

Ein Grabenrand mit blühenden Sumpf-Dotterblumen im Frühjahr. (Foto: Karl Zimmerhackl)

## Die Tierwelt

Einen eigenen Lebensraum stellt die Sohle von Bächen und Gräben dar. Je nach Bodensubstrat, das vom Schlamm bis hin zu grobem Kies variieren kann, beherbergt es verschiedene Lebensgemeinschaften.

Obwohl es nicht den Anschein hat, bietet das durchströmte Lückensystem der Gewässersohle reiches Leben: Hier finden sich **Bakterien**, **Wimperntierchen**, **Wassermilben**, **Insektenlarven** bis hin zum Jugendstadium der **Flussperlmuschel**. In dieser dunklen Unterwelt existieren diese Organismen in einem relativ konstanten Milieu, das vor Temperaturschwankungen, rascher Strömung und auch vor Räubern schützt. Das Lückensystem bietet auch bodenbewohnenden Organismen bei Katastrophen wie Hochwasser, Grundeisbildung oder Austrocknung Schutz.

Eine Besonderheit am Gewässergrund ist die **Flussperlmuschel**. Als aktiver Strudler ist sie mit ihrem „Fuß" fest im Sohlsubstrat verankert. Sie trägt wesentlich zur Selbstreinigungskraft des Gewässers bei, indem sie organische Partikel aus dem Wasser filtert und als Krümel dem Sediment hinzufügt. Pro Stunde gelangen rund 40 Liter Wasser durch die Kiemen einer ausgewachsenen Flussperlmuschel.

Der Lebenszyklus der Muschel ist unmittelbar mit dem Vorkommen der Bachforelle verbunden: Die Larven leben eine Zeit lang parasitisch an den Kiemen des Fisches, ohne ihn jedoch ernsthaft zu schädigen. In diesem Stadium werden die sonst hier sesshaften Tiere innerhalb des Gewässersystems verbreitet. Nach der Umwandlung zur winzigen Jungmuschel fallen sie von den Fischkiemen ab und leben in der Folge etwa fünf Jahre im Lückensystem unter dem Bachgrund. Erst nach dieser langen Zeit tritt die nun etwa 1 cm große Flussperlmuschel als Filtrierer an die Substratoberfläche, wo sie ein Alter von über 70 Jahren erreichen kann.

Eine andere auffallende Tierart an Gewässern sind die **Libellen**. Diese gewandten Flieger verfügen dank der riesigen Komplexaugen über einen ausgeprägten Gesichtssinn. Erwachsene Libellen fangen Beute im Flug, die im Wasser lebenden Larven mit ihren bizarren Fangmasken ernähren sich ebenfalls räuberisch. Bei der Eiablage sticht das Weibchen mit einem Legestachel Pflanzenteile an und legt darin ihre Eier ab.

Eine Prachtlibelle auf einem Mädesüßblatt als Ansitz. (Foto: Karl Zimmerhackl)

In einem Fließgewässer findet man zahlreiche passive Filtrierer, die ihre Nahrung aus der Strömung herausfiltern. Einzelne Arten von **Köcherfliegenlarven** bauen ein charakteristisches leicht trichterförmiges Netz von wenigen Quadratzentimetern Fläche in einen Rahmen aus Pflanzenteilen oder kleinen Steinchen. Wie ein Fußballtor steht es in der Strömung und wird von Zeit zu Zeit von der Larve abgeweidet.

Auch die Larven der **Kriebelmücken** filtern Algen und organische Schwebeteilchen aus dem Wasser. Dazu benutzen sie korbähnliche Fangorgane, die auf der Oberlippe entspringen.

Die Larven und die erwachsenen Tiere einiger Schwimm- und Wasserkäfer machen Jagd auf andere Organismen.

Die Sedimentfresser unter den am Gewässergrund lebenden Organismen sind besonders wichtig für die Umlagerungen von Sediment und den Abbau der abgelagerten organischen Teilchen. Etwa gehören **Zuckmückenlarven** diesem Ernährungstyp an, wie auch die Larven mancher Eintagsfliegen. Man kann sie an den drei Schwanzanhängen und den Tracheenkiemen am Hinterleib leicht erkennen. Die erwachsenen **Eintagsfliegen** schwärmen oft in Massen auf ihrem Hochzeitsflug. Sie nehmen keine Nahrung mehr zu sich; ihr Darm ist mit Luft gefüllt, was beim Fliegen hilfreich ist.

Um das Abschwemmen von Insektenarten in den Fließgewässern auszugleichen, machen die Weibchen der **Stein-** und **Eintagsfliegen** vor der Eiablage einen sogenannten „Kompensationsflug" stromaufwärts.

**Bachflohkrebse** sind als Zerkleinerer zuständig für die Umwandlung großer Partikel zu kleinen. Sie nehmen eine Schlüsselstellung im Stoffhaushalt ein, weil sie z. B. eingetragenes Laub als Nahrung für andere Arten zugänglich machen, allerdings nur, wenn es vorher durch Bakterien aufbereitet wurde.

Ein seltener Bewohner von klaren und langsam fließenden Gewässern ist der **Fluss-** oder **Edelkrebs**. Dieses nachtaktive Krustentier versteckt sich tagsüber zwischen den Wurzeln von Ufergehölzen oder Hohlräumen von Steinen am Ufer. Nachts stehen auf seinen Beutezügen Schnecken, Kleinkrebse, Insektenlarven oder Wasserpflanzen auf seinem Speiseplan.

Für Fische dienen gut ausgestattete Gewässersysteme bei Wässerwiesen als Schutz (Unterschlupf), Laich- oder Jagdgebiet.

Dominierend sind Charakterarten wie die **Barbe** oder die für die Flussperlmuschel wichtige **Bachforelle**.

In klarem, sauerstoffreichem Wasser leben weiters die kleine **Koppe** oder Karpfenfischarten wie der **Gründling** oder die **Elritze**.

Eine Besonderheit ist das **Neunauge**, es lebt als Larve wie ein Wurm drei bis fünf Jahre im Schlamm oder Sand, bevor es sich zum Fisch entwickelt, sich paart und anschließend stirbt.

Einige Fischarten wie die **Bachschmerle** oder **Aalrutte** sind tagsüber nicht anzutreffen, sie sind nachtaktiv.

Bekannte Namen in Bächen und Flüssen von Wässerwiesengebieten sind auch der **Flussbarsch** oder der **Hecht**. Ihr Lebensraum sind langsam fließende Gewässerabschnitte.

Am Ende einer Nahrungskette eines natürlichen Gewässers steht der **Fischotter**. Dem Namen nach frisst er jedoch nicht nur Fische (vorwiegend alte und schwache), auch Wassergeflügel und deren Eier, Schermäuse oder der nicht in das heimische Ökosystem gehörende exotische **Bisam** stehen auf seinem Speiseplan. Der verspielte, sehr wendige Schwimmer benutzt zum Schwimmen nicht seine Beine, die er an den Körper anlegt, sondern den Schwanz als Antrieb unter Wasser. So wie der Biber bewohnt der Fischotter selbstgegrabene Erdhöhlen an Uferböschungen mit Unterwassereinstieg. Gerne übernimmt er aber auch aufgelassene Biberhöhlen als Wohnstätte.

### Die Wasserpflanzen

Sind die Standortbedingungen (Nährstoffangebot, Sauerstoffgehalt, Substrat, Fließgeschwindigkeit oder Wassertemperatur) günstig, kann sich in den Gewässern eine teilweise artenreiche Flora aus höheren Pflanzen entwickeln.

Diese sind dann oft die wichtigsten Primärproduzenten in den Gewässern, also Basis der Nahrungsketten im Wasser. In strömungsarmen Bächen, Gräben oder Buchten können sich große Populationen von Phytoplankton (z. B. Algen und Einzeller) entwickeln, die für den Lebens- und Stoffhaushalt eines Gewässers ebenfalls von großer Bedeutung sind. Wichtig sind in der Nahrungskette auch die Aufwuchsalgen auf den grünen Pflanzen und anderen Substraten wie Holz und Steinen. Wasserpflanzen sind also auch Wuchsorte und Lebensstätte. Eine gewisse Bedeutung besitzen sie in dieser Hinsicht auch für Destruenten (abbauende Organismen), also etwa Bakterien, die zu einem erheblichen Teil für die Selbstreinigungsleistung eines Gewässers verantwortlich sind.

Daneben sind die Wasserpflanzen für Tiere Nahrung und Lebensraum. Sie bieten Flächen für die Befestigung von Eiern und Puppen, Deckung für Jäger und Schutz für Gejagte. Schon in kleinen Wasserpflanzen-Schwaden kann man eine sehr hohe Individuendichte etwa von Bachflohkrebsen finden.

Wasserpflanzen beeinflussen neben den chemischen auch die physikalischen Eigenschaften eines Fließgewässers. Sie verändern die Strömung und die Strömungsrichtung. Sie fungieren als Sedimentfang, sind verantwortlich für Temperaturgradienten, unterschiedliche Lichtverhältnisse und die Streuung des Lichts.

In Stillwasserbereichen können Schwimmpflanzen wie z. B. die frei schwimmende Wasserlinse, mit minimalem Wurzelwerk, unter guten Bedingungen kurzfristig große Populationen bilden.

In der Gewässersohle mit Wurzeln verankert sind Arten, die mit der Strömung in Schwaden fluten. Einige Arten verfügen nur über fein gefiederte Blätter, z. B. die Tausendblatt-Arten oder der Flutende Hahnenfuß, andere über verschiedene Blattausbildungen, das heißt einerseits über feine untergetauchte Blätter, andererseits über Schwimmblätter mit größerer Oberfläche, die an der Grenzschicht Wasser/Luft eine optimale Ausnutzung des Sonnenlichts erlauben. Dazu gehören beispielsweise die meisten Wasserhahnenfüße.

Um in der Strömung zu bestehen, bilden einige Uferpflanzen elastische und oft meterlange, flutende Bandblätter. Zu diesen gehört z. B. der Einfache Igelkolben.

Ein ganz anderer Typ von Wasserpflanze ist die Gelbe Teichrose, die über eine gute Verankerungsmöglichkeit und einen dicken Wurzelstock verfügt, wobei abgerissene Wurzelstücke sich wiederbewurzeln können. Die Teichrose besitzt weiche, bewegliche Unterwasserblätter und derbe, mit einem dicken, unverzweigten Stängel versehene Schwimmblätter, auf deren Bildung sie jedoch verzichtet, wenn die Strömung zu stark oder die Beschattung zu groß ist. Andererseits ist es ihr auch möglich, bei Überflutung die Schwimmblätter zu Wasserblättern umzugestalten.

Einige Wasserpflanzen haben Überdauerungsstrategien entwickelt, um ungünstige Wachstumszeiten (Konkurrenzdruck, Winter, Trockenfallen) zu überleben. Manche behelfen sich mit einer Vegetationsruhe im Sommer, andere überdauern als Samen oder Sporen, wieder andere bilden sogenannte Winterknospen, andere ziehen die Speicherstoffe in ihre Wurzeln zurück.

### Die Uferpflanzen

Die Ufer von intakten Bächen und Gräben sind als Übergänge vom Wasser zum Land immer oder zeitweilig von der fließenden Welle beeinflusst und geprägt. Auch hier benötigen die Pflanzen Anpassungsmechanismen, die es ihnen erlauben, mit den Lebensbedingungen im Spannungsfeld Wasser/Land zurechtzukommen.

Viele Uferpflanzen besitzen ein sogenanntes Aerenchym, ein Durchlüftungsgewebe, mit dessen Hilfe der zur Wurzelatmung notwendige Sauerstoff in die unterirdischen Organe transportiert wird. Wurzeln und Sprosse besitzen eine gewisse Zugfestigkeit oder Zähigkeit, um der mechanischen Belastung durch die fließende Welle gewachsen zu sein.

Sehr viele Uferpflanzen bilden Rhizome, Ausläufer, einen dichten Wurzelfilz oder Kriechtriebe. Die Fortpflanzung erfolgt also auf vegetativem Wege. Es wird dadurch ein weit verzweigtes unter- und oberirdisches Geflecht von Organen gebildet, das mechanische Belastungen, Auflandungen und Abträge ganz ausgezeichnet kompensieren kann. Zum Teil können sich vom Wasser niedergedrückte Sprosse bewurzeln und neue aufrechte Triebe bilden.

### Gewässerbegleitende Gehölze

Sehr wichtige Elemente des umfangreichen „Systems Fließgewässer“ sind die Ufergehölze, die eine weitere räumliche Dimension einbringen. Die kleineren Gräben sind eher nur auf kurzen Strecken von Gehölzen gesäumt.

Gehölze am Gewässer besitzen ganz unterschiedliche wichtige Funktionen:

- Sie dienen als Rastplatz bei Wanderungsflügen;
- sie sind Refugium, Warteplatz, Schlafplatz und Ansitz;
- sie sind Rendezvous-Platz für Hochzeitsflüge oder Hochzeitstänze;
- sie bieten Strukturen für die Eiablage, für das Befestigen von Netzen usw.;
- sie bieten Früchte, Samen, Knospen, Pollen und Nektar, junge Triebe, Pflanzensäfte als Nahrung;
- Falllaub, Totholz und Wurzelgeflechte sind Lebensraum und Nahrung;
- das Wurzelgeflecht befestigt die Sohle und das Ufer, es schützt vor Erosion;
- freiliegende Wurzeln bieten im Wasser Lebensraum oder Unterstand, etwa für Fische bei Hochwasser.

Auch bei den Gehölzen gibt es ein großes Spektrum an Wuchsformen, Überlebensstrategien und Ausbreitungsmechanismen: Man findet aufrechte Einzelstammformen (die Stieleiche oder die nicht auf den Stock gesetzte Schwarzerle), vom Grund an mehr oder weniger verzweigte Formen (Hasel, Gemeiner Schneeball oder die aus dem Stock austreibende Erle), klimmende (Waldrebe) und niederliegende Formen, Arten, die Wurzelbrut (Schlehe), Ausläufer (Liguster) oder Absenker (manche Strauchweiden, Brombeere) bilden, oder Arten, die eine sehr starke Vermehrungsrate durch Samen besitzen (Esche, Bergahorn).

Ein dichter Stand von Gehölzen direkt am Ufer ist nahezu ausschließlich auf menschliche Eingriffe zurückzuführen. An natürlichen Gewässern gibt es keine geschlossenen Gehölzsäume, sondern es stehen nur in unregelmäßigen Abständen hier und da Bäume direkt am Ufer; die anderen sind zurückgesetzt und locker im Raum verteilt. Dichte Gehölzsäume sind im Wesentlichen auf Nutzungsinteressen und auf das menschliche Bedürfnis zurückzuführen, die Ufer und damit auch die angrenzenden Nutzflächen vor der erodierenden Tätigkeit des Wassers zu schützen.

### Der Graben als Lebensraum

Gräben wurden zur Be- und Entwässerung angelegt (oft hatten sie beide Funktionen zu erfüllen). Reine Bewässerungsgräben werden aus einem natürlichen Bach ausgeleitet und enden irgendwann blind. Reine Entwässerungsgräben hingegen beginnen irgendwo, wo Entwässerungsbedarf besteht und werden letztlich in einen Vorfluter eingeleitet.

Soweit Gräben ständig Wasser führen, sind sie mit den Bächen vergleichbar, sie weisen oft eine ähnliche Flora und Fauna auf. Sie beherbergen oft eine ganze Reihe von Seggenarten oder Wasserpflanzen.

Krötenpaar beim Ablaichen im Wässerwiesentümpel.

Die Flora der Grabenränder ist sehr unterschiedlich ausgebildet. Sie reicht von nährstoffliebenden Stauden und Gräsern (Brennnessel, Knäuelgras) bis hin zu buntblütigen Stauden (Blutweiderich, Gilbweiderich, Engelwurz u.v.a.) und ausgesprochenen Magerpflanzen.

Auch die Grabenfauna kann Besonderheiten oder Seltenheiten aufweisen, wenn die Gräben permanent Wasser führen, das Wasser nicht zu nährstoffreich und wenn die angrenzende Nutzung nicht zu intensiv ist.

Sind entsprechende Voraussetzungen gegeben, so suchen z. B. Grasfrosch und Erdkröte die Gräben zum Laichen auf. Grünfrosch, Teichmolch und Gelbbauchunke nutzen sie als Dauerlebensraum. Einige Kleinfischarten können in den Gräben ein Refugium finden.

Zahlreiche Libellenarten nutzen Gräben als Lebensraum für ihre Larven und Imagines viel öfter als Bäche – die Gräben besitzen also durchaus eigene Lebensraumqualitäten!

## Die Bedeutung der Wässerwiesen in unserer Zeit

Die Wiederaufnahme der Wässerung ist für die Erträge in der Landwirtschaft heute überwiegend ohne Bedeutung.

Dem Erhalt oder der Instandsetzung von Wässerwiesen liegen heute andere Zielsetzungen zu Grunde:

- Erhaltung eines ausgeklügelten Bewirtschaftungssystems aus kulturhistorischer Sicht;
- Schaffung von funktionierenden großflächigen Lebensräumen für seltene Pflanzen und Tiere;
- Lebensraum für die Flussperlmuschel; Nahrungsflächen für Weißstörche, Schwarzstörche, Bekassinen u.v.m.;
- Schaffung eines effektiven Biotopverbundsystems durch die Erhöhung von wasserabhängigen Biotopen;
- Gestaltung von Lebensräumen für eine sich selbst erhaltende artenreiche Fischfauna;
- Verbesserung des Grundwassers durch Reaktivierung der Versickerungsräume;
- Erhöhung des Hochwasserrückhaltevermögens durch die Ausleitung von Hochwasser auf die Wiesenflächen.

Wässerwiesen als Lebensraum für seltene Pflanzen und Tiere: Das prachtvolle zweifarbige Holunderknabenkraut. (Foto: Karl Zimmerhackl)

## Wiesenwässern am Hammerbach in der Gemeinde Ulrichsberg

DI Dr. Stefan Reifeltshammer,
Prof. Karl Zimmerhackl

Der Ursprung des Hammerbaches liegt in den höheren Regionen des Böhmerwaldes. Er entspringt am Südhang in der Rosstauscherquelle, hat ein Einzugsgebiet von vier Quadratkilometern und ist ein Beispiel für traditionelle Wiesenbewässerung im oberen Tal der Großen Mühl. Die Relikte der historischen Wiesenbewässerung sind noch heute in der Landschaft zu finden.

Den Namen erhielt er als treibende Kraft einer Hammerschmiede in der Ortschaft Schindlau. Entlang der Fließstrecke wurden auch eine Mühle und eine Säge betrieben. Über Jahrhunderte trugen seine Wellen mineralstoffreichen, düngenden Schlamm aus dem Wald, den die Menschen an geeigneten Stellen in kleinen Gräben über die Wiesen rieseln ließen, um so den Ertrag der Heuernte zu steigern. Die traditionellen Wiesenwässerungen sind so alt wie die Dörfer im Tal der Großen Mühl. Die Wässerung im Frühjahr hatte den Zweck, den Boden zu erwärmen, Wühlmäuse und Engerlinge zu vertreiben und der Vegetation einen Vorsprung zu verschaffen. In Schindlau wurden die Wiesen meist nur im Frühjahr bewässert. Andernorts im oberen Mühltal war auch die „Laubertgiass" mit der düngenden Wirkung des Herbstlaubes üblich.

### Zeitzeugenbericht zur Wiesenwässerung von Herrn Hubert Mathe

Der Beginn der Wiesenwässerung wurde von einem Mann mit kräftiger Stimme und lärmenden Schlägen auf ein altes Blechhäfen im Dorf verkündet. Alle Grundeigentümer wurden aufgefordert, am folgenden Tag zur ausgerufenen Stunde beim Räumen der Wassergräben mitzuhelfen. Wer sich seiner Pflicht entzog, verlor in diesem Jahr das Recht auf das Wässern seiner Wiesen. Nachdem die Gräben gemeinsam „geputzt" waren, ließ man einen Tag lang das Wasser aus dem Hammerbach durch die Gräben fließen, um so das Erdreich anzufeuchten und abzudichten. Ab dem zweiten Tag begann das traditionelle „Wiesenwassern".

Eine Frau, die keine Bäuerin war und keinen Grundbesitz hatte, sondern als „Iwei" (Einwohnerin) bezeichnet wurde, organisierte unabhängig die Reihenfolge der Wiesenwässerungen. Mit einem Haselnussstock, den sie von Haus zu Haus trug, wurde so jedem Grundbesitzer das Recht des Wiesenwässerns übertragen. Nach ein, zwei Tagen hat sie den Haselnussstock an den nächsten Bauern weitergereicht. Damit war ein gerechter und kon-

Grabenwerkzeuge: verschieden Hacken und Stockhaue.
(Foto: Karl Zimmerhackl)

fliktfreier Ablauf geregelt. Als Belohnung für diese friedenstiftende Arbeit in der Dorfgemeinschaft bekam die Frau ein Hektoviertel Korn (Schlägler Roggen). Dies war damals ein besonders großzügiger Lohn.

Bewässert wurden auch Waldwiesen im Böhmerwald. Dabei kam es immer wieder vor, dass aus dem Hammerbach zu viel Wasser ausgeleitet wurde und die verbleibende Wassermenge nicht mehr ausreichte, das Wasserrad der Mühle und der Säge zu betreiben. Der Müller begab sich dann auf die Suche nach den „Wasserdieben". Dabei kam es immer wieder zu heftigen Streitereien, die zuweilen sogar im Gerichtssaal ausgetragen wurden.

Die durch zahlreiche Ausleitungen verursachte geringere Wasserführung des Hammerbaches brachte auch einen weiteren wohlschmeckenden Nebeneffekt. Es war nun ein Leichtes, die damals noch zahlreichen Bachforellen zu fangen und als Speisefische mit nach Hause zu nehmen. Das Fischereirecht befand sich damals im Besitz des Stiftes Schlägl. Fischdiebstahl war so wie heute auch bei Strafe verboten. Zur Zeit des „Wiesenwässerns" wurden jedoch keine Strafen verhängt.

## Spurensuche auf den Schmetterlingswiesen der önj Haslach

Durch das Wiesenwässern wurde über Jahrhunderte eine artenreiche Kulturlandschaft geschaffen. Nur mit großer Mühe und einiger Erfahrung lassen sich die ursprünglichen Wiesengräben heute noch entdecken. So auch im Bereich der Schmetterlingswiesen der önj Haslach, die am Hammerbach liegt. In diesem Bereich wird der schmale Talboden von flachen Einhängen begrenzt. Die südexponierte Talflanke wird heute als Grünland mit eingestreuten Gehölzgruppen genutzt, während die nordexponierten Einhänge überwiegend forstwirtschaftlich genutzt werden. Dies war nicht immer so: Das Kartenbild der Urmappe zeigt, dass früher mehr Flächen als Grünland genutzt wurden. Folglich verwundert es nicht, dass noch heute Relikte der ehemaligen Wiesenbewässerung auf beiden Seiten des Talbodens zu finden sind. In den Waldbereichen sind die Spuren mit Stützmauern in Trockenbauweise (Furthbach) und Vertiefungen noch deutlich besser erhalten als in den von Flurbereinigung und Geländemodellierung betroffenen Wiesenbereichen. Dort lassen sich Grabenverläufe oft nur noch vermuten. Entlang des Hammerbachs, der ursprünglich das Wasser für die Wiesenwässerung lieferte, wurde der Fichtenbestand entfernt und somit die Grundlage für die Entwicklung einer standortgerechten Ufervegetation geschaffen.

Die positiven Auswirkungen der Wiesenwässerung auf die Biodiversität rücken erst jetzt nach und nach in den Vordergrund. Obwohl das Hauptziel ursprünglich in der Verbesserung der Nährstoffversorgung der Futterpflanzen bestand, wurden damit auch die Standortbedingungen zu Gunsten der Pflanzenvielfalt verbessert. Die wechselfeuchten, extensiv genutzten Wässerwiesen entwickelten sich über die Jahrhunderte hinweg zu botanischen Paradiesen. Besonders begünstigt werden dabei Pflanzen, die auf wechselfeuchte Standorte am besten ansprechen. Dazu können wir einen Teil der Orchideenarten zählen. Für die Wiesenbrüter und zur Zeit des Vogelzuges spielen die bewässerten Wiesen als Kurzzeitquartiere eine besondere Rolle. Die önj Haslach hat sich zum Ziel gesetzt, die Feuchtwiesen traditionell und unter naturschutzfachlichen Gesichtspunkten weiter zu bewirtschaften. Welche Rolle zukünftig die Wiesenbewässerung spielen wird, ist noch offen. Eine teilweise Restaurierung und Aktivierung der ehemaligen Grabensysteme wird überlegt.

Beispiel eines aus Eichenholz gefertigten Hektoviertels als Trockenhohlmaß für Getreide und Mehl aus Schindlau. Zwei Hektoviertel ergaben einen Metzen (gültig bis 1870), dieser entsprach nach heutigen Begriffen 61,48 Litern. Das Trockenhohlmaß wurde an der Wandung und am Boden mit dem Doppeladler geeicht. (Foto: Karl Zimmerhackl)

Die wuchsfördernde Wirkung des Wiesenwässerns auf die Vegetation lässt sich an diesem Bild gut erkennen. (Foto: Karl Zimmerhackl)

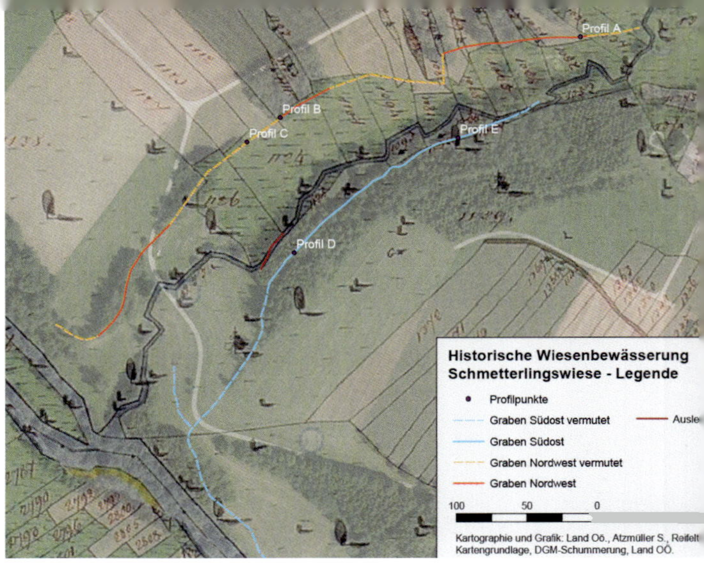


Die ehemaligen Grabenverläufe im Bereich der Schmetterlingswiese Schindlau. (Bild: Stefan Reifeltshammer)

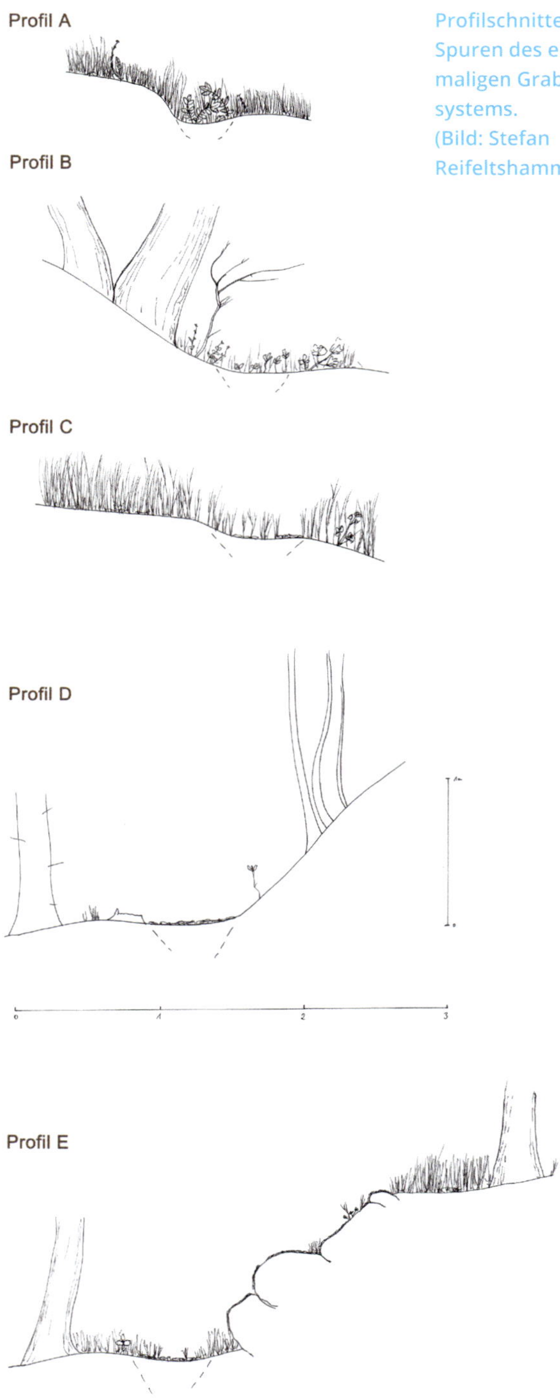


Profilschnitte mit Spuren des ehemaligen Grabensystems. (Bild: Stefan Reifeltshammer)

Aufnahme und Darstellung: Dr. Stefan Reifeltshammer, Land Oö., 7.5.2018

Unterhalb des ehemaligen Wässerungsgrabens bis zum Ufer des Hammerbachs wurde der Fichtenbestand entfernt und damit die Grundlage für eine standortgerechte Ufervegetation geschaffen. (Foto: Karl Zimmerhackl)

Ursprünglicher Wassergraben (Furthbach) entlang einer Trockensteinmauer: ein schon seltenes Kleinbiotop in der heutigen Kulturlandschaft mit Potenzial. (Foto: Stefan Reifeltshammer)

## Verwaltung von Wässerwiesen – Instruction am Hof zu Umlowitz

### Zusammenfassung und sprachliche Übertragung: Prof. Karl Zimmerhackl

In einer ausführlichen „Instruction" gibt Joseph Gundacker, 1756, Graf und Herr von Thürheim, als Besitzer des herrschaftlichen Gutshofes in der südböhmischen Ortschaft Umlowitz, heute Omlenice, seinem Verwalter eine umfassende Wirtschaftsordnung. Omlenice liegt drei Kilometer südwestlich von Kaplitz, heute Kaplice und zählt zum Kreis Südböhmen. In dieser „Instruction Umblowitz betref" ist auch eine ausführliche Darstellung darüber, wie Anlage, Pflege und Instandhaltung von Wiesenbewässerungen zu erfolgen haben, enthalten.

Die erste und vornehmste Sorge des Verwalters gilt den Wiesen. Das Futter für das Vieh muss im Überfluss vorhanden sein, dann kann auch viel Vieh gehalten werden. Viel Vieh liefert viel Adel und Mist. Damit werden die Äcker gedüngt und so fruchtbare Böden geschaffen. Die Wiesen werden so die Mütter der Äcker.

Durch die Wiesenwässerung wurde die Ertragssituation der Landwirtschaft insgesamt maßgeblich verbessert. Für diese Aussage finden sich auch zum Teil übersteigerte Angaben. Durch den „Suderburger Rückenbau", eine Wiesenwässertechnik aus Deutschland, wurde laut Überlieferung ein Heuertrag von umgerechnet 12.800 kg/ha erzielt, was im Vergleich zu ungewässerten Flächen eine achtfache Ertragssteigerung ergab. Nur zum Vergleich: Auf einer guten, nach heutigen Methoden bewirtschafteten Drei-Schnitt-Fläche kann man etwa 9.200 kg Heu im Jahr ernten. Der Verdacht liegt nahe, dass es auch damals schon Zeitgenossen gab, die sich gern einmal zu ihren Gunsten verschätzten.

Die Wässerung ist Leben für die Wiese. Mit dem Wässern wird alles Ungeziefer in der Wiese vertilgt, welches dort großen Schaden anrichtet. Beim Wässern ist einiges zu beachten. So ist Brunnquellwasser zur Wässerung nicht tauglich. Der Adel aus den Stallungen, verdünnt mit Wasser, ist in Wassergräben, wo immer es möglich ist, auf alle Wiesenflecken zu leiten. Er gleicht dem Dung/Mist. Dafür ist jede Mühe aufzubringen.

Wässerungsgräben sind auf jeder Wiese je nach Lage „ordentlich nach folgender Art" zu führen: Das Erdreich muss abgewogen werden, um dem Wasser das nötige Gefälle zu geben. Ein allzu starkes Gefälle spült den Wassergraben aus. Dazu nehme man eine Latte mit der Länge von zwei Klafter (= 3,793 m) und einer Breite von einem halben Schuh (= 15,24 cm). Beide Seiten der Latte müssen von einem Tischler so eben gehobelt werden, dass von einem Ende der Latte zum anderen das Auge eine gerade und nicht hügelhafte Linie sieht. Auf diese Latte wird alsdann eine akkurate Schrott Waage gesetzt, um das Erdreich abzuwägen. So wird von Lattenlänge zu Lattenlänge dem Wasser das richtige Gefälle gegeben.

Bei jeder Wiese müssen je nach Lage ein oder mehrere Hauptgräben angelegt werden. Die Wässerungsgräben sind alle 30 Schritte voneinander zu führen. Jeder Wassergraben bekommt im Abstand von zwei Klafter lange kleine Runsen als Auslauf, sodass jeder Wiesenfleck die so nützliche Wässerung erhalten kann. Damit ist sichergestellt, dass die Wiese an allen Stellen mit dem düngerführenden Wasser (Saz auch Muad = trübes Wasser) erreicht wird. Klares Wasser in den Gräben war wegen des fehlenden Düngers nicht erwünscht.

Zur Wässerung der Wiesen ist ein beständiger Wiesenwässerer erforderlich. Um genug Wasser zu Verfügung zu haben, braucht es auch den Wasserfang oder Wässerungsteich (Teuchtl). Hier kann Wasser besser abstehen. Dem Wiesenwässerer steht immer ausreichend Wasser für seine verantwortungsvolle Arbeit zur Verfügung. Bei einem Wässerungsvorgang wird genügend Wasser in zehn und mehr Gräben gleichzeitig geleitet. Die übrigen Wässerungsgräben werden verschlossen. In einer Abfolge werden nach ausreichender Bewässerung systematisch die folgenden Gräben geöffnet und wieder geschlossen. „So continuiert Er, biß Er am Ende dieses Ersten wässerungs grabl ist; alsdann fanget er bey dem anderten wässerungs gräbl an." Soweit ein Zitat aus der „Istruction" des Josef Gundacker.

Wenn die Wässerungsgräben zu tief erodiert sind, müssen einen Schuh unterhalb wieder neue Wassergräben angelegt werden. Mit dem Aushub werden die alten Gräben wieder gut zugemacht.

Bei Wiesen, die bei Dauerregen von einem Bach überschwemmt werden, ist oberhalb ein Graben mit einem runden Profil von eineinhalb Klafter Durchmesser und einem halben Klafter Tiefe zu erhalten. So wird die Wiese vor Sand und Schlammfracht geschützt. Dieser Sandfang wurde früher auch regelmäßig geräumt und das Aushubmaterial abtransportiert.

Wenn sich das Gras schon schön zeigt, wird die Wässerung beendet, da sonst das Gras bei der Erde zu faulen beginnt. Nach dem Mähen des Grünfutters wird sogleich das Wässern wieder aufgenommen.

Bei heftigem Dauerregen und Schneeschmelze hat der Verwalter zu sorgen, dass die Mayerleuth dem Wiesenwässerer zu Hilfe kommen, um das gute Regenwasser an vielen Stellen der Wiese gleichzeitig auszukehren. Der Einsatz der Mayerleuth wird schon vorher geregelt, sodass jeder seine Einsatzstelle kennt.

Reste des Mayerhofes von Omlenicka/Klein-Umlowitz, 2012.

Der Wiesenwässerer braucht auch genügend viele viereckige Steinplatten verteilt über die Wiese, um das Wasser in die Gräben spülen zu können. *„Der Verwalter, umb ein gutes Exempl zu göben, mues den Regen und schlechte Wütterung nicht scheichen, und mit seiner Gegenwartl die untergebenen aufrischen."*

Soweit ein Auszug aus der „Instruction Umblowitz betref", erschienen in der „Zeitschrift Glaube und Heimat", Jahrgang 18, Nr. 4, am 15. Februar 1966.

Nichts desto trotz bringt die Wässerwiese auch manch weitere Vorteile fürs Wirtschaftsgrünland. Durch die Wässerung der Wiesen im Frühjahr wird der Wärmehaushalt des Bodens günstig beeinflusst, sodass auf gewässerten Wiesen der Schnee früher schmilzt, und sich die Weidetiere bereits im März am ersten Grünfutter gütlich tun können, wenn andere Bereiche noch mit Schnee bedeckt sind. Man kann auch mutmaßen, dass bei stetig fortschreitender Klimaerwärmung die Wasserversorgung im Grünland bald auch zu den limitierenden Faktoren zählen wird, und somit eine Wässerung einer übermäßigen Austrocknung der Wiese Vorschub leistet.

Natürlich ergeben sich aus den veränderten Lebensbedingungen in bewirtschafteten Wässerwiesen auch positive Effekte für schützenswerte Arten, wie z. B. für das Holunderknabenkraut oder die Hartmannsegge, die auf früher regelmäßig gewässerten Wiesenparzellen der Naturschutzjugend Haslach bis heute überleben konnten.

Schlussendlich kann man sagen, dass die alte Tradition des Wiesenwässerns keineswegs an Aktualität und Innovationspotenzial verloren hat und heute mehr denn je einen alternativen Lösungsansatz für mehrdimensionale Problemstellungen im Grünland darstellt. Somit gilt es, diese bewährte Düngetechnik nicht in Vergessenheit geraten zu lassen, das Wissen der verbliebenen Zeitzeugen zu sammeln, zu dokumentieren und das Wiesenwässern wieder aktiv zu praktizieren.

Klafterkette: Das Klafter ist definiert als das Maß zwischen den ausgestreckten Armen eines Mannes. In Österreich galt: 1 Klafter = 1,8965 m. Ein Fuß ist neben der Fingerbreite, der Handbreite, der Handspanne, der Elle und dem Schritt eine der ältesten Längeneinheiten. Der heute übliche Englische Fuß beträgt 30,48 cm. Das entspricht etwa der Schuhgröße 48 ½. (Foto: Karl Zimmerhackl)

Die Schrot- oder Setzwaage wird im vorliegenden Text als Schratt-Waage bezeichnet. Es wird ein Messgerät, bestehend aus einem gleichschenkeligen Dreieck sein, von dessen Spitze an einem Spagat ein Bleikügelchen hängt. Vom Ausschlag des Pendels ist der jeweilige Neigungswinkel ablesbar. Die Setzwaage ist ein Vorläufer unserer heutigen Wasserwaage. (Foto: Karl Zimmerhackl)

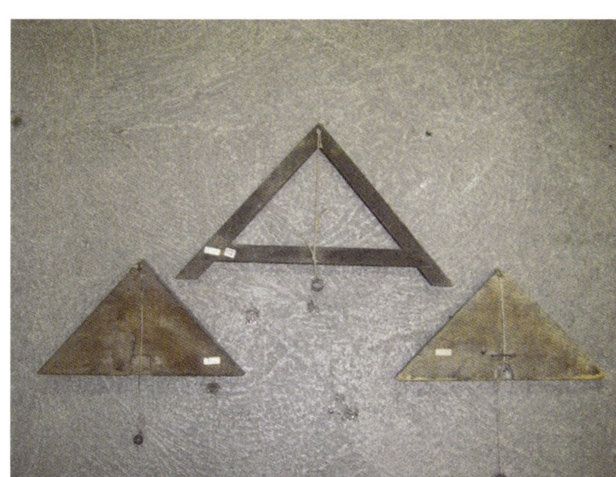

## Klafterkette – Messkette

Diese zwei Bezeichnungen galten früher für ein Werkzeug aus Eisen, das bei Landvermessern bis ins 19. Jahrhundert in Verwendung stand. Mit 1. Jänner 1876 trat in der K. u. K. Monarchie ein Gesetz in Kraft, das das alte Landmaß „Klafter" abschaffte und die Umstellung auf das heute geltende Metermaß einleitete. Die schweren und unhandlichen Klafterketten hatten ausgedient und wurden bald zur Rarität.

Eine Klafterkette bestand aus zahlreichen gleichlangen Gliedern mit einer Gesamtlänge von ungefähr 18 Metern. Eine Kettenlänge entsprach 10 Klafter. An den beiden Kettenenden wurden jeweils Messnägel eingeschlagen und am Ende der Vermessung abgezählt.

Diese Klafterkette besteht aus 55 Gliedern, hat eine Länge von 17,37 m und entspricht damit dem üblichen Längenmaß einer solchen Messkette.

Es handelt sich dabei um eine solide Schmiedehandarbeit. Die Verbindungen der jeweiligen Kettenglieder wurden durch „Feuerschweißen" hergestellt. Im Hause eines Bürgermeisters stand den Bewohnern für Vermessungen stets eine solche Klafterkette zur Verfügung.

Die Darstellung zeigt eine Klafterkette mit 10 Gliedern, nach Carolus Stephanus und Johannes Liebhaltus, Straßburg, 1570.

## Die Torf Au – Wässerwiese der önj Haslach

### Prof. Karl Zimmerhackl

Die Torf Au, unser erstes Großschutzgebiet im Flächenausmaß von über 20 ha mit der Großen Mühl durch die Mitte des Feuchtgebietes, hat viel mit dem Thema lokaler Energiegewinnung zu tun.

Erst beim zweiten Blick auf die gesamte Fläche sehen wir diese verborgenen Energiepunkte. Es waren die zwei ehemaligen Bauernmühlen für die Bewohner der Dörfer Seitelschlag und Berdetschlag. Mit der Kraft des fließenden Wassers setzten die Bauern und Bäuerinnen die Mahlsteine in Bewegung, um das auf den umliegenden Feldern geerntete Getreide in Brot-, Kern- und Saumehl zu verarbeiten.

Die Torfschicht im Zentrum des Feuchtgebietes lieferte die Energie für die Feuerung des Dampfkessels, der die Dreschmaschine in Bewegung setzte und damit die Arbeiten mit den Dreschflegeln ablöste.

Das Wasser des Klafferbaches enthält auch heute noch düngenden Schlamm aus dem Böhmerwald. Die Aufgabe des Bewirtschafters der 2,5 ha großen und ebenen Wiese bestand darin, ein Grabensystem anzulegen, das es ermöglicht, die Gesamtfläche mit dem Bachwasser zu überrieseln. Die im Wasser gelöste Düngerfracht wurde besonders im Herbst sehr geschätzt und mit dem Begriff „Laubertgieaß" bezeichnet. Am Beginn jeder Wässerung stand die Kontrolle der Funktionstüchtigkeit und, wenn notwendig, die Instandsetzung des gesamten Grabensystems.

Die Torf Au mit der Wässerwiese aus der Vogelperspektive, 2013. (Foto: Veronika Fuchshuber)

Einlaufbauwerk zur Wässerwiese mit dem Klafferbach im Hintergrund, 2020. (Foto: Karl Zimmerhackl)

Ausleitungsbauwerk vom Hauptgraben in den ersten Seitengraben der Wässerwiese, 2020. (Foto: Karl Zimmerhackl)

Kurz vor der Mündung des Klafferbaches in die Große Mühl leitet ein Hauptgraben in einer Gesamtlänge von 325 m das schlammhaltige Wasser zum ersten Seitengraben. Die drei Seitengräben weisen eine Gesamtlänge von 680 m auf. In unterschiedlichen Abständen wurde mit Steinplatten das leicht strömende Wasser gestaut und über die jeweiligen Wiesenabschnitte geleitet, bis es im Boden versickerte und damit das Grundwasser speiste.

Der feine Schlamm legt sich als dünne Schicht über die Halme der Gräser und Blütenpflanzen und entfaltet im Frühjahr und Sommer seine düngende Wirkung. „Da führt man nichts hin und so viel weg!“, so der ehemalige Besitzer der Wässerwiese, Rupert Löffler, aus Seitelschlag. (Er hat auch einmal versucht, dem modernen Trend folgend, seine Wässerwiese mit Kunstdünger zu düngen. „Do hats ma ois vabrennt!“) Der Grundwasserstrom transportiert auch lebenswichtige Nahrungsteile für die Jungmuscheln mit, die ihre ersten fünf bis sechs Lebensjahre vergraben im Sediment der Großen Mühl verbringen.

Von dem Hauptgraben aus, der entlang der Böschung führt, war es möglich, das Wasser innerhalb mehrerer Tage in Etappen über die Seitengräben auf die Wiese zu leiten. So wurde Seitengraben für Seitengraben geöffnet bzw. wieder geschlossen. Gefürchtet und zum raschen Handeln war man gezwungen, wenn durch Regen und Schneeschmelze der Klafferbach und die Große Mühl Hochwasser führten. Schnell wurde der Hauptgraben mittels eines Brettes verschlossen. Hochwasser würde die dünne, düngende Schlammschicht sogleich wieder wegschwemmen.

Hier bildet der Hauptgraben einen ökologisch wertvollen Tümpel, 2020. (Foto: Karl Zimmerhackl)

Mündung des Hauptgrabens in die Große Mühl, 2020. (Foto: Karl Zimmerhackl)

Ende November 2021 wurden etwa 300 m des Hauptgrabens wieder instand gesetzt. Der Graben im Bereich des Einlaufbauwerkes wurde händisch mit Schaufeln bearbeitet, sodass ein ungestörter Durchfluss wieder möglich ist. Mit Holzlatten wurden die Absperrungen am Auslaufbauwerk erneuert, wodurch der Zufluss aus dem Klafferbach in den Graben gesteuert werden kann. Wo es für die Durchgängigkeit des Grabens notwendig war, wurden Sträucher und kleinere Bäume entfernt. Mit einem Kleinbagger und Traktor mit Anhänger wurde der Graben schließlich ausgebaggert und das Material abtransportiert.

m 16. April 2022 wurde das erste Mal Wasser durch den sanierten Wässerungsgraben geleitet. Mit zwölf Mitarbeitern wurde das Wasser aus dem Klafferbach ausgeleitet und erfolgreich durch den Graben auf die Wiese gebracht. Auch historisches Grabenwerkzeug konnte von den Besuchern begutachtet und ausprobiert werden. Für die Ausleitung des Wassers aus dem Klafferbach besteht ein Dauerwasserrecht. Der Wasserstand war für eine Wässerung gerade ausreichend. Der richtige Zeitpunkt bzw. die richtige Wasserführung ist entscheidend für eine erfolgreiche Wässerung. Das durch die Klimakrise veränderte Abflussregime (mehrere Schneeschmelzen im Winter, lange Niederwasserperioden im Sommer und Herbst, mehr Starkregenereignisse etc.) macht es schwieriger, die Wässerungen zu den historisch durchgeführten Zeiten durchzuführen. Eine erneute Wässerung bei höherem Wasserstand im Klafferbach ist in den kommenden Jahren im Herbst geplant, wenn mit der sogenannten „Laubertgieaß" besonders nährstoffreiche Düngerfracht über die Wiese gerieselt werden soll.

Besonders für die Kleinsten war das daherfließende Wasser ein Erlebnis. (Foto: Markus Krenn)

Das Wasser fließt im reaktivierten Bewässerungsgraben in der Torf Au. (Foto: Karl Zimmerhackl)



TeilnehmerInnenn beim ersten Wiesenwässern nach der Sanierung der Gräben in der Torf Au; v.l.n.r: Klaus Thaller, Sophie Stelzer, Karl Zimmerhackl, Sandra Schörgenhuber, Severin u. Christa Zimmerhackl, Rudi Löffler, Veronika Katzlinger, Melanie, Elisa u. Peter Lindorfer Schopper. (Foto: Markus Krenn)

# Anhang

# Übersicht unserer Dokus

# Jahreskartenserie

Torf Au –
Aussendung 2014

Stadl Au –
Aussendung 2015

Orchideenwiese –
Aussendung 2016

Enzian- und Arnikawiese –
Aussendung 2017

Flussperlmuschelzyklus –
Aussendung 2018

Nachzucht Flussperlmuschel –
Aussendung 2019

Schwalbenmonitoring–
Aussendung 2020

Schwarz Au –
Aussendung 2022

# Publikationen

Anhang

ÖKOLOGISCHE
MEILENSTEINE
önj
HASLACH
Österreichische
Naturschutzjugend

SCHWALBEN
DAS „GRÜNE KLASSENZIMMER“
TEICHE – TÜMPEL – WEIHER
NATUR-ERLEBNIS-WEG
GEFÄHRDETE HAUSTIERE
ÖKO-INSELN
Lebensraum für Mensch und Natur
Wollen wir unsere Landschaft in ihrer Vielfältigkeit funktionsfähig erhalten, so muß naturnahen, struktur- und artenreichen Landschaftselementen auch in Zukunft Platz und Bestand gesichert sein.
Die Erfahrung lehrt, daß ein dauerhafter und wirksamer Schutz solcher ökologischer Schlüssellebensräume nur durch eigenen Besitzerstatus zu gewährleisten ist.
Wesentlich liegt der ÖNJ Haslach dabei an der Akzeptanz der einheimischen Bevölkerung, denn wir sehen unsere Biotopkäufe als Zusammenarbeit mit den Bauern, nicht als Schutz „vor“ den Bauern. Kulturlandschaft ist nicht im Konflikt Landwirtschaft gegen Naturschutz zu gestalten; – es geht um eine nachhaltige Synthese der Interessen.

Österreichische Naturschutzjugend Haslach
Unser Stammbaum wird
25 Jahre
1974 – 1999
Eine etwas
andere Festschrift
Ein wenig stolz und voller
Lust die Zukunft zu gestalten
önj
HASLACH


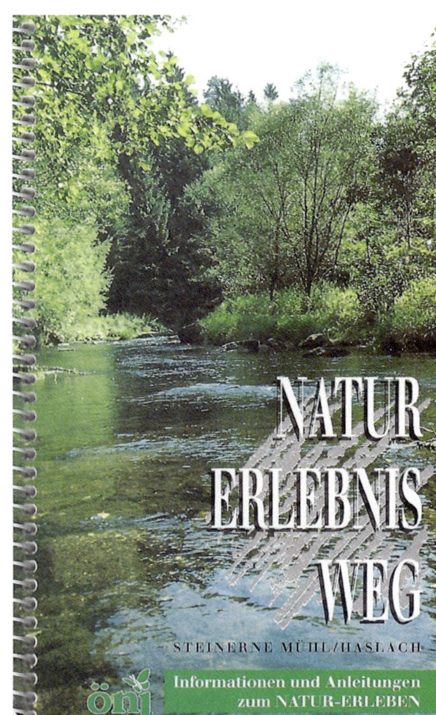

NATUR
ERLEBNIS
WEG
STEINERNE MÜHL/HASLACH
önj
Informationen und Anleitungen
zum NATUR-ERLEBEN

Lesezeichen

# Naturschutzgebiet Stadlau

Natur-schutzgebiet

NATURA 2000 EUROPA SCHUTZ GEBIET

Teil des Europaschutzgebietes „Böhmerwald und Mühltäler"

**Lebensraum:** Moorwiesenkomplex

**Fläche:** 21,4 ha

Bereits 1552 wird in Urkunden des Stiftes Schlägl von ersten Rodungsarbeiten in der Stadlau berichtet. Dieser Landschaftsbereich wurde als erste Fläche westlich des Klafferbaches für die landwirtschaftliche Nutzung gerodet. Kleine hölzerne Stadel, welche von oftmals weiter entfernt wohnenden Grundbesitzer für die Aufbewahrung ihrer Arbeitsgeräte errichteten worden sind, gaben der Stadlau schon sehr früh ihren Namen.

1986 sollte die gesamte Fläche zur besseren Bewirtschaftung entwässert werden. Der Österreichischen Naturschutzjugend Haslach (önj) ist es jedoch gelungen, durch Ankauf etwa 21 ha dieser alten und ökologisch bedeutenden Kulturlandschaft zu erhalten.

Um den Schutz dauerhaft abzusichern und der ökologischen Bedeutung dieses Gebietes gerecht zu werden, hat die Oö. Landesregierung dieses Gebiet im Jahr 2003 zum Naturschutzgebiet erklärt.

So finden Braunkehlchen, etwa 330 Schmetterlingsarten sowie Moorbirke und Waldläusekraut neben zahlreichen anderen bereits seltenen Arten hier auch weiterhin einen geeigneten Lebensraum. Etwa 1/4 aller Pflanzenarten des Böhmerwaldes sind hier auf engem Raum anzutreffen.

### Verhaltensregeln im Naturschutzgebiet

Sehr geehrte Besucherinnen und Besucher!
Das Natur- und Europaschutzgebiet ist Lebensraum zahlreicher sensibler, störungsanfälliger Arten.
Bitte beachten Sie daher die angeführten Verhaltensregeln, die dem Schutz und der langfristigen Bewahrung dieses besonderen Landschaftsbereiches dienen.

Abb. 1: Stadel, Foto: K. Zimmerhackl
Abb. 2: Braunkehlchen, Foto: J. Limberger
Abb. 3: Wald-Läusekraut, Foto: D. Paternoster
Abb. 4: Violetter Feuerfalter, Foto: W. Proksch
Abb. 5: MoorBirke, Foto: K. Zimmerhackl
Abb. 6: Die Stadlau, Foto: V. Fuchshuber

**Eine Landschaft mit Vielfalt**

Anfragen und Mitteilungen zum
zum Naturschutzgebiet:
Österreichische Naturschutzjugend 4170 Haslach
Marktpaltz 45, www.oenj-haslach.at
Land OÖ, Abteilung Naturschutz
n.post@ooe.gv.at

önj naturschutz jugend haslach

Klaffer am Hochficht

Natur LAND OBERÖSTERREICH

Anhang

# Presseinformation
edition zweihorn

## – Fred Klapper –
Ein humorvolles feines Storchenbuch

Auf 60 bunten Seiten erzählt Wolfgang Zöhrer mit seinen Grafiken und Kurztexten auf bekannt humorvolle Weise vom Leben der Störche im Mühlviertel und in Südböhmen und ihrere Reise ins Winterquartier nach Afrika.

Fred Klapper, wie kann ein Storch anders heißen, erlebt dabei so manches Abenteuer und gerät in kuriose Situationen. Er macht Urlaub am Nil, rastet auf einem alten Dampfer, verfängt sich in Stromleitungen, singt in einem Chor und begleitet eine Prozession zu Ehren des heiligen Angelus. Aber man sieht ihn auch beim Nestbau, bei der Froschjagd und in der Schule.

Die kolorierten Tuschezeichnungen bieten dem Betrachter kleine lustige Details und skurrile Arrangements. Zöhrer hat dazu die Landschaften und die Ortschaften des Mühlviertels in seinen Bildern als Hintergrund und Kulisse benutzt.

Das Buch wurde herausgegeben von der önj-Haslach - Natur ohne Grenzen zum 30-jährigen Jubiläum. Der Verein engagiert sich seit 1974 kosequent für eine nachhaltige Entwicklung von Naturschutzwerten in der Region Böhmerwald / Mühlviertel. Der Erlös aus dem Buchverkauf dient der Finanzierung von Naturschutzprojekten.

**Wolfgang Zöhrer** lebt in einem alten Schneiderhäusl, das er zu einem Gesamtkunstwerk umfunktioniert hat, im oberen Mühlviertel in Österreich. Zöhrers Kunst ist zugänglich, literarisch und humorvoll. Er arbeitet in verschiedenen Techniken als Maler und Zeichner und betreibt eine Werkstatt für Druckgrafik und Eisenskulpturen.

Wolfgang Zöhrer
**Fred Klapper**
Hardcover, 64 Seiten
EURO 14,00 (D + A)
CHF 25,00
ISBN 3-935265-20-4

Herausgeber
**önj-Haslach**
Natur ohne Grenzen
Grubberg 17
A-4170 Haslach a. d. Mühl
Tel. u. Fax +43-7289-71493
oenj.haslach@utanet.at
www.boehmerwaldnatur.at.tt

edition zweihorn
Riedelsbach 46
94089 Neureichenau
T: (0 85 83) 24 54
F: (0 85 83) 9 14 35
E: edition-zweihorn@web.de
www.edition-zweihorn.de

# Der Böhmische Enzian

## *Gentianella bohemica*

### Eine botanische Besonderheit im Böhmerwald

*Wer kennt sie nicht, die blaublühenden Enziane auf Tourismusprospekten, Schnapsflaschen und vielen Kitschgegenständen aus den Alpen. Aber ein Enzian im Böhmerwald? Weithin unbekannt!*

*Die Österreichische Naturschutzjugend Haslach (önj) kümmert sich seit Jahren um diesen lilablühenden Enzian, der im Spätsommer und Herbst an vier Standorten im österreichischen Böhmerwald zu finden ist.*

*Erst 1969 wurde der Böhmische Enzian (Gentianella bohemica) als eigene Art und als Endemit des Böhmischen Massivs erkannt. Endemismus ist die Bezeichnung für eine räumlich begrenzte Verbreitung einer Pflanzen- oder Tierart.*

*Der Böhmische Enzian ist zweijährig, 5 bis 40 cm hoch, mit aufrechtem, kahlen Stengel, der häufig rot überlaufen ist. Er ist im unteren Stengelbereich reichlich verzweigt, sodass er fast schopfig erscheint. Die Blütenkrone ist rötlich-violett, trichterförmig-glockig und am Schlund bärtig. Die mittleren und oberen Stengelblätter sind dreieckig-eiförmig. Dieser Enzian kommt außer im oberösterreichischen Böhmerwald auch im Bayerischen Wald und in Südböhmen vor. In allen drei Ländern ist jedoch ein rapider Rückgang zu verzeichnen. Von ehemals 1.100 Fundorten existieren heute nur noch 50!*

*Der Lebensraum des Böhmischen Enzians, magere Extensivwiesen und Borstgrasrasen, ist durch Nutzungsaufgabe stark bedroht. Die traditionelle Bewirtschaftung oder Mahd wird immer seltener geleistet. Fichtenmonokulturen sind die Folge.*

*Als wirksamste Hilfe kauft die önj Haslach gefährdete Standorte oder versucht durch Pflegeausgleich die Bewirtschaftung zu garantieren. Ein neues Schutzprogramm, abgestimmt mit Bayern und Südböhmen, soll mithelfen die Zukunft dieses Endemiten zu sichern.*

Dieses Projekt ist aus Mitteln der EU (EAGFL), des BUNDES und des LANDES OBERÖSTERREICH gefördert.
Europäischer Ausrichtungs- und Garantiefonds für die Landwirtschaft

önj
HASLACH
Österreichische Naturschutzjugend
A-4170 Haslach • Grubberg 17
Telefon und Fax (07289) 71493

Anhang

# Badetücher der önj-Haslach mit verschiedenen Tiermotiven

Badetuch, 105x165 cm

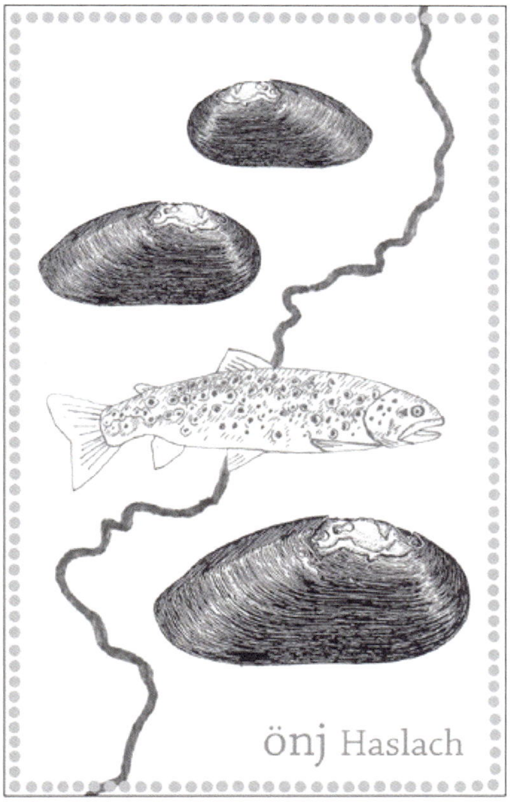


Handtuch, 57x107 cm

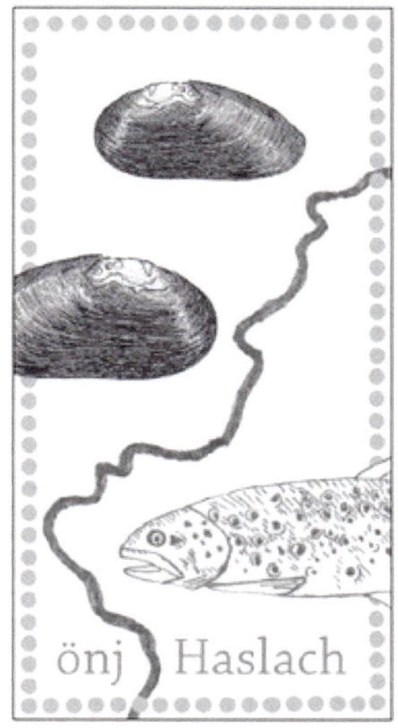


Gästehandtuch, 31x40 cm

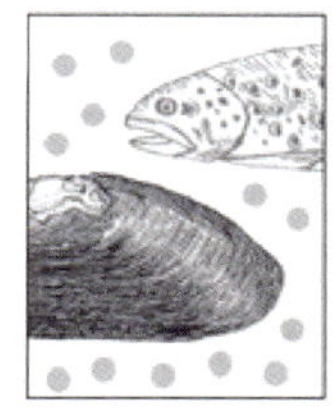

# Bilder der Wässerwiese im Naturschutzgebiet Torf Au – Frühjahrs- und Herbstwässerung

# Verweise

# Bildnachweis Öko-Inseln

unbekannt, S. 11
unbekannt, S. 12
Werner Proksch, S. 14
Nationalparkverwaltung Bayrischer Wald/ Správa NP Sumava, S. 15 ,o.
Karl Zimmerhackl, S. 15, u.
unbekannt, S. 16, o.
Veronika També, S. 16, u.
Karl Zimmerhackl, S. 19
Karl Zimmerhackl, S. 20
Karl Zimmerhackl, S. 21
Karl Zimmerhackl, S. 22
Karl Zimmerhackl, S. 23
Naturschutzjugend Haslach, S. 24
Naturschutzjugend Haslach, S. 25
Veronika També, S. 26, © Google Maps
Karl Zimmerhackl, S. 27
Karl Zimmerhackl, S. 28,o., 2. v. o., u.
Werner Proksch, S. 28, 2. v. u.
Veronika També, S. 29, o.
Werner Proksch, S. 29, 2. v. o.
Karl Zimmerhackl, S. 29,m., 2. v. u., u.
Veronika També, S. 30, l. o., © Google Maps
Veronika També, S. 30, l. u., © DORIS, BEV
Karl Zimmerhackl, S. 30, r.u.
Karl Zimmerhackl, S. 31
Karl Zimmerhackl, S. 32, l.
unbekannt, S. 32, r.
Veronika També, S. 33, l. o., © Google Maps
Veronika També, S. 33, l. u., © DORIS, BEV
Gernot Kunz, S. 33, r. u.
Klaus Thaller, S. 34, l. u.
Karl Zimmerhackl, S. 34, r. u.
Gernot Kunz, S. 35
Karl Zimmerhackl, S. 36
Karl Zimmerhackl, S. 37, l. o.
Karl Zimmerhackl, S. 37, l. u.
unbekannt, S. 37, r. o.
Karl Zimmerhackl, S. 37, r. m.
Karl Zimmerhackl, S. 37, r. u.
Veronika També, S. 39
unbekannt, S. 40, l.
unbekannt, S. 40, r. o.
Karl Zimmerhackl, S. 40, r. m.
Karl Zimmerhackl, S. 40, r. u.
Veronika També, S. 41, o., © Google Maps
Veronika També, S. 41, m., © DORIS, BEV
Karl Zimmerhackl, S. 41, u.
Karl Zimmerhackl, S. 42
Tips Rohrbach, S. 43, o.
Veronika També, S. 43, m.
Karl Zimmerhackl, S. 43, u.
G. Kobelmüller, S. 44, l.
Veronika També, S. 44, r.
Veronika També, S. 45
Karl Zimmerhackl, S. 46
Veronika També, S. 47
unbekannt, S. 48
unbekannt, S. 49
unbekannt, S. 50, l. o., l. u., r. o.
Karl Zimmerhackl, S. 50, r. u.
unbekannt, S. 51
unbekannt, S. 52, s. o.
Sophie Stelzer, S. 52, s. u.
Stift Schlägl, S. 53, l. u., m. u., r. o.
unbekannt, S. 53, r. u.
Karl Zimmerhackl, S. 54, o.
Markus Pichler, S. 54, m., u.
David Moser, S. 55
David Moser, S. 56
Karl Zimmerhackl, S. 57, o.
unbekannt, S. 57, u.
Veronika També, S. 58, l. o., © Google Maps
Veronika També, S. 58, l. u., © DORIS, BEV
Werner Proksch, S. 58, r. u.
Karl Zimmerhackl, S. 59, o., u.
Veronika També, S. 59,m.
Karl Zimmerhackl, S. 60
Karl Zimmerhackl, S. 61
Karl Zimmerhackl, S. 62, o.
unbekannt, S. 62, u.
Josef Schramm, S. 62, m.
Otto Samwald, S. 63, o.
Karl Zimmerhackl, S. 63, u.
Markus Krenn, S. 64
H. Pfleger, S. 65, o.
Markus Krenn, S. 65, 2. v. o.
Karl Zimmerhackl, S. 66

Veronika També, S. 67, l. o., © Google Maps
Karl Zimmerhackl, S. 67, l. u.
Veronika També, S. 68, o.
Karl Zimmerhackl, S. 68, u.
unbekannt, S. 68, m.
Veronika També, S. 69 ,l. o., © Google Maps
Veronika També, S. 69, l. u., © DORIS, BEV
Werner Proksch, S. 70, r. o.
Werner Proksch, S. 70, r. o.
unbekannt, S. 70, l. u.
Karl Zimmerhackl, S. 70, r. m, r. u.
Naturschutzjugend Haslach, S. 71 m., u.
Karl Zimmerhackl, S. 71, o.
Naturschutzjugend Haslach, S. 72 o.
Sophie Stelzer, S. 72, m. u.
Werner Proksch, S. 73
Karl Zimmerhackl, S. 74, l.
Unbekannt, S. 74, r.
Johanneum Graz, S. 75, l. u.
E. Altenhofer, S. 75, l. o.
Karl Zimmerhackl, S. 75, r.
Veronika També, S. 76, l. o., © Google Maps
Veronika També, S. 76, l. m., © DORIS, BEV
Karl Zimmerhackl, S. 76, l. u.
Veronika També, S. 77, o.
Karl Zimmerhackl, S. 77, m., u.
Markus Krenn, S. 78, o.
A. Hauzenberger, S. 78, m.
A. Auer, S. 78,u.
Veronika També, S. 79, l. o., © Google Maps
Veronika També, S. 79, l. m., © DORIS, BEV
Werner Proksch, S. 79, l. u.
Karl Zimmerhackl, S. 80
Karl Zimmerhackl, S. 81, o.
A. Pavlicko, S. 81, u.
Veronika També, S. 82, l. o., © Google Maps
Veronika També, S. 82, l. m., © DORIS, BEV
Karl Zimmerhackl, S . 82, l.u., r. u.
Karl Zimmerhackl, S. 83
Veronika També, S. 84, l. o., © Google Maps
Karl Zimmerhackl, S. 84, r. u.
Karl Zimmerhackl, S. 85, l.
Werner Proksch, S. 85, r.
Nationalpark Kalkalpen, S. 86
Karl Zimmerhackl, S. 87, l.
unbekannt, S. 87, r.
Nationalpark Kalkalpen, S. 88, r. o.
unbekannt, S. 88, l. o.
Karl Zimmerhackl, S. 88, l.u.
unbekannt, S. 89
Veronika També, S. 91, l. o., © Google Maps
Veronika També, S. 91, l. m., © DORIS, BEV
Karl Zimmerhackl, S. 91, l. u., r. o., r. u.
Land OÖ, S. 92
Land OÖ, S. 93
Veronika També, S. 94, l. o., ©Google Maps
Karl Zimmerhackl, S. 94, l. u., r. u.
Karl Zimmerhackl, S. 95, o.
Werner Proksch, S. 95, u.
E. Fried, S. 96, l.
unbekannt, S. 96, r. o. , r. u.
H. Steppeler, S. 98
H. Steppeler, S. 99
Karl Zimmerhackl, S. 101
Karl Zimmerhackl, S. 104
Karl Zimmerhackl, S. 106
Karl Zimmerhackl, S. 108, o.
unbekannt, S. 108, u
M. Vanes, S. 110
Karl Zimmerhackl, S. 111
Karl Zimmerhackl, S. 112, o.
M. Vanes, S. 112,m., u.
M. Vanes, S. 113
M. Vanes, S. 114
unbekannt, S. 116. o.
Karl Zimmerhackl, S. 116, u.
A. Grüll, S. 116, o.
Karl Zimmerhackl, S. 117
Karl Zimmerhackl, S. 118,r. u.
H. Hehenberger, S. 118, r. o.
Werner Proksch, S. 118, l. u.
Karl Zimmerhackl, S. 119
H. Hehenberger, S. 120
H. Hehenberger, S. 121, o.
unbekannt, S. 121, 2. v. o., u.
Vierlinger, S. 121, 2. v. u.

# Verwendete Literatur und Quellen Traditionelle Wiesenbewässerung

Die verwendeten Literaturzitate und Quellen werden für die ersten beiden Teile dieser Dokumentation aufgeführt. Außerdem werden noch Literatur und Quellen genannt, die allgemein in den anderen Texten eingeflossen sind. Von Herrn Karel Kleyn wurde Literatur eingeholt und hier unter einer eigenen Rubrik aufgeführt. Bei diesen Angaben wurden noch Informationen über die einzelnen Quellen hinzugefügt.

## Eine wissenschaftliche Aufarbeitung


APCC (2014): Zusammenfassung für Entscheidungstragende (ZfE). In: Österreichischer Sachstandsbericht Klimawandel 2014 (AAR14). Austrian Panel on Climate Change (APCC), Verlag der Österreichischen Akademie der Wissenschaften, Wien, Österreich.

Akten der BH Rohrbach, Wasserbuch Urkundensammlung, Schachtel 282, PZl. 3/1 Niederschrift über die Begehung des sog. Kesselgrabenbaches behufs Feststellung der an diesem Bache befindlichen Wasserbenützungen, 7.6.1933. Oö. Landesarchiv, Linz.

Akten der BH Rohrbach, Wasserbuch Urkundensammlung, Schachtel 282, PZl. 4/1 Niederschrift über die Begehung des sog. Pfarrerbachls behufs Feststellung der an diesem Bache befindlichen Wasserbenützungen, 7.6.1933. Oö. Landesarchiv, Linz.

Akten der BH Rohrbach, Wasserbuch Urkundensammlung, Schachtel 282, PZl. 5/1 und 6/1 Niederschrift über die Begehung des sog. Wössenbaches behufs Feststellung der an diesem Bache befindlichen Wasserbenützungen, 7.6.1933. Oö. Landesarchiv, Linz.

Akten der BH Rohrbach, Wasserbuch Urkundensammlung, Schachtel 282, PZl. 7/3 Niederschrift über die Regelung des sog. Landsknechtigerbaches behufs Feststellung der an diesem Bache befindlichen Wasserbenützungen, 20.6.1933. Oö. Landesarchiv, Linz.

Akten der BH Rohrbach, Wasserbuch Urkundensammlung, Schachtel 282, PZl. 25/3 Bewässerungsrechte am Schrollen- oder Bügelbache, 20.6.1933. Oö. Landesarchiv, Linz.

Akten der BH Rohrbach, Wasserbuch Urkundensammlung, Schachtel 285, PZl. 289 Wasserbuch, 21.7.1932. Oö. Landesarchiv, Linz.

Akten der BH Rohrbach, Wasserbuch Urkundensammlung, Schachtel 286, PZl. 321-324 Wasserbuch, Einlagen aus 1933. Oö. Landesarchiv, Linz.

Akten der BH Rohrbach, Wasserbuch Urkundensammlung, Schachtel 286, PZl. 325/1 Niederschrift über die Aufnahme bzw. Überprüfung der Wasserbenützungsrechte am Romenal(Romenny)bach in der Gemeinde Ulrichsberg, 13./14.9.1932. Oö. Landesarchiv, Linz.

Akten der BH Rohrbach, Wasserbuch Urkundensammlung, Schachtel 286, PZl. 345 Wasserbuch, Einlage 29.5.1933. Oö. Landesarchiv, Linz.

Akten der BH Rohrbach, Wasserbuch Urkundensammlung, Schachtel 287, PZl. 391/3 Niederschrift zur Aufnahme der Wiesenbewässerungsrechte am Sonnleithenbach, 7.7.1936. Oö. Landesarchiv, Linz.

Akten der BH Rohrbach, Wasserbuch Urkundensammlung, Schachtel 287, PZl. 394/1-5 Verhandlung der Wiesenbewässerungsrechte in Freundorf, 1935. Oö. Landesarchiv, Linz.

Akten der BH Rohrbach, Wasserbuch Urkundensammlung, Schachtel 287, PZl. 415/1 Niederschrift zur Aufnahme der Wiesenbewässerungsrechte am Bleicherbach, 15.9.1932. Oö. Landesarchiv, Linz.

Akten der BH Rohrbach, Wasserbuch Urkundensammlung, Schachtel 293, PZl. 873 Verhandlung der Wiesenbewässerungsrechte in Hausbach, 1936. Oö. Landesarchiv, Linz.

Akten der BH Rohrbach, Wasserbuch Urkundensammlung, Schachtel 296, PZl. 1083-1096 Verhandlung der Wiesenbewässerungsrechte in Schindlau, 1907. Oö. Landesarchiv, Linz.

Akten der BH Rohrbach, Wasserbuch Urkundensammlung, Schachtel 296, PZl. 1191 Verhandlung der Wiesenbewässerungsrechte in Schindlau, 1907. Oö. Landesarchiv, Linz.

Akten der BH Rohrbach, Wasserbuch Urkundensammlung, Schachtel 296, PZl. 1184 Verhandlung der Wiesenbewässerungsrechte in Schindlau, 1936. Oö. Landesarchiv, Linz.

Akten der BH Rohrbach, Wasserbuch Urkundensammlung, Schachtel 297, PZl. 1171/1 Niederschrift Überprüfung, beziehungsweise Neuaufnahme der Bewässerungs- und am sog. Braueraubach, 10.7.1934. Oö. Landesarchiv, Linz.

Akten der BH Rohrbach, Wasserbuch Urkundensammlung, Schachtel 297, PZl. 1192 Niederschrift Überprüfung, beziehungsweise Neuaufnahme der Bewässerungs- und am sog. Eidechsbachbach, 1936. Oö. Landesarchiv, Linz.

Akten der BH Rohrbach, Wasserbuch Urkundensammlung, Schachtel 297, PZl. 1210/1 Niederschrift Überprüfung, beziehungsweise Neuaufnahme der Bewässerungs- und sonstiger Anlagen an der Mühlfluss (Michl), 5.9.1932. Oö. Landesarchiv, Linz.

Auer I. et al. (1998): Klimatographie und Klimaatlas von Oberösterreich. Klimaatlas. Hrsg.: Oö. Musealverein – Gesellschaft für Landeskunde, naturwissenschaftliche Reihe. Band 3. Linz.

Blume H.-P. (1992): Handbuch des Bodenschutzes. Bodenökologie und -belastung, Vorbeugende und Abwehrende Schutzmaßnahmen. Hrsg.: H.-P. Blume. 2. Auflage. ecomed-Verlag Landsberg/Lech.

Blume H.-P., Stahr K., Leinweber P. (2011): Bodenkundliches Praktikum. Eine Einführung in pedologisches Arbeiten für Ökologen, insbesondere Land- und Forstwirte, und für Geowissenschaftler. 3. neubearbeitete Auflage. Spektrum akademischer Verlag. Heidelberg.

Dunzendorfer W. (1974): Pflanzensoziologie der Wälder und Moore des oberösterreichischen Böhmerwaldes. 110 Seiten + 3. – Amt der Oberösterreichischen Landesregierung – 3: 1-110.

Eitzinger J. (2010): Der Klimawandel – seine Auswirkungen auf agrarmeteorologische Aspekte und Anpassungsoptionen für die Landwirtschaft im europäischen Kontext. IN: Online-Fachzeitschrift des Bundesministeriums für Land- und Forstwirtschaft, Umwelt und Wasserwirtschaft, Jahrgang 2010

Fuchshuber V., Zimmerhackl K. (2016): Öko-Inseln für Natur und Mensch. Hrsg.: Österreichische Naturschutzjugend Haslach. 5. Auflage.

Fuchshuber V., Zimmerhackl K. (2018): Öko-Inseln für Natur und Mensch. Hrsg.: Österreichische Naturschutzjugend Haslach. 7. Auflage.

Geiger R. (1950): Das Klima der Bodennahen Luftschicht. Ein Lehrbuch der Mikroklimatologie. IN: Die Wissenschaft, Band 78. Hrsg.: Prof. Dr. Wilhelm Westphal. Verlag Friedr. Vieweg&Sohn. Braunschweig.

Leibundgut C. (2016): Traditionelle Bewässerung – ein Kulturerbe Europas. 2 Bände. Verlag Merkur Druck AG. Langenthal.

Machatschek M. (2007): Wird das Wasser am Berg nicht bewirtschaftet, so „wirtschaftet" es im Tal. IN: Der Alm- und Bergbauer Nr. 05/07, 4-7. Innsbruck.

Österreichische Bodenkarte (1984): Kartenblatt 97 kartiert von Anton Kastner. Hrsg.: Bundesforschungszentrum für Wald. bodenkarte.at Abfrage vom 23.1.2020.

Paternoster D., Pröll G., Zimmerhackl K. (2019): Schutz des Holunder-Knabenkrautes im Naturschutzgebiet „Orchideenwiese in Freundorf". Zwischenbericht 2017/2018. Hrsg.: Österr. Naturschutzjugend Haslach.

Reifeltshammer S. (2011): Weinbau in Oberösterreich – Untersuchungen zur historischen Weinwirtschaft und Prognosen zu aktuellen Weinbauinitiativen. Dissertation am Institut für Landschaftsentwicklung, Erholungs- und Naturschutzplanung. Department für Raum, Landschaft und Infrastruktur. Universität für Bodenkultur Wien.

Reifeltshammer S. (2012): Weinbau in Oberösterreich – Untersuchungen zur historischen Weinwirtschaft und Prognosen zu aktuellen Weinbauinitiativen. Tagung von 6. Bis 7.9.2012: Die Landschaft als Archiv der Zukunft, (Historische) Kulturlandschaften als eine interdisziplinäre Herausforderung. Universität für Bodenkultur Wien. IN: ZOLL+, Zeitschrift österreichischer Landschaftsplanung und Landschaftsökologie, 21, S. 30-33. Wien.

Reifeltshammer S., Zimmerhackl K. (2019): Wässerwiesen im Böhmerwaldgebiet – Der Hammerbach in der Gemeinde Ulrichsberg. IN: Informativ 93/2019, S. 16-18. Hrsg.: Oö. Naturschutzbund. Linz.

Trapp R. (1995): Der Schwarzenbergische Schwemmkanal im Böhmerwald - eine forstliche Transportanlage des 18. und 19. Jahrhunderts. – Schriften des Vereins zur Verbreitung naturwissenschaftlicher Kenntnisse Wien – 133_134: 149-196.

Vierlinger R., Zimmerhackl K. (2000) Die Torf – Au mit der Berdetschläger Bauernmühle – Kulturlandschaft der besonderen Art, Spurensuche in der Kulturlandschaft, erleben, wie es war – erfahren, was daraus werden kann. Hrsg: Österreichische Naturschutzjugend Haslach an der Mühl.

Werneck H.-L. (1950): Die naturgesetzlichen Grundlagen des Pflanzen- und Waldbaues in Oberösterreich. Hrsg.: Amt der oö. Landesregierung: Schriftenreihe der oö. Landesbaudirektion, Band Nr. 8. Wels.

www.doris.ooe.gv.at mittlere Jahresniederschläge 1981-2010 und Jahresmittel Lufttemperatur 1981-2010, Amt der Abfrage vom 22.1.2020

Zimmerhackl K. (2018): Wässerwiesen – Instruktion am Hof zu Umlowitz. IN: Öko-Inseln für Natur und Mensch. Hrsg.: Österreichische Naturschutzjugend Haslach. Haslach an der Mühl.

## Ökologie, Technik und Geschichte einer alten Kulturform

Wässerwiesen. Geschichte, Technik und Ökologie der bewässerten Wiesen. Bäche und Gräben in Kraichgau, Hardt und Bruhrain; aus der Reihe „Beihefte zu den Veröffentlichungen für Naturschutz und Landschaftspflege"; Landesanstalt für Umweltschutz, Baden-Württemberg Abt. 2 – Grundsatz Ökologie; Karlsruhe 1995

Das moderne Tierlexikon. Band 1 und 3. Bertelsmann Lexikon. Verlag Gütersoh 1979

Terofal Fritz: Süßwasserfische. Steinbachs Naturführer. Mosaik Verlag, München 1984

Dunzendorfer Wilfried: Zwischen Böhmerwald und Donau. Naturschutz und Vegetationsökologie des Oberen Mühlviertels. Linz 1992



## Allgemein

Wässerwiesen: Geschichte, Technik und Ökologie der bewässerten Wiesen, Bäche und Gräben in Kraichgau, Hardt und Bruhrain, Karlsruhe 1995

### Literatur von Karel Kleyn

Schorz, Ernst Hans (1964): Die Wiesenbewässerung im Bayerischen Wald. Diss. Uni München. in: Mitlg. Geogr. Ges. München Bd. 49/1964.
~120 p./sehr umfangreich/Allg./Historie/

Reichelt, G. (1955): Zum Einfluß der Bewässerung auf das Mikroklima von Mittelgebirgswiesen. in: Archiv für Meteorologie, Geophysik und Bioklimatologie 6/4; p. 374-391
auch bei Rainer DA – Literatur

Krause, Werner (1953): Über den Einfluß winterlicher Bewässerung auf Bergwiesen des Schwarzwaldes. in: Zeitschrift für Acker- und Pflanzenbau Bd. 97/2 1953.
~10 p.; auch bei Rainer DA – Literatur

Stöber, Curt (1931): Die Boker Heide in Vergangenheit und Gegenwart. Paderborn.
~110 p. Beispiel eines großangelegten Wiesenmeliorationsprogrammes durch Wässerung; kulturhistorisch interessant; (Landkreis Paderborn!)

Schwabe-Braun, Angelika (1983): Die Heustadel-Wiesen im nordbadischen Murgtal. Geschichte – Vegetation – Naturschutz. in: Veröffentl. Naturschutz-Landschaftspflege Bad. Württembg. Sonderdruck. Bd. 55/56. Karlsruhe 1983.
~65 p. Analyse der Vegetationsveränderungen nach Beendigung intensiven Bewässerns.